注册建造师继续教育必修课教材

通信与广电工程

注册建造师继续教育必修课教材编写委员会　编写

中国建筑工业出版社

图书在版编目(CIP)数据

通信与广电工程/注册建造师继续教育必修课教材编写委员会编写. —北京：中国建筑工业出版社，2012.1
(注册建造师继续教育必修课教材)
ISBN 978-7-112-13861-6

Ⅰ. ①通… Ⅱ. ①注… Ⅲ. ①建筑师-继续教育-教材②通信工程-继续教育-教材③电视广播系统-继续教育-教材 Ⅳ. ①TU②TN91③TN94

中国版本图书馆 CIP 数据核字(2011)第 253723 号

本书为《注册建造师继续教育必修课教材》中的一本，是通信与广电工程专业一级注册建造师参加继续教育学习的参考教材。全书共分 5 章内容，包括：通信与广电工程新技术及发展趋势；国内外典型通信与广电工程介绍；通信与广电工程质量和安全生产管理；注册建造师相关制度介绍；通信与广电工程法律法规与标准规范。本书可供通信与广电工程专业一级注册建造师作为继续教育学习教材，也可供通信与广电工程技术人员和管理人员参考使用。

* * *

责任编辑：刘 江 岳建光
责任设计：陈 旭
责任校对：姜小莲 王雪竹

注册建造师继续教育必修课教材
通信与广电工程
注册建造师继续教育必修课教材编写委员会 编写

*

中国建筑工业出版社出版、发行(北京西郊百万庄)
各地新华书店、建筑书店经销
北京天成排版公司制版
北京市密东印刷有限公司印刷

*

开本：787×1092 毫米 1/16 印张：15¼ 字数：375 千字
2012 年 1 月第一版 2014 年 12 月第三次印刷
定价：**37.00** 元
ISBN 978-7-112-13861-6
(21912)

注册建造师继续教育必修课教材

序

为进一步提高注册建造师职业素质，提高建设工程项目管理水平，保证工程质量安全，促进建设行业发展，根据《注册建造师管理规定》(建设部令第153号)，住房和城乡建设部制定了《注册建造师继续教育管理暂行办法》(建市［2010］192号)，按规定参加继续教育，是注册建造师应履行的义务，也是申请延续注册的必要条件。注册建造师应通过继续教育，掌握工程建设有关法律法规、标准规范，增强职业道德和诚信守法意识，熟悉工程建设项目管理新方法、新技术，总结工作中的经验教训，不断提高综合素质和执业能力。

按照《注册建造师继续教育管理暂行办法》的规定，本编委会组织全国具有较高理论水平和丰富实践经验的专家、学者，制定了《一级注册建造师继续教育必修课教学大纲》，并坚持“以提高综合素质和执业能力为基础，以工程实例内容为主导”的编写原则，编写了《注册建造师继续教育必修课教材》(以下简称《教材》)，共11册，分别为《综合科目》、《建筑工程》、《公路工程》、《铁路工程》、《民航机场工程》、《港口与航道工程》、《水利水电工程》、《矿业工程》、《机电工程》、《市政公用工程》、《通信与广电工程》，本套教材作为全国一级注册建造师继续教育学习用书，以注册建造师的工作需求为出发点和立足点，结合工程实际情况，收录了大量工程实例。其中《综合科目》、《建筑工程》、《公路工程》、《水利水电工程》、《矿业工程》、《机电工程》、《市政公用工程》也同时适用于二级建造师继续教育，在培训中各省级住房和城乡建设主管部门可根据地方实际情况适当调整部分内容。

《教材》编撰者为大专院校、行政管理、行业协会和施工企业等方面管理专家和学者。在此，谨向他们表示衷心感谢。

在《教材》编写过程中，虽经反复推敲核证，仍难免有不妥甚至疏漏之处，恳请广大读者提出宝贵意见。

注册建造师继续教育必修课教材编写委员会

2011年12月

《通信与广电工程》

编　写　小　组

组　　长： 詹书林

副 组 长： 王　莹

编写人员：（按姓氏笔画排序）

王晓丽　冯　璞　朱　兢

孙丽珍　李铁兵　沈美丽

张　毅　郑曙光　侯明生

董春光　臧雅娟　熊　艺

前　言

本书由中国通信企业协会通信设计施工专业委员会组织通信行业富有技术和管理实践经验的专家依据《一级注册建造师继续教育必修课教学大纲》（通信与广电工程）编写而成。

本书为一级注册建造师(通信与广电工程)继续教育必修课教材，是《注册建造师继续教育必修课教材》中的一本。全书共分5章，内容包括：通信与广电工程新技术与发展趋势；国内外典型通信与广电工程介绍；通信与广电工程质量和安全生产管理；注册建造师相关制度介绍；通信与广电工程法律法规与标准规范。

本书可供一级注册建造师(通信与广电工程专业)作为继续教育学习教材，也可供相关专业工程技术人员和管理人员参考使用。

本书的编写得到了工业和信息化部通信发展司领导的重视和具体指导；得到了中国通信建设集团有限公司、中国广播电视国际经济技术合作总公司等单位的大力支持和协助。在此表示衷心感谢。

书中难免存在不妥和疏漏之处，恳请读者提出宝贵意见。

目　　录

1 通信与广电工程新技术及发展趋势

1.1 通信网络解决方案

随着全球经济和科学技术的飞速发展，人们对电信业务的多样化、个性化、综合化需求的日益增长，以及互联网的蓬勃发展和普及，这一切都使得传统的电信网络发生着前所未有的剧烈变革，催生和呼唤着新的通信网络。下一代网络究竟是什么样子？它有哪些新特点、新技术、新业务？现有网络如何发展到下一代网络等，已成为人们关注、业界争论和研讨的热点。

1.1.1 下一代网络

1. 下一代网络(NGN)的体系架构

所谓的下一代网络是相对现有网络而言的下一代，它涵盖了所有的新一代网络技术。NGN是一个不断发展的目标网络，它融合了当今所有的网络，同时可以提供语音、数据、多媒体等多种业务综合性、全开放的具有QoS保证的宽频网络架构体系。

ITU-T2004年2月在SG13会议上给出了下一代网络的初步定义：NGN是一个分组网络，它提供包括电信业务在内的多种业务，能够利用多种带宽和具有QoS能力的传送技术，实现业务功能与底层传送技术分离；它提供用户对不同业务提供商的自由接入，并支持通用移动性，实现用户对业务使用的一致性和统一性。

NGN的体系架构如图1.1-1所示。从功能上可以把NGN自上而下划分成应用层、控制层、传输层、接入层分层的、开放的、各层之间相互独立、只通过标准接口进行通信的体系架构。

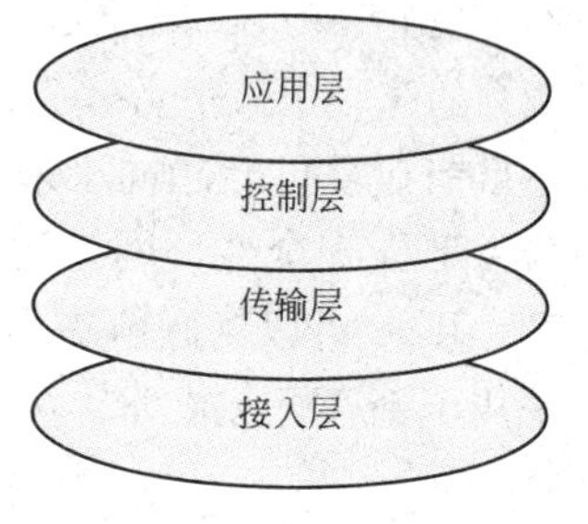

图1.1-1 NGN的分层体系架构

下一代网络是一个分层的结构，它不仅实现了业务提供与呼叫控制的分离，而且还实现了呼叫控制与承载传输的分离，使上层业务的实现与底层接入的网络无关，从而为独立的业务开发商、业务提供商以及业务运营商提供了极为广阔的发展空间。

2. NGN提供的业务

目前NGN Release 1所提供的业务为：

(1) 多媒体业务。NGN Release 1同时支持实时的会话型通信(不仅是语音)和非实时的通信业务，包括端到端(用户到用户)当中用多于一种媒介来提供的业务。

(2) PSTN/ISDN仿真业务。此类业务主要是为了支持NGN对PSTN/ISDN的替代，向连接NGN的传统PSTN/ISDN终端提供原有的业务，使用户具有与传统PSTN/ISDN业务的相同的体验。

(3) PSTN/ISDN模拟业务。此类业务是向NGN终端提供类似与PSTN/ISDN的业务。

(4) Internet接入业务。能够向NGN用户提供到Internet的接入，使得用户能够享受Internet端到端的服务。

(5) 公共业务。主要是指从政府的角度要提供的业务，主要包括：合法监听、紧急通信、支持残疾人用户、保护用户的私密性、用户可以自由地选择网络/业务提供者。

(6) 其他业务。还有一些业务是由 NGN 提供的基于分组网络的多种数据业务，包括虚拟专用网业务、数据提取应用、数据通信业务、在线应用、传感器网络业务、远端控制/远端操作业务。

3. NGN 的技术

NGN 的实现需要许多新技术的支持，NGN 网络架构中的每一个层面都有它相应的技术。实现端到端的业务控制需要软交换技术或 IMS 技术；解决地址问题需要采用 IPv6 技术；实现 IP 层和多种链路层协议的结合需要采用 MPLS 技术；解决传输和高带宽交换问题要采用光传输网(OTN)和光交换网络；解决“最后一公里”问题要采用宽带接入手段等。

(1) 用户接入技术

NGN 的用户可以分为两大类，一类是各种传统网络的用户，另一类是基于分组网络的宽带多媒体用户。对于传统网络用户，NGN 通过增加各种媒体网关和信令网关设备将其接入；对于宽带多媒体用户，现阶段主要接入方式有 xDSL、HFC、以太网、WLAN、WiMAX 等。随着技术的发展，NGN 还会出现各种新的接入技术。

(2) 网络承载技术

从下一代网络定位和业务发展趋势来看，逐步向网络边缘扩张的 MPLS(多协议标签交换，Multiprotocol Label Switching)是面向传统和新兴业务的核心承载技术，是实现网络融合的统一承载平台。

目前业界已经趋同于采用 IP 网络作为 NGN 承载网，但基于 IPv4 的互联网在服务质量保证、安全性、网络运维管理等方面还存在很多缺陷；尤其是网络地址资源严重不足。IPv6 可以彻底解决 IPv4 网络地址不足的问题。与 IPv4 相比它有许多新的特点，它采用了新型 IP 报头、新型 QoS 字段、主机地址自动配置、内置的认证和加密等技术。

(3) 呼叫控制技术

软交换技术是近年来发展起来的一种新的呼叫控制技术，它具有开放的体系架构、基于分组交换、能够提供多种接入方式等特点，可以提供语音、多媒体等多种实时业务，现已成为电路交换向分组交换演进的主流技术。

IMS(IP Mutimedia Subsystem，IP 多媒体子系统)是基于 SIP 协议的会话控制系统。IMS 技术具有更加清晰开放的分层结构，其体系是完整的，其业务能力更加强大，可以开发基于会话下一代多媒体业务网。IMS 技术在基本原理上是软交换技术一种继承和发展，但比软交换确实前进了一大步。因此可以把软交换技术看成是 NGN 发展的初级阶段，而把 IMS 技术看成是 NGN 发展的中级阶段。

(4) 业务提供技术

NGN 可通过与智能网的互通来提供各种传统智能业务。对于多媒体类型的，NGN 是通过一个统一业务平台来提供，控制层设备只完成基本的呼叫控制功能，而业务开发、业务逻辑的执行均在业务提供平台中进行。

1.1.2　软交换

软交换概念产生于传统交换技术，并吸纳了互联网语音技术的最新发展成果，将传统电路交换机的体系结构进行分解，引申到分组交换网中，并增加了开放接口、分层结构等新内容，从而形成了一种新的实时分组语音交换控制技术。从整体架构上来说，软交换系统完全可以对应目前 PSTN 广泛使用的程控电话交换机。

它更多的是关注在 IP 网中实现呼叫控制和媒体传输分离的设备和系统。软交换技术更注重 PSTN 业务的演进，可以看成第二个 PSTN/PLMN 网，只不过承载采用的是分组数据网而已。

软交换技术强调的是“控制”而非“交换”，就是将呼叫控制、媒体传输、业务逻辑相互分离，各实体之间通过标准的协议进行连接和通信，从而更加灵活地提供业务。其中的软交换设备实际上是一个基于软件的分布式控制平台，是实现传统程控交换机“呼叫控制”功能的实体，也是 IP 电话中的呼叫服务器、媒体网关控制器等概念的集成。

现在较为通常的理解是：广义上软交换可以理解为一种分层的、开放的网络体系结构；狭义上可以理解为网络控制层面的物理设备，称为软交换设备、也有称为软交换机、软交换控制器或呼叫服务器。目前国际标准化机构已很少使用“软交换”这一术语，更常用的是称为呼叫服务器。

1. 软交换系统的体系结构及组成

软交换系统的体系结构是从传统交换机的体系结构演进而来，它从传统交换机的软、硬件中剥离出业务平面，并将传统交换机的 3 个功能平面进行分离，组成相互独立的 4 个功能平面，实现业务控制和呼叫控制的分离、媒体传送和媒体接入相分离，并采用一系列具有开放式接口的网络功能实体去构建这 4 个功能平面，从而形成如图 1.1-2 所示的软交换系统的体系结构。

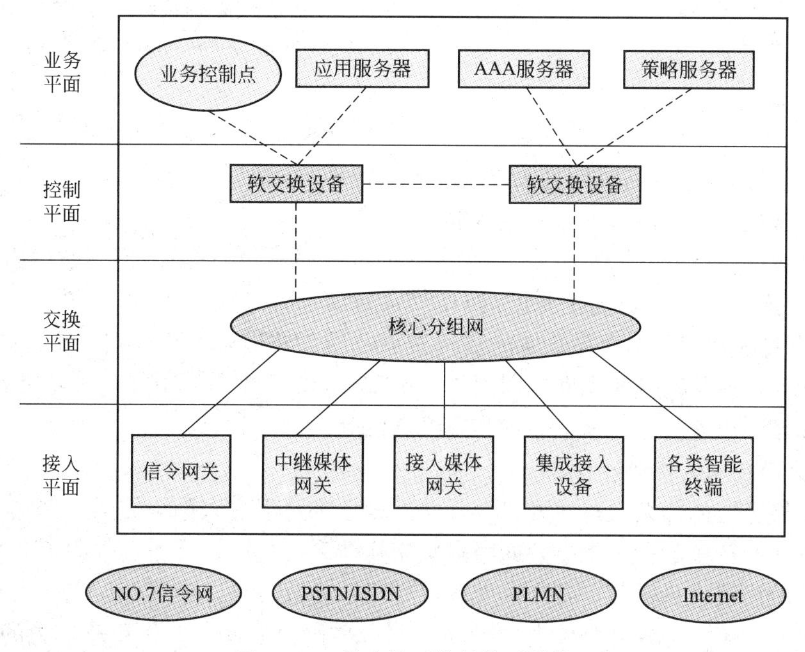

图 1.1-2　软交换系统的体系结构

目前被业界普遍接受的组成软交换系统的主要网元设备有：软交换设备、应用服务器、媒体服务器、媒体网关、信令网关、IP 智能终端等。其中，位于控制层的软交换设备是软交换系统的控制核心；位于业务层的应用服务器是业务提供的核心；而媒体网关、信令网关、媒体服务器、IP 智能终端等位于接入层。就功能而言，软交换系统并不关心传输层的实现。不管采用何种物理介质构建，采用何种制式传输，都不会影响软交换系统的功能。

软交换系统各分层中设备的主要功能如下：

(1) 软交换设备：软交换是分组网的核心设备之一，主要完成呼叫控制、媒体网关接入控制、资源分配、协议处理、路由、认证、计费的主要功能，向用户提供基本语音业务、移动业务、多媒体业务及多样化的第三方业务，并实现与各种网络的互通。

(2) 应用服务器：应用服务器是一组独立的组件，与控制层的软交换设备无关，从而实现了业务与控制的分离，有利于新业务的引入。它负责各种增值业务和智能业务的逻辑执行和管理，并为第三方业务开发提供平台。

(3) 媒体网关：媒体网关是将一种网络中的媒体格式转换成为另一种网络所要求的媒体格式的网络部件。例如，媒体网关能完成电路交换网的承载通道和分组网媒体流之间的转换。媒体网关支持各种网络的接入，还支持各种接入网和各种用户的综合接入。例如普通电话用户、ISDN 用户、ADSL 用户、V5 用户、以太网用户等。根据媒体网关在网络中的位置及所接续的网络和用户性质不同，媒体网关可分为中继网关、接入网关和无线网关。

(4) 信令网关：信令网关主要解决软交换系统与 No. 7 信令网互联互通问题，也就是解决 No. 7 信令在 IP 网上传输问题。

(5) 媒体服务器：媒体服务器能够为软交换网络提供基于 IP 网络的媒体资源。它能够提供基本的放音、收号功能，还可以提供视频资源以及多媒体会议资源，实现问语转换(TTS)、语音识别(ASR)、交互式应答(IVR)等，为软交换网络的很多特色业务提供支持。

(6) 集成接入设备：集成接入设备(IAD)是软交换系统中的接入层设备，IAD 的用户端口一般不超过 48 个。它可以直接连接 POTS 话机以及其他终端设备，用来将用户的语音、数据、视频等业务接入到分组网络中。

(7) IP 智能终端(IP 电话)：基于 IP 技术的电话机可以直接连接到软交换网络中，如 IP 电话、PC 软终端等。目前主要包括 H. 323 终端、SIP 终端、MGCP 终端等类型。它们和 IAD 的主要区别在于不存在媒体流转换过程。通常 IP 电话在相同的 IP 子网里，不需要重新配置就可以移动，实现即插即用；一些 IP 电话还能提供附加业务功能，如会议功能、语音邮箱、快速拨号、来电显示和热线电话等。

2. 软交换技术的优势

在软交换分层的体系中，只要符合标准的设备都可以进入网络体系，彻底克服了传统网络构建方式所产生的种种弊端，同时在软交换体系结构中，业务、呼叫控制与接入层之间通过标准的协议进行通信，各个功能部件都可以独立发展。运营商可以自由地选择独立于设备供应商的第三方软件开发上，提供更加多样化、更具个性化和竞争力的增值业务，这种模式更类似于互联网的建设发展模式，总体来讲，软交换技术的优势主要有以下几方面：

（1）比传统电路交换机性价比高。

（2）软交换采用了统计时分复用技术，根据业务使用分配带宽，更能节省网络资源，提高网络利用率。而不同于电路交换机即使用户不讲话也占用带宽。

（3）软交换基于公共传送平台，采用开放的接口和协议，网络的设备标准化程度提高，使维护人员的数量可以减少，相应的培训费用降低。

（4）原来分离的网络将使用可管理的公共宽带分组网作为传送平台，不用分别建立自己的传送网络，多种业务基于统一的承载平台上，对不同类型的业务进行区分服务，保证各种业务服务质量。

（5）能够快速灵活的提供各种业务。

（6）实现业务及用户的综合接入。

（7）能够实现网络的平滑过渡，可持续发展。

NGN 是 PSTN 的自然演进，而不是对 PSTN 的淘汰。传统电路交换与软交换将在相当长的一段时间内共存，软交换集传统电话网络的可靠性和 IP 技术的灵活性与有效性的优点于一身，是传统电路交换网向分组交换网过渡，实现下一代网络的融合的重要阶段。

3. 软交换的应用和发展

我国从 2001 年开始进行基于软交换的实验，包括技术实验、业务实验和现场实验等。软交换技术在实践中得到不断完善。软交换的应用是固网转型的标准，在电话网向下一代网络演进的过程中，软交换意义重大。它已经成为运营商实现网络演进的重要技术手段。

固网运营商自 2001 年开始研究测试软交换设备，目前在其现网的各个层面都广泛采用了软交换技术，实现了对原有 PSTN 网络的升级和改造。软交换主要应用在以下几个方面：

（1）宽带业务平台和大客户平台，用以提供宽带多媒体业务和跨区域的大客户业务。

（2）固网智能化汇接局，用来完成对本地网的智能化改造。

（3）长途汇接和国际关口局。

软交换除了能够降低网络初始成本和运营成本、让传统网络符合网络演进的趋势、获得新业务和新应用的机会、替代 PSTN 交换机和网络具有多种接入能力外，其最终目的是要实现开放、分布、简化、扁平的网络架构。

软交换系统可以承载在 LAN、WLAN、CATV、ATM 等数据网络上，甚至包括 DDN、微波网络、3G 等，它使得运营商能够充分利用已有的网络资源；终端接入方式灵活多样，可以提供 TG/SG、AG、IAD、MSAG、Cable IAD 等各种接入，与现有的固定、移动、多媒体终端进行互通；尤其对 ADSL、PHS、WLAN 用户的接入，对争取现有网络的用户有很强的竞争力；软交换系统的终端设备小型化多样化，极大提高了工程的实际放装率，为运营商节省大量的流动资金，设备投资回收时间明显缩短。就目前的市场估计，软交换系统的投资回收期在 3 年以内。

软交换系统还提供了全新的运营模式。初期可以在多个区域同时进行，采用统一的软交换核心控制设备。当某个区域的用户发展到一定数量后，可以单独配置相应的控制设备及运营支撑系统，形成独立的可运营系统。一些地区运营商与企业用户对于软交换网络提供的语音、数据、多媒体等统一业务的特点很感兴趣，在以往建设宽带网络时只能提供数据业务，而传统的语音电信业务还要由电信局来提供，大大降低了他们的市场竞争能力，而新的基于软交换的宽带网络，可以同时为用户提供其需要的所有电信服务。

相比 IMS，软交换有其固有的缺陷：软交换跟 IMS 最大的区别，在于 IMS 可以提供适用更多业务的应用，在规划和 QoS 上都可以做到统一，不仅可以做到承载和控制的分离，还可以实现用户界面的分离；而软交换是每种业务都需要有一套自己的设计，软交换在应用方面有很大的局限性，在业务和应用上还很薄弱，缺乏吸引人的新业务和新应用，缺乏良好的商业模式。

1.1.3 IP 多媒体子系统(IMS)

IMS(IP Multimedia Subsystem，IP 多媒体子系统)是一种全新的多媒体业务形式，能够满足现在的终端客户更新颖、更多样化的多媒体业务的需求。

1. IMS 的网络架构及功能实体

3GPP IMS 是一个全分布分层式网络架构，它自下而上分成传送与接入层、控制层与应用层 3 个层面。

组成 IMS 的网络架构的功能实体大致可分为六类：即会话管理和路由类(CSCF)；数据库(HSS、SLF)；网间互通类(BGCF、MGCF、IM-MGW、SGW)；业务提供类(AS、MRFC、MRFP)；支撑和计费实体类(SEG、PDF、CHF)等。它们分别位于 3 个不同层面之中，这些实体的功能简介如下：

(1) 控制层功能实体：CSCF(Call Session Control Function，呼叫会话控制功能)是控制层的核心，其基本功能是执行多媒体呼叫控制。

(2) 传送与接入层功能实体：SGSN(Serving GPRS Support Node，服务 GPRS 支持节点)连接 RAN 和分组核心网，负责为分组域提供控制和服务处理功能；GGSN(Gateway GPRS Support Node，网关 GPRS 支持节点)是 UMTS 核心网的边界，是提供 UE 与外部数据网之间的连接。MRF(Media Resource Function，媒体资源功能)跨于控制层和传送与接入层之间，它为 IMS 会话提供必要的媒体资源支持，如会议桥、录音通知等。

(3) 数据与应用层功能实体：HSS(Home Subscriber Server，归属用户服务器)除了原来的 HLR/AUC 功能外，还存储与业务相关的数据等；SLF(Subscription Location Function，签约定位功能)是数据与应用层与 HSS 相关的，用来确定用户数据签约地的定位功能实体，也是当网络中存在多个独立可寻址的 HSS 时，由 SLF 确定用户数据存放在哪个 HSS 中。

2. IMS 的关键技术

IMS 的关键技术主要有：QoS 保证机制、计费方式和安全机制。

(1) IMS 基于策略的 QoS 机制

IMS 网络设计种最重要的方面之一是控制平面和用户平面的分离，但是应该指出：这两层完全独立并不可行，如果没有这两个平面的交互，运营商将无法完成对用户平面媒体流服务质量、媒体流源/目的地址以及媒体流开始和停止时间的控制。因此 3GPP IMS 创造了对用户媒体流需要使用的网络资源进行授权和控制的机制，称为基于业务的本地策略(SBLP，Service Based Local Policy)这种机制需要把 QoS 保证体系与 SIP 协议以及多媒体会话的信令流紧密结合在一起。概括地说，就是基于在 IMS 会话中所协商的 SDP 参数，由会话控制来决定媒体控制。

在会话建立的过程中，IMS 支持端到端的 Qos 控制机制。端到端的多媒体会话采用了 SIP 及相关信令进行策略级的服务描述和请求。

(2) IMS 的计费模式

IMS 体系既支持在线计费，也支持离线计费，在用户平面还有基于流的计费。

在线计费是 3GPP R6 版本完善后的新功能。在线计费就是计费系统与 IMS 实体进行实时交互，并控制和监视与业务使用有关的计费过程。

离线计费类似于传统的移动计费系统，离线计费主要是指在会话之后收集计费信息，而且计费系统不会实时地影响所使用的业务。

3GPP R6 中引入了基于流的计费(FBC，Flow Based Charging)功能，它不是新增的计费方式，而是计费功能的扩展，因此基于流的计费功能在离线计费和在线计费中都有应用。FBC 为在分组网络之上构建一个可管理、可控制的 IMS 系统提供了计费方面的保证。FBC 是分组网络支持 IMS 的必要功能。通过 FBC 分组网络可以区分 IMS SIP 信令和 IMS 媒体数据两种流量，以便采取不同的计费策略；同时通过计费接口控制了业务流程，IMS 才能对分组网络起到真正的管理作用。

(3) IMS 的安全机制

IMS 在安全功能和机制上承自 UMTS 系统，提出了完整的安全体系以保证业务的端到端的安全。IMS 中独立的安全体系模型，可以为在其中开展的各项业务提供安全保证。从网络结构上，IMS 的安全体系可分为接入网络域安全和核心网络域安全。

接入网络安全定义了终端接入到 IMS 的安全特性和机制。接入 IMS 的用户首先要被认证和授权以确认用户有使用某一种业务的权限。一旦用户被授权，就会在 UE 和 IMS 网络之间建立 IPSec 安全联盟来保护其接入安全。

2G 移动系统缺乏核心网的标准安全解决方案，3G 系统开始着手队核心网中的所有 IP 业务流进行保护。IMS 核心网安全处理网络节点之间的业务保护，这些节点可能属于同一个运营商也可能属于不同的运营商。IMS 系统通过 NDS(Network Domain Security)达到对核心网中的所有 IP 业务流进行保护的目的。

3. IMS 支持的业务

IMS 是一种全新的多媒体业务形式。它能够满足现在的终端客户更新颖、更多样化多媒体业务的需求，以它作为一个平台，能够提供像现在互联网所提供的一些类似的多媒体业务的能力；IMS 是一个在 PS 域上的多媒体控制/呼叫控制平台，支持会话类和非会话类多媒体业务。

(1) 消息类业务

IMS 提供的消息类业务主要有：立即消息、基于会话的消息、延迟传送的消息。

立即消息属于实时消息，与 Internet 中广为人知的即时消息类似，一般于呈现业务相结合，发送方知道接收方的状态。若接收方不可达，消息将被丢弃或延迟。

基于会话的消息未近实时传送，通过建立 SIP 会话可进行多条消息传送，相应机制在 IETFY 有定义。

延迟传送的消息属于存储转发型消息，即 3G 多媒体消息服务(MMS，Multimedia Message Service)。

IMS 的消息支持点到点、点到多点的消息发送和接收。IMS 的消息能够交换任何类型的多媒体内容，比如图片、视频、音频片断等。消息业务是 IMS 网络本身所能提供的业务能力之一，基本的消息业务能力可以 通过 IMS 终端直接实现。在传递及时消息或者建立会话时，直接在 IMS 终端之间进行。实现端到端地发送，SIP 消息流经的常规 IMS 节点提供中继功能。

(2) 状态呈现业务

状态呈现(Presence，也叫在线状态)将是互联网中大量普及的基础业务之一，状态呈现业务能够给用户提供大量的定制消息，同时第三方业务可以利用状态信息并根据用户的需求和意愿实现业务定制。

状态呈现业务可以将自身的状态信息，如是否在线、通信能力、通信意愿等展现给别人，同时也可以订阅其他人的状态信息。简言之，状态呈现业务是一种使我的状态为别人所知晓，以及让我看到别人的状态。

IMS 提供的状态呈现业务，最大的特点是标准化，同时具备分散组网的能力，进而为在大网上提供状态呈现业务能力，并使状态呈现成为多网融合业务的重要的基本业务。

(3) 会议业务

IMS 可以灵活地提供各种会议业务，人们所熟悉的会议业务也不再是传统的电话会议业务，会议业务也可以结合各种其他业务展开新的应用模式。

IMS 提供的会议业务可以实现多方用户同时进行通信，包括音频、视频和文本类型的会议等。由于会议所能提供的实时性和高质量保证，从而使得更多会议业务的应用被人们所接受。

基于 SIP 协议的会议类型主要包括松耦合会议、紧耦合会议和完全分布式会议。

松耦合会议是每个参会者间没有信令联结关系，也没有会议中心，这种会议可以利用 SIP 会话描述中的组播地址支持；完全分布式会议中，每个参会者之间都建立信令连接，同样也没有中心；紧耦合会议中有一个会议中心，每个参会者都与这个中心建立连接。会议中心执行各种各样的会议控制功能以及媒体混合功能。IMS 所注重的主要是紧耦合会议业务。

4. IMS 面临的问题和发展方向

现在，不少运营商已经开始了 IMS 的部署。但是，目前全球 IMS 网络主要还处于试验阶段，大部分运营商则刚着手进行 IMS 实验，只有少部分运营商开始进行 IMS 商用。而且目前进行商用和实验的运营商大都集中于移动通信领域，只有少量固网运营商从事 IMS 实验。IMS 大规模商用还面临很多问题，如：IMS 业务如何定位，IMS 业务平台和其他平台的关系如何处理，用于固网及融合网络的 IMS 标准，IMS 的商业模式和 IMS 网络的安全等问题。

IMS 标准还有不够成熟的方面，在接入域、服务质量、安全保密等细节问题上还有待完善，更重要的是 IMS 对固网运营商的需求理解不足，缺乏对固网业务平台和业务的良好支持。目前基于移动的 IMS 标准日臻成熟，而用于固定与移动融合的标准还远未达到。

IMS 采用 SIP 作为初始会话控制协议。按照分组业务网完备性的定义，SIP 不是完备的分组业务网体系。它不涉及媒体处理层。因此，它无法解决多媒体业务的时间、空间的同步问题，也没有解决多点通信过程中的控制问题，而仅仅是解决了信令控制层面的问题。IMS如果不注意解决这些问题，就不可能成为多媒体业务的管理体系。IMS是否是有了控制层面的控制协议，就能进行一个好的通信呢？对于多媒体通信，显然是不行的。

IMS基于TCP/IP协议，通过包交换的方式替代传统电信的电路交换。IMS如何防止DNS攻击，如何与互联网SIP用户协同工作，如何应对智能终端等，都是需要解决的问题。

作为一个开放的基于标准的多媒体服务架构，IMS能够打破现有多网络之间的隔阂，使终端用户在使用业务时不用考虑网络和终端设备。IMS的这些特点，使固定和移动运营商都对IMS寄予厚望。

IMS是下一代网络的核心技术，也是解决移动与固网融合，引入语音、数据、视频三重融合等差异化、多样化业务的重要方式，是实现全面网络融合的必然选择已被业界所共识。

1.1.4 多业务传送平台(MSTP)

多业务传送平台(MSTP)是指基于SDH技术，同时实现TDM、ATM以及以太网等业务的接入、处理和传送，并提供统一网管的多业务综合传送设备。它是新一代多业务光传输平台，可以无缝地适应当前的SDH网络；提供TDM交叉能力和传统的SDH/PDH业务接口，继续满足话音业务的需求；更重要的是MSTP能提供ATM处理、以太网透传和以太网L2层交换功能，以满足数据业务汇聚、梳理和整合的需求。因此可以说MSTP技术是传统SDH技术的延续和发扬，它的出现延长了SDH的寿命。

1. MSTP实现原理

以SDH为基础的多业务传送平台是充分利用大家所熟悉和信任的SDH技术，特别是其保护恢复能力和确保的延时性能，加以改造以适应多业务应用、支持层2和/或层3的数据智能。实现MSTP基本原理是将多种不同业务(如以太网业务、ATM业务等)通过VC级联等方式映射进不同的SDH时隙，而SDH设备与层2、层3乃至层4分组设备在物理上集成为一个实体，该实体集成了IP选路、以太网、帧中继以及ATM等，从而也就实现了多业务的传送。

MSTP这种将传送节点与各种业务节点在物理上有机的融合起来，其好处不仅表现在减少了设备机架数、机房占地面积、功耗、架间互连，简化了电路指配，加快了业务提供速度，改进了网络扩展性，还可以提供诸如虚拟专网(VPN)或视频广播等新的增值业务；更重要的是在它这个平台上可以传送多种业务。

2. MSTP的功能模型

基于SDH的多业务传送设备主要包括标准的SDH功能、ATM处理功能和IP/ETHERNET处理功能。具体实施时，可以将ATM边缘交换机、IP边缘路由器、终端复用器(TM)、分插复用器(ADM)、数字交叉连接设备(DXC)和波分复用设备(WDM)结合在一个物理实体上，统一控制和管理。图1.1-3定义了基于SDH的多业务传送设备的功能模型：ATM接口功能模型、以太网接功能模型以及标准的SDH接口功能。

基于SDH的多业务传送节点除应具有标准SDH传送节点所具有的功能外，还具有以下主要功能：

(1) 具有TDM业务、ATM业务或以太网业务的接入功能。

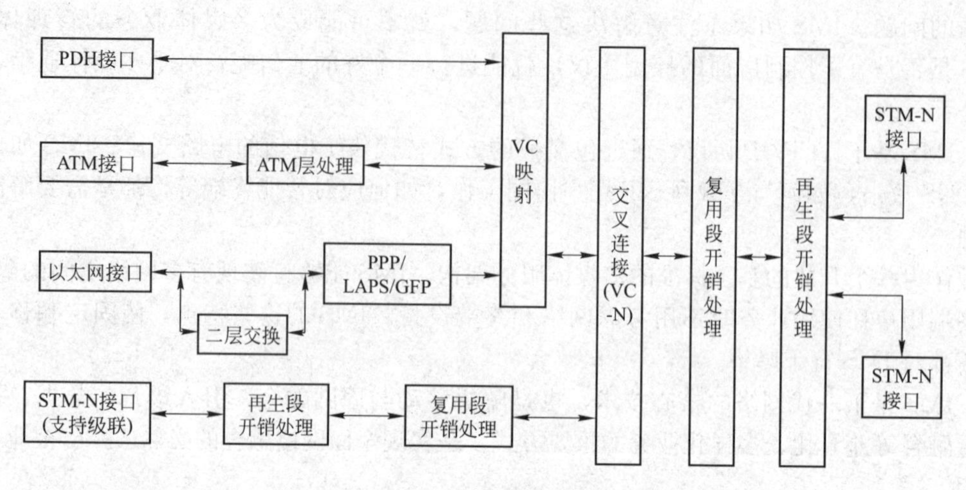

图 1.1-3 多业务传送平台的功能模型

(2) 具有 TDM 业务、ATM 业务或以太网业务的传送功能，包括点到点的透明传送功能。

(3) 具有 ATM 业务或以太网业务的带宽统计复用功能。

(4) 具有 ATM 业务或以太网业务映射到 SDH 虚容器的指配功能。

3. 新一代 MSTP 的关键技术

MSTP 已有较成熟的产品，能在单一传送平台上对 TDM、ATM 及以太网业务进行统一处理和管理，但 MSTP 技术仍需要不断发展和完善。随着通用成帧规程(GFP)、虚级联(VCat)、链路容量调整(LCAS)、弹性分组环(RPR)、多协议标签交换(MPLS)、自动交换光网络(ASON)等技术的国际标准相继推出，新一代 MSTP 设备将逐步采用这些核心技术，逐步从简单透传、汇聚、共享开发到带宽管理，提供面向数据优化的传送能力。

(1) GFP

GFP 是一种将高层用户信息流适配到传送网络的通用机制。GFP 将成为各厂商以太网业务处理的唯一封装标准。

GFP 采用类似 ATM 的自同步定帧技术，简单灵活，开销低，带宽利用率高，标准化程度高，能支持各种网络拓扑，能对用户数据实施统计复用。GFP 具有 QoS 机制，对应的传输层也不限定于 SDH，可以是光传送网(OTN)或其他字节同步的物理通道。利用现代光通信的低误码特性，GFP 还可进一步降低接收机的复杂性和成本，减小设备尺寸，使 GFP 特别适合高速传输链路应用。GFP 利用线性扩展头中的标记空间，能与 MPLS 合为一体，利用 MPLS 加强 GFP，提供端到端的运营维护、保护和恢复能力。

(2) VCat

级联技术是 SDH 设备接入数据业务的一个重要工具。将 X 个虚容器拼在一起，就形成一个大的容器，以满足大容量客户信号传输的要求。级联可分为相邻级联和虚级联。SDH 中虚容器的容量固定，非常适合承载话音业务，但不适合承载数据业务。例如，若要在 SDH 上承载千兆比以太网信号，传统的 SDH 映射方式必须用 VC-4-16c 传送，浪费带宽。通过 VCat 则可灵活实现数据业务带宽与 SDH 虚容器适配。它可以将几个虚容器

(VC)“虚”级联到一个大的虚容器中，满足大数据业务的带宽需求。例如，级联 7 个 VC-4，构成 VC-4-7v，提供 1.05Gbit/s 的带宽，用于千兆比以太网信号的传输。它将 SDH 的带宽分成不同的业务带宽传送信号，使 SDH 设备在传送语音业务的同时，还提供 IP 业务。

此外，VCat 信号的每个虚容器都有自己的通道开销(POH)，各个虚容器都可以独立通过网络传输，并不一定通过同一路径传输。多径传输可极大提高网络资源利用率，降低业务阻塞率。

(3) LCAS

VCat 一旦建立，就不能随意改变大小，而且万一其中任何一条链路失效，就意味着整个 VCat 失效。为了解决这一问题，LCAS 定义了根据业务流量对所分配虚容器带宽进行动态调整的机制，并确保调整过程中不会对数据传送性能造成任何影响。这样，SDH 就可以自动适应有效业务带宽，满足类似以太网带宽动态变化的数据业务带宽需求，显著提高网络利用率。

具体实现方法是定义一个 VCat 组(VCG)，利用 SDH 预留的开销字节传递控制信息，通过网管系统在该 VCG 内动态实时调整 VC 数目，快速适应上层业务带宽的需求。另外，当链路某些段落失效或进行修复时，通过 LCAS 协议可以将失效资源删除或重新恢复。

(4) RPR

RPR 技术是一种新型的媒体访问控制(MAC)层协议，它基于环型结构优化数据业务的传送，能适应多种物理层(如 SDH、以太网、密集波分复用(DWDM)等)，能同时支持语音、数据和图像等多业务类型。

RPR 具备信号 QoS、带宽公平算法和保护倒换三大功能。在 MSTP 中嵌入 RPR，主要是利用其带宽公平机制，通过公平算法调整带宽使用量，保证环上所有节点的公平性，达到环路带宽动态调整和共享的目的。

如果 B、C、D 3 个节点同时以 200Mbit/s 速率向 A 点发送业务，这时 622Mbit/s 的总环路带宽还能承受，不需要用公平算法限制各节点的流量。如果这时 E 点也以 200Mbit/s 的速率向 A 点发送业务，B 点就会出现拥塞，B 点向 C 点发送带宽限制信息，C 点又向下游节点发送该信息，直到 B、C、D、E 节点的分配带宽收敛为公平的 155Mbit/s 为止。

RPR 可以利用 SDH 的通道，跨越复杂的 SDH 网络，基本上不受地域和网络拓扑的限制，通过网络规划预留 SDH 通道资源或 VCat+LCAS 联合，实现带宽灵活调配，形成面向数据业务传送的虚拟传送网络。另外，由于 RPR 占用的 SDH 通道带宽可根据需要灵活配置，随着未来数据业务不断增长，可在 SDH 网络中逐步增加分配给 RPR 的带宽，相应减少窄带语音等 TDM 业务的带宽，这样，无需更新设备就可不断拓展网络应用。

(5) MPLS

以太网业务的无连接性质难以保障 QoS。为了将真正的 QoS 引入以太网业务，需要在以太网与 SDH 间引入一个智能适配层，处理以太网业务的 QoS 问题。MPLS 技术的特点是在数据传送之前要先建立标签交换路径(LSP)，具有某个标签的数据一定会沿着预先建立的路径传输，面向连接。另外，作为 MAC 层的技术，RPR 缺少业务层定义，根本无法提供端到端的以太网业务，更无法提供跨环的以太网业务。因此，RPR 技术必须与一种端口识别技术结合，这种技术可以是 IEEE802.1D、IEEE802.1Q、MPLS 等，目前人们比较看好 MPLS 技术与 RPR 的结合。IEEE802.1D 和 IEEE802.1Q 是桥接技术，大量使用桥接技术会消耗大量带宽，破坏 RPR 的空间重用，而且无法提供业务隔离功能。MPLS 与 RPR 结合则可以提供端到端的 QoS，解决 VLAN 扩展，实现业务隔离以及更灵活的业务功能，并提供新型的以太网业务，如 L2VPN。

传统的 MPLS 技术应用于 IP 数据包，只能与二层技术一起提供单一的二层业务，如果要提供多种二层业务，MPLS 网络中必须对二层业务进行仿真和 MPLS 封装，建立虚电路。例如，MartiniMPLS 技术或 EoMPLS。EoMPLS 采用双层 MPLS 标签——隧道标签和 VC 标签，隧道标签用于标识业务在网络中的传送通道，称为隧道标签交换通道(LSP)；VC 标识隧道 LSP 中的小虚电路，用于业务隔离和复用。LSP 有动态和静态两种方式，静态 LSP 通过网管配置建立，动态 LSP 通过信令协议方式建立。如果采用动态方式，就会涉及三层路由功能，目前国内对 MSTP 只能实现二层以下的功能。因此，现阶段只能考虑通过 Martini 草案实现静态 MPLS 功能，但各厂家采用的网管不同，实现 MPLS 功能还存在一些问题。

4. MSTP 的应用及发展

多业务传送平台(MSTP)设备作为一种可应用于接入层、汇聚层和骨干层的主要网元受到了越来越多的关注，应用也越来越普及。随着新一代 MSTP 技术的不断完善和城域网业务的发展，新一代 MSTP 的应用将会逐渐明朗，可以提供点到点的以太网透传业务、点到多点的以太网业务汇聚、多点到多点的以太网业务交换几种城域以太网业务的应用方案，实现城域传送网和数据网的紧密有机结合。

结合 RPR 和 MPLS 的双重优势，新一代 MSTP 技术使建设一个可扩展和调度能力强、有 QoS 保证的城域传送网成为可能。它不但能很好地解决提供最大收益的 TDM 业务的传送，同时极大提高了对数据业务的支持能力和带宽利用率。随着国际和国内标准化的完善和以太网业务应用模式的逐步推广，融合了 RPR 和 MPLS 技术的新一代 MSTP 必定会在城域传送网有良好的应用前景，有利于运营商降低运营成本、快速提供新业务、增加业务收入，提升自身的竞争优势。另一方面，随着城域运营商对业务、网络和管理智能化的不断需求，新一代 MSTP 将逐渐具备 ASON 功能，并先应用在北京、上海、广州这样的超大型城市，解决城域电路调度频繁、业务开通时间紧等问题，进一步增强城域光传送网的动态调度能力，并灵活地支持各种新业务，为不同的客户提供差异化的服务。

经过近几年的发展和应用，基于 SDH 的 MSTP 已成为城域传送网最合适的主流技术。如何进一步提高网络资源利用率和网络服务质量，是运营商最关心的问题。随着网络中数据业务比重逐渐增大，要适应数据业务不确定性和不可预见性的特点，MSTP 必将把 VCat、GFP、LCAS、RPR、MPLS 等几种标准功能集成在一起，进一步优化数据业务传送机制，逐步引进智能特性，向 ASON 演进和发展。

1.1.5 自动交换光网络

自动交换光网络(ASON)是把传统光网络技术和以 IP 为基础的网络智能化技术发展并结合起来，对网络带宽进行动态分配，形成具有智能化的新一代光网络技术，它是在现有光传送网络基础之上新增一层相对独立的智能化控制平面，从而使光网络由静态的传输网络变为动态的可运营管理的智能化网络。

在 ASON 中，业务可实现动态连接，时隙资源也可进行动态分配。其原理是智能的控制平面能建立呼叫和连接，提供服务和对底层网络进行控制，同时支持不同的技术方案和不同的业务需求，具备高可靠性、可扩展性和高有效性等特点。对运营商来说，有了智能光网络，网络业务的调配变得更加灵活，可将话音信号传输、Internet IP 业务传输、ATM 信号传输、FRAME RELAY 传输、数字图像信号传输融为一体，在同一传送平台上实现传输网络的统一，使传输服务提供商在较低的投资下提供全业务传输服务，增强传输业务服务商的竞争能力，且业务升级容易，网络维护管理费用降低，同时可提供多种类型的网络恢复机制。

1. ASON 的分层体系结构

ASON 是指一种具有灵活性、高可扩展性的能直接在光层上按需提供服务的光网络。传输设备是 ASON 的基本传输载体，通常提供线性或环型组网结构。光交叉连接设备(OXC)是 ASON 的核心硬件设备，为其提供交换平台。光交叉连接设备的引入，使组网拓扑从环型、线性结构演进成高效的网状拓扑，从而可为寻找最优化的光路由或在网络发生故障时快速寻找保护路由提供可能，同时也便于在全网共享备用资源。ASON 自身的伸缩性与网络软件的结合可提供全网的伸缩性，各种直接向用户提供的特色服务都要通过交换平台实施。按照 ITU-T G.8080 建议，ASON 从功能层面上分为传送平面、控制平面和管理平面，这三个平面分别完成不同功能。图 1.1-4 给出了 ASON 体系结构的示意图。

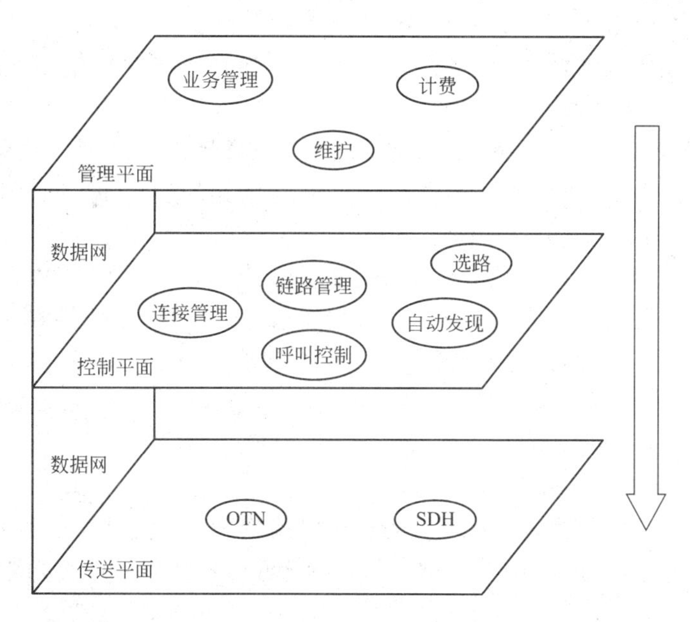

图 1.1-4 ASON 体系结构的示意图

(1) 传送平面

与传统网络类似，传送平面仍负责传送业务，是实现业务连接的建立/拆除、交换和传送的物理平面。与传统光网络不同的是，ASON 传送平面的动作是在控制平面和管理平面的作用下进行的。传送平面功能实体包括提供子网连接(SNC)的网元(NE)，它具有各种颗粒的交换和疏导结构，如 SONET/SDH 网络中的分插复用器(ADM)、终端复用器(TM)、数字交叉连接设备(DXC)，OTN 网络中的光交叉连接(OXC)，光分插复用器

(OADM)等；传送平面具有各种速率和多业务的物理接口，如SDH各种速率接口、以太网接口、ATM接口以及其他特殊接口等；具有与控制平面交互的连接控制接口(CCI)。

(2) 控制平面

与传统光传送网相比较，ASON的一个明显不同就是引入分布式智能化的控制平面，使整个光网络出现前所未有的变化。ASON的出现使传输、交换和数据网络结合在一起，实现了真正意义的路由设置、端到端业务调度和网络自动恢复，可以说ASON的产生是光传送网的一次具有里程碑的重大突破。ASON控制平面的核心是利用信令功能实现端到端自动连接的建立，它基于通用交换协议(GMPLS)族，其智能化实现的前提是传送平面的网元设备具备全自动时隙交换的功能(包括SDH时隙和波长时隙)，即时隙信号可以从网元设备的任意入时隙位置交叉到出时隙位置。

(3) 管理平面

在关注控制平面的同时，ASON并没有丢弃管理功能。管理平面起到高层管理者的作用。管理平面中有3个管理器：控制平面管理器、传送平面管理器和资源管理器，这3个管理器是管理平面与其他平面之间实现管理功能的代理。此外，在控制平面与其他平面之间也存在平面之间功能的协调和对传送平面资源的管理操作。管理平面通过网络管理接口T(NMI-T)管理传送平面，通过网络管理接口A(NMI-A)管理控制平面，通过结合控制模块的链路管理协议(LMP)协同完成对DCN管理。它主要面向网络运营者，侧重于对网络运营情况的掌握和网络资源的优化配置。

由于ASON在传统光网络的基础上新增了功能强大的控制平面，这给智能光网络的管理带来了一些新问题，集中表现为：

1) 路径管理功能：在多运营商环境下，为了完成网络管理功能，必须统一规范路径建立控制结构，即对控制平面同一管理域(AD)内光通路的建立和不同管理域之间光通路的建立进行统一规范。

2) 命名和寻址：涉及用户域名与业务提供者域名之间及层网络名之间的翻译和转换，在ASON智能光网络环境下，对命名和寻址的要求主要有名的独立性和名的唯一性。

3) 网管平面与控制平面的协调：由于ASON智能光网络的3种连接类型有的由网管系统建立，有的由信令系统动态建立，有的则由二者合作建立，所以需要研究网管平面与控制平面之间的结合问题。

2. ASON网络关键技术

ASON有硬光技术和软光技术。硬光技术是指物理层的光技术及其硬件设备，软光技术是指为控制光通道的建立和提供服务所需的软件，是静态光网络变成动态的自动交换光网络的关键。

ASON采用的生存性技术分为保护、集中恢复和分布恢复，其中保护和集中恢复是传统光网络的功能，而分布恢复则是ASON所特有的功能。

ASON的保护技术主要有：1+1单向路径保护，1+N路径保护，1+1单向SNC/N和SNC/S保护。同时，还有光通道(Och)共享保护和光复用段(OMS)共享保护环，这两种方式均使用APS协议。

ASON的恢复方法分为3种：预计算、动态和这两种同时采用。它们的区别在于所采用的恢复动作顺序不同。

3. ASON 的亮点

ASON 的亮点在于它为静态的光传送网(OTN)引入智能，使之变为动态的光网络。智能光网络将 IP 的灵活和效率、SDH/SONET 的保护能力、DWDM 的容量通过创新的分布式网管系统有机地结合在一起，形成以软件为核心的能感知网络和用户服务要求，并能按需直接从光层提供服务的新一代光网络。

从设计上，ASON 致力于克服 IP over DWDM 模式的限制，同时加入新的特性和功能。新加的特性包括完善的服务和管理功能，传送运营商级的 1 Gbit/s 和 10 Gbit/s 的以太网能力，以及以软件为中心的系统结构。

ASON 采用先进的基于 IP 的光路由和控制算法使得光路的配置、选路和恢复成为可能，具有智能决策和动态调节能力的智能光交换设备可以使传统上复杂而耗时的操作自动化，并且还能为构建一种具有高度弹性和伸缩性的网络基础设施打下基础。

4. ASON 组网方案

考虑与实际已经存在的 DWDM，SDH 网络融合，ASON 组网方案主要有 ASON＋DWDM 组网及 ASON 和 SDH 混合组网两种组网方案。

(1) ASON＋DWDM 组网方案

利用 DWDM 系统的大容量和长途传输能力以及 ASON 节点的宽带容量和灵活调度能力，可以组建一个功能强大的网络。在这样的网络中，尤其在骨干和汇聚层网络，ASON 节点可以完成传统 SDH 设备所能完成的所有功能，并提供更大的节点宽带容量，更灵活和更快捷的电路调度能力，同时网络的建设和运营费用也比较低。ASON 节点所能提供的单节点交叉容量可以大大缓解网络中节点的“瓶颈”问题。

(2) ASON 和 SDH 混合组网方案

ASON 可以基于 G. 803 规范的 SDH 传送网实现，也可以基于 G. 872 规范的光传送网实现，因此，ASON 可与现有 SDH 传送网络混合组网。ASON 与现有电信网络的融合是一个渐进的过程，先在现有的 SDH 网络形成一个个 ASON，然后逐步形成整个的 ASON。这一发展过程与 PDH 向 SDH 设备的过渡非常相似。

5. ASON 的发展现状和应用

ASON 是光传送网(OTN)概念的重大突破，代表了光网络的发展方向，它一提出就迅速受到业界的重视。鉴于 ASON 的市场潜力，国际上许多通信设备制造商相继投入力量开发此类产品，先行的厂家已有全套的智能光网络产品，像 Sycamore 的 SN 系列产品已先后在 Storm，Vodafone，360networks 和 BellSouth 等运营商的网中投入使用。国内像华为 OSN 系列设备，通过引入智能引擎，OSN 设备可直接进行软件加载，升级为智能光网络设备，提供端到端的业务自动配置和 SLA 服务等。一些传统的大电信设备制造商也纷纷宣传智能光网络的概念，目前已形成 ASON 两大模式：以 ITU-T 为代表的客户/服务者模式，又叫“用户-网络开放接口”，以因特网工程任务组(IETF)为代表的对等(Peer)模式(一个管理域)，又叫“层叠(overlay)”模式。

从目前的业务类型和运营类型来看，ASON 已经在城域网中得到应用，不久将会应用于骨干网中。

1.1.6 光纤接入技术

光纤接入技术是指局端与用户之间完全以光纤作为传输媒体的接入技术。光纤到家庭

(FTTH)是20年来人们不断追求的梦想和探索的技术方向，但由于成本、技术、需求等方面的障碍，至今还没有得到大规模推广与发展。然而，这种进展缓慢的局面最近有了很大的改观。由于政策上的扶持和技术本身的发展，在沉寂多年后，FTTH再次成为热点，步入快速发展期。目前所兴起的各种相关宽带应用如VoIP、Online-game、E-learning、MOD (Multimedia on Demand)及智能家庭等所带来生活的舒适与便利，HDTV所掀起的交互式高清晰度的收视革命都使得具有高带宽、大容量、低损耗等优良特性的光纤成为将数据传送到客户端的媒质的必然选择。正因为如此，很多有识之士把FTTx(特别是光纤到家、光纤到驻地)视为光通信市场复苏的重要转折点。并且预计今后几年，FTTH网将会有更大的发展。

1. FTTX划分

FTTX技术主要用于接入网络光纤化，范围从区域电信机房的局端设备到用户终端设备，局端设备为光线路终端(Optical Line Terminal；OLT)、用户端设备为光网络单元(Optical Network Unit；ONU)或光网络终端(Optical Network Terminal；ONT)。根据网络单元位置的不同来分类，可分成光纤到路边(Fiber To The Curb；FTTC)、光纤到大楼(Fiber To The Building；FTTB)及光纤到家(Fiber To The Home；FTTH)、光纤到办公室(Fiber To The Office；FTTO)等4种服务形态。美国运营商Verizon将FTTB及FTTH合称光纤到驻地(Fiber To The Premise；FTTP)。上述服务可统称FTTx。

FTTC为目前最主要的服务形式，主要是为住宅区的用户作服务，将ONU设备放置于路边机箱，利用ONU出来的同轴电缆传送CATV信号或双绞线传送电话及上网服务。

FTTB依服务对象区分有两种，一种是公寓大厦的用户服务，另一种是商业大楼的公司行号服务，两种皆将ONU设置在大楼的地下室配线箱处，只是公寓大厦的ONU是FTTC的延伸，而商业大楼是为了中大型企业单位，必须提高传输的速率，以提供高速的数据、电子商务、视频会议等宽带服务。

FTTH，ITU认为从光纤端头的光电转换器(或称为媒体转换器MC)到用户桌面不超过100m的情况才是FTTH。FTTH将光纤的距离延伸到终端用户家里，使得家庭内能提供各种不同的宽带服务，如VOD、在家购物、在家上课等，提供更多的商机。若搭配WLAN技术，将使得宽带与移动结合，则可以达到未来宽带数字家庭的远景。

FTTO是光纤延伸到办公室的宽带接入技术，是FTTH的一个变种，即FTTH针对的是家庭用户，而FTTO针对的是小型企业。但是一般FTTO除了提供以太网接口用于宽带上网以外，还需要提供少量的E1接口。

2. FTTX技术分类

光纤连接ONU主要有两种方式，一种是点对点形式拓扑(Point to Point；P2P)，从中心局到每个用户都用一根光纤；另外一种是使用点对多点形式拓扑方式(Point to Multi-Point；P2MP)的无源光网络(Passive Optical Network；PON)。对于具有N个终端用户的距离为M km的无保护FTTx系统，如果采用点到点的方案，需要2N个光收发器和NMkm的光纤。但如果采用点到多点的方案，则需要N+1个光收发器、一个或多个(视N的大小)光分路器、和大约M km的光纤，在这一点上，采用点到多点的方案，大大地降低了光收发器的数量和光纤用量，并降低了中心局所需的机架空间，有着明显的成本优势。

(1) 点到点的FTTX解决方案

点对点直接光纤连接具有容易管理、没有复杂的上行同步技术和终端自动识别等优点。另外上行的全部带宽可被一个终端所用，这非常有利于带宽的扩展。但是这些优点并不能抵消它在器件和光纤成本方面的劣势。

Ethernet + Media Converter就是一种过渡性的点对点FTTH方案，此种方案使用媒体转换器(Media Converter；MC)方式将电信号转换成光信号进行长距离的传输。其中MC是一个单纯的光电/电光转换器，它并不对信号包做加工，因此成本低廉。这种方案的好处是对于已有的电的Ethernet设备只需要加上MC即可。对于目前已经普及的100Mbit/s Ethernet网络而言，100 Mbit/s的速率也可满足接入网的需求，不必更换支持光纤传输的网卡，只需要加上MC，这样用户可以减少升级的成本，是点对点FTTH方案过渡期间网络的解决方案。由于其技术架构相当简单、便宜并直接结合以太网络而一度成为日本FTTH的主流，但在2004 OFC会议中，NTT宣称将从现在起日本FTTH标案将采取点对多点(Point to Multi-Point，P2MP)架构的PON网络模式，势必将影响MC的未来。

(2) 点到多点的FTTX解决方案

在光接入网中，如果光配线网(ODN)全部由无源器件组成，不包括任何有源节点，则这种光接入网就是PON。PON的架构主要是将从光纤线路终端设备OLT下行的光信号，通过一根光纤经由无源器件Splitter(光分路器)，将光信号分路广播给各用户终端设备ONU/T，这样就大幅减少网络机房及设备维护的成本，更节省了大量光缆资源等建置成本，PON因而成为FTTH最新热门技术。PON技术始于20世纪80年代初，目前市场上的PON产品按照其采用的技术，主要分为APON/BPON(ATM PON/宽带PON)、EPON(以太网PON)和GPON(千兆比特PON)，其中，GPON是最新标准化和产品化的技术。

3. PON接入网技术

PON作为一种接入网技术，定位在常说的“最后一公里”，也就是在服务提供商、电信局端和商业用户或家庭用户之间的解决方案。

随着宽带应用越来越多，尤其是视频和端到端应用的兴起，人们对带宽的需求越来越强烈。在北美，每个用户的带宽需求在5年内将达到20～50Mbit/s，而在10年内将达到70Mbit/s。在如此高的带宽需求下，传统的技术将无法胜任，而PON技术却可以大显身手。

1987年英国电信公司的研究人员最早提出了PON的概念。下面对几种分别进行介绍。

APON是在1995年提出的，当时，ATM被期望为在局域网(LAN)、城域网(MAN)和主干网占据主要地位。各大电信设备制造商也研发出了APON产品，目前在北美、日本和欧洲都有APON产品的实际应用。然而APON经过多年的发展，并没有很好的占领市场。主要原因是ATM协议复杂，APON的推广受阻的影响，另外设备价格较高，相对于接入网市场来说还较昂贵。由于APON只能为用户端提供ATM服务，2001年底FSAN更新网页把APON改名为BPON，即“宽带PON”，APON标准衍变成为能够提供其他宽带服务(如Ethernet接入、视频广播和高速专线等)的BPON标准。

在局域网领域，Ethernet 技术高速发展。Ethernet 已经发展成为了一个广为接受的标准，现在全球有超过 400 万个以太端口，95%的 LAN 都是使用 Ethernet 技术。Ethernet 技术发展很快，传输速率从 10 Mbit/s、100Mbit/s 到 1000Mbit/s、10 Gbit/s 甚至 40 Gbit/s，呈数量级提高；应用环境也从 LAN 向 MAN、核心网发展。

EPON 就是由 IEEE 802.3 工作组在 2000 年 11 月成立的 EFM(Ethernet in the First Mile)研究小组提出的。EPON 是几个最佳的技术和网络结构的结合。EPON 以 Ethernet 为载体，采用点到多点结构、无源光纤传输方式，下行速率目前可达到 10Gbit/s，上行以突发的以太网包方式发送数据流。另外，EPON 也提供一定的运行维护和管理(OAM)功能。

EPON 技术和现有的设备具有很好的兼容性。而且 EPON 还可以轻松实现带宽到 10Gbit/s 的平滑升级。新发展的服务质量(QoS)技术使以太网对语音、数据和图像业务的支持成为可能。这些技术包括全双工支持、优先级(p802.1p)和虚拟局域网(VLAN)。但目前 Ethernet 支持多业务的标准还没有形成，它对非数据业务，尤其是 TDM 业务还不能很好地支持。另外，和 GPON 相比它的传输效率较低。

2001 年，FSAN 组启动了另外一项标准工作，旨在规范工作速率高于 1Gbit/s 的 PON 网络，这项工作被称为 Gigabit PON(GPON)。GPON 除了支持更高的速率之外，还要以很高的效率支持多种业务，提供丰富的 OAM&P 功能和良好的扩展性。大多数先进国家运营商的代表，提出一整套“吉比特业务需求”(GSR)文档，作为提交 ITU-T 的标准之一；反过来又成为提议和开发 GPON 解决方案的基础。这说明 GPON 是一种按照消费者的准确需求设计、由运营商驱动的解决方案，是值得产品用户信赖的。

1.2 无线通信现状及发展趋势

移动通信是 20 世纪对人类和社会发展有着重大影响并且发展最为迅速的产业之一。目前，第二代移动通信在提供语音和低速数据业务的同时，正朝着提供容量更大、数率更高、业务更多的第三代方向发展。与此同时，3G 的建设和演进、各种无线接入系统的研究和开发，第四代移动通信系统的研究正高潮迭起、方兴未艾。各国厂商、制造商争先恐后地开发各种移动通信、无线接入产品，以 WCDMA、CDMA2000 和 TD-SCDMA 为代表的第三代移动通信系统已经面世，在我国一个能给亿万用户带来全新服务的 3G 移动通信系统的大规模应用已经为期不远了。

1.2.1 第三代移动通信系统

3G 是 3rd Generation 的缩写，指第三代移动通信技术。相对第一代模拟制式(1G)和第二代 GSM、CDMA(2G)，第三代是指将无线通信与互联网等多媒体通信结合的新一代移动通信系统。它能够处理图像、音乐、视频流等多种媒体形式，提供包括网页浏览、电话会议、电子商务等多种信息服务。为了提供这种服务，无线网络必须能够支持不同的数据传输速度，即在室内、室外和行车的环境中能够分别支持至少 2Mbit/s、384kbit/s 以及 144kbit/s 的传输速度。3G 有 WCDMA、CDMA2000、TD-SCDMA 三种制式。

1. CDMA2000 网络特点

(1) 自适应调制编码技术。根据前向射频链路的传输质量，移动终端可以要求 9 种数据速率，最低为 38.4kbit/s，最高为 2457.6kbit/s。在 1.25MHz 的载波上能传输如此高速的数据，其原因是采用了高阶调制解调并结合了纠错编码技术。

(2) 前向链路快速功率控制技术。前向链路功率控制(FLPC)的目的就是合理分配前向业务信道功率，在保证通信质量的前提下，使其对相邻基站、扇区产生的干扰最小，也就是使前向信道的发射功率在满足移动台解调最小需求信噪比的情况下尽可能小。通过调整，既能维持基站同位于小区边缘的移动台之间的通信，又能在有较好的通信传输环境时最大限度地降低前向发射功率，减少对相邻小区的干扰，增加前向链路的相对容量。

(3) 移动 IP 技术。CDMA2000 提供了简单 IP 和移动 IP 两种分组业务接入方式。

简单 IP(Simple IP)方式：类似于传统的拨号接入，分组数据业务节点(PDSN，Packet Data Serving Node)为移动台动态分配一个 IP 地址，该 IP 地址一直保持到该移动台移出该 PDSN 的服务范围，或者移动台终止简单 IP 的分组接入。当移动台跨 PDSN 切换时，该移动台的所有通信将重新建立，通信中断。移动台在其归属地和访问地都可以采用简单 IP 接入方式。

移动 IP(Mobile IP)方式：移动台使用的 IP 地址是其归属网络分配的，不管移动台漫游到哪里，它的归属 IP 地址均保持不变，这样移动台就可以用一个相对固定的 IP 地址和其他节点进行通信了。移动 IP 提供了一种特殊的 IP 路由机制，使得移动台可以以一个永久的 IP 地址连接到任何链路上。

(4) 前向链路时分复用。CDMA2000 充分利用了数据通信业务的不对称性和数据业务对实时性要求不高的特征，前向链路设计为时分复用(TDM)CDMA 信道。对于前向链路，在给定的某一瞬间，某一用户将得到 CDMA2000 EV-DO 载波的全部功率，不管是传输控制信息还是传输业务信息，CDMA2000 EV-DO 的载波总是以全功率发射。

(5) 速率控制。前向链路的发射功率不变，即没有功率控制机制。但是，它采用了速率控制机制，速率随着前向射频链路质量而变化。基站不决定前向链路的速率，而是由移动终端根据测得的 C/I 值请求最佳的数据速率。

(6) 增强的电池续航能力。采用功率控制和反向电路的门控发射机制等技术延长手机电池续航能力，以降低能量消耗，使手机电池续航能力增强。

(7) 软切换。CDMA 系统采用软切换技术“先连接再断开”，这样完全克服了硬切换容易掉话的缺点。

2. TD-SCDMA 网络特点

时分双工(TDD，Time Division Duplex)是一种通信系统的双工方式，在无线通信系统中用于分离接收和传送信道或者上行和下行链路。在采用 TDD 模式的无线通信系统中，接收和传送是在同一频率信道(载频)的不同时隙，用保护时间间隔来分离上下行链路；而采用 FDD 模式的无线通信系统，接收和传送是在分离的两个对称频率信道上，用保护频率间隔来分离上下行链路。

(1) TD-SCDMA 系统中由于采用了 TDD 的双工方式，使其可以利用时隙的不同来区分不同的用户。同时，由于每个时隙内同时最多可以有 16 个码字进行复用，因此同时隙的用户也可以通过码字来进行区分。每个 TD-SCDMA 载频的带宽为 1.6MHz，使得多个频率可以同时使用，TD-SCDMA 系统集合 CDMA、FDMA、TDMA 三种多址方式于一体，使得无线资源可以在时间、频率、码字这三个维度进行灵活分配，也使得用户能够被灵活地分配在时间、频率、码字这三个维度，从而降低系统的干扰水平。

(2) TD-SCDMA 的同步技术包括网络同步、初始化同步、节点同步、传输信道同步、无线接口同步、Iu 接口时间较准、上行同步等。其中网络同步是选择高稳定度、高精度的时钟做为网络时间基准，以确保整个网络的时间稳定。它是其他各同步的基础。初始化同步可以使移动台成功接入网络。节点同步、传输信道同步、无线接口同步和 Iu 接口时间较准、上行同步等，可以使移动台能正常进行符合 QoS 要求的业务传输。

(3) 功率控制是 TD-SCDMA 系统中有效控制系统内部的干扰电平，从而降低小区内和小区间干扰的不可缺少的手段。在 TD-SCDMA 系统中，功率控制可以分为开环功率控制和闭环功率控制，而闭环功率控制又可以分为内环功率控制和外环功率控制。

(4) 智能天线技术，是在复杂的移动通信环境和频带资源受限的条件下达到更好的通信质量和更高的频谱利用率，受限的因素主要有多径衰落、时延扩展和多址干扰 3 个方面。为克服这些因素的限制，TD-SCDMA 采用智能移动通信技术，智能天线技术作为 TD-SCDMA 系统的关键技术，在抵抗干扰，提高系统容量方面发挥了重要的作用。相比于 WCDMA 系统，TD-SCDMA 系统带宽较窄，扩频增益较小，单载频容量较小。智能天线是保证系统能够获得满码道容量的重要条件。

(5) TD-SCDMA 系统中采用的联合检测技术是充分利用造成多址干扰(MAI)的所有用户信号及其多径的先验信息，把用户信号的分离当作一个统一的相互关联的联合检测过程来完成，从而具有优良的抗干扰性能，降低了系统对功率控制精度的要求，因此可以更加有效地利用上行链路频谱资源，显著地提高系统容量。

(6) TD-SCDMA 系统的接力切换概念不同于硬切换与软切换。在切换之前，目标基站可以通过系统对移动台的精确定位技术，获得移动台比较精确的位置信息；在切换过程中，UE 断开与原基站的连接之后，能迅速切换到目标基站。接力切换可提高切换成功率，与软切换相比，可以克服切换时对邻近基站信道资源的占用，能够使系统容量得以增加。

(7) 动态信道分配的引入是基于 TD-SCDMA 采用了多种多址方式 CDMA、TDMA、FDMA 以及空分多址 SDMA(智能天线的效果)。当同小区内或相邻小区间用户发生干扰时，可以将其中一方移至干扰小的其他无线单元(不同的载波或不同的时隙)上，达到减少相互间干扰的目的。动态信道分配能够较好地避免干扰，使信道重用距离最小化，从而高效率地利用有限的无线资源，提高系统容量；能够灵活地分配时隙资源，可以灵活地支持对称及非对称的业务。

3. WCDMA 网络特点

(1) 支持异步和同步的基站运行方式，组网方便、灵活，减少了通信网络对于 GPS 系统的依赖。

(2) 上行为 BPSK 调制方式，下行为 QPSK 调制方式，采用导频辅助的相干解调，码资源产生方法容易、抗干扰性好、且提供的码资源充足。

(3) 发射分集技术，支持 TSTD、STTD、SSDT 等多种发射分集方式，有效提高无线链路性能，提高了下行的覆盖和容量。

(4) 适应多种速率的传输，可灵活地提供多种业务，并根据不同的业务质量和业务速率分配不同的资源，同时对多速率、多媒体的业务可通过改变扩频比和多码并行传送的方式来实现。上、下行快速、高效的功率控制，极大减少了系统的多址干扰，提高了系统容量，同时也降低了传输的功率。

(5) WCDMA 利用成熟 GSM 网络的覆盖优势，核心网络基于 GSM/GPRS 网络的演进，WCDMA 与 GSM 系统有很好的兼容性。

(6) 支持开环、内环、外环等多种功率控制技术，降低了多址干扰、克服远近效应以及衰落的影响，从而保证了上下行链路的质量。

(7) 基于网络性能的语音 AMR 可变速率控制技术，通过对 AMR 语音连接的信源编码速率和信道参数进行协调考虑，合理有效利用系统负载，可以在系统负载轻时提供优质的语音质量，在网络负荷较重时通过控制 AMR 速率，降低一点语音质量来提高系统容量，特别是提升在忙时的系统容量，增加运营商的收入，使运营商的收入最大化。WCDMA 也支持 TFO/TrFO 技术，提供语音终端对终端的直接连接，减少语音编解码次数，提高语音质量。

(8) 先进的无线资源管理方案。在软切换过程中提供准确的测量方法、软切换算法及切换执行功能；呼叫准入控制用一种合适的方法控制网络的接入实现软容量最大化；无线链监控在不同信道条件下使用不同的发射模式获得最佳效果；码资源分配用小的算法复杂度支持尽可能多的用户。

(9) 软切换采用了更软的切换技术。在切换上优化了软切换门限方案，改进了软切换性能，实现无缝切换，提高了网络的可靠性和稳定性。

(10) Rake 接收技术。由于 WCDMA 带宽更大，码片速率可达 3.84Mchip/s，因此可以分离更多的多径，提高了解调性能。

1.2.2 第四代移动通信技术

4G 是第四代移动通信及其技术的简称，是集 3G 与 WLAN 于一体并能够传输高质量视频图像以及图像传输质量与高清晰度电视不相上下的技术产品。4G 系统能够以 100Mbps 的速度下载，比拨号上网快 2000 倍，上传的速度也能达到 20Mbps，并能够满足几乎所有用户对于无线服务的要求。而在用户最为关注的价格方面，4G 与固定宽带网络在价格方面不相上下，而且计费方式更加灵活机动，用户完全可以根据自身的需求确定所需的服务。此外，4G 可以在 DSL 和有线电视调制解调器没有覆盖的地方部署，然后再扩展到整个地区。很明显，4G 有着不可比拟的优越性。随着移动通信市场的发展，用户对更高性能的移动通信系统提出了需求，希望享受更为丰富和高速的通信业务；特别是移动互联网、物联网、三网融合的发展，为 4G 技术的商用奠定了基础

1. 4G 无线通信目标

(1) 提供更高的传输速率(室内为 100Mbit/s～1Gbbit/s，室外步行为数十～至数百 Mbps，车速为数十 Mbps，信道射频带宽为数十 MHz，频谱效率为几到数十 bps/Hz)。

(2) 支持更高的终端移动速度(250km/h)。

(3) 全 IP 网络架构、承载与控制分离。

(4) 提供无处不在的服务、异构网络协同。

(5) 提供更为丰富的分组多媒体业务。

2. 4G 系统网络结构

4G 移动系统网络结构可分为三层：物理网络层、中间环境层、应用网络层。物理网络层提供接入和路由选择功能，它们由无线和核心网的结合格式完成。中间环境层的功能

有 QoS 映射、地址变换和完全性管理等。物理网络层与中间环境层及其应用环境之间的接口是开放的，它使发展和提供新的应用及服务变得更为容易，提供无缝高数据率的无线服务，并运行于多个频带。这一服务能自适应多个无线标准及多模终端能力，跨越多个运营者和服务，提供大范围服务。

3. 4G 关键技术

(1) OFDM 多载波技术。

(2) MIMO 多天线技术。

(3) OTDM 链路自适应技术。

(4) SA 智能天线。

4. 4G 的主要优势

(1) 通信速度更快。

(2) 网络频谱更宽。

(3) 通信更加灵活。

(4) 智能性能更高。

(5) 兼容性能更平滑。

(6) 提供各种增值服务。

(7) 实现更高质量的多媒体通信。

(8) 频率使用效率更高。

(9) 通信费用更加便宜。

5. 4G 技术标准

国际电信联盟(ITU)已经将 WiMax、HSPA+、LTE 正式纳入到 4G 标准里，加上之前就已经确定的 LTE-Advanced 和 WirelessMAN-Advanced 这两种标准，目前 4G 标准已经达到了 5 种。

(1) LTE

LTE(Long Term Evolution，长期演进)项目是 3G 的演进，它改进并增强了 3G 的空中接入技术，采用 OFDM 和 MIMO 作为其无线网络演进的唯一标准。主要特点是在 20MHz 频谱带宽下能够提供下行 100Mbit/s 与上行 50Mbit/s 的峰值速率，相对于 3G 网络大大地提高了小区的容量，同时将网络延迟大大降低：内部单向传输时延低于 5ms，控制平面从睡眠状态到激活状态迁移时间低于 50ms，从驻留状态到激活状态的迁移时间小于 100ms。并且这一标准也是 3GPP 长期演进(LTE)项目，是近两年来 3GPP 启动的最大的新技术研发项目。

由于目前的 WCDMA 网络的升级版 HSPA 和 HSPA+均能够演化到 LTE 这一状态，包括中国自主的 TD-SCDMA 网络也将绕过 HSPA 直接向 LTE 演进，所以这一 4G 标准获得了最大的支持，也将是未来 4G 标准的主流。该网络提供媲美固定宽带的网速和移动网络的切换速度，网络浏览速度大大提升。

(2) LTE-Advanced

从字面上看，LTE-Advanced 就是 LTE 技术的升级版，那么为何两种标准都能够成为 4G 标准呢？LTE-Advanced 的正式名称为 Further Advancements for E-UTRA，它满足 ITU-R 的 IMT-Advanced 技术征集的需求，是 3GPP 形成欧洲 IMT-Advanced 技术提

案的一个重要来源。LTE-Advanced 是一个后向兼容的技术，完全兼容 LTE，是演进而不是革命，相当于 HSPA 和 WCDMA 这样的关系。LTE-Advanced 的相关特性如下：

带宽：100MHz；

峰值速率：下行 1Gbit/s，上行 500Mbit/s；

峰值频谱效率：下行 30bit/s/Hz，上行 15bit/s/Hz；

针对室内环境进行优化；

有效支持新频段和大带宽应用；

峰值速率大幅提高，频谱效率有限的改进。

如果严格地讲，LTE 作为 3.9G 移动互联网技术，那么 LTE-Advanced 作为 4G 标准更加确切一些。LTE-Advanced 的入围，包含 TDD 和 FDD 两种制式，其中 TD-SCDMA 将能够进化到 TDD 制式，而 WCDMA 网络能够进化到 FDD 制式。移动主导的 TD-SCDMA 网络期望能够直接绕过 HSPA＋网络而直接进入到 LTE。

(3) WiMax

WiMax：WiMax(Worldwide Interoperability for Microwave Access)，即全球微波互联接入，WiMAX 的另一个名字是 IEEE 802.16。WiMAX 的技术起点较高，WiMax 所能提供的最高接入速度是 70M，这个速度是 3G 所能提供的宽带速度的 30 倍。对无线网络来说，这的确是一个惊人的进步。WiMAX 逐步实现宽带业务的移动化，而 3G 则实现移动业务的宽带化，两种网络的融合程度会越来越高，这也是未来移动世界和固定网络的融合趋势。

802.16 工作的频段采用的是无需授权频段，范围在 2GHz 至 66GHz 之间，而 802.16a 则是一种采用 2G 至 11GHz 无需授权频段的宽带无线接入系统，其频道带宽可根据需求在 1.5M 至 20MHz 范围进行调整，目前具有更好高速移动下无缝切换的 IEEE 802.16m 的技术正在研发。因此，802.16 所使用的频谱可能比其他任何无线技术更丰富，WiMax 具有以下优点：

1) 对于已知的干扰，窄的信道带宽有利于避开干扰，而且有利于节省频谱资源。

2) 灵活的带宽调整能力，有利于运营商或用户协调频谱资源。

3) WiMax 所能实现的 50km 的无线信号传输距离是无线局域网所不能比拟的，网络覆盖面积是 3G 发射塔的 10 倍，只要少数基站建设就能实现全城覆盖，能够使无线网络的覆盖面积大大提升。

不过 WiMax 网络在网络覆盖面积和网络的带宽上优势巨大，但是其移动性却有着先天的缺陷，无法满足高速(≥50km/h)下的网络的无缝链接，从这个意义上讲，WiMax 还无法达到 3G 网络的水平，严格地说并不能算作移动通信技术，而仅仅是无线局域网的技术。但是 WiMax 的希望在于 IEEE 802.11m 技术上，将能够有效的解决这些问题，也正是因为有中国移动、英特尔、Sprint 各大厂商的积极参与，WiMax 成为呼声仅次于 LTE 的 4G 网络手机。

(4) HSPA＋

HSPA＋：高速下行链路分组接入技术(High Speed Downlink Packet Access)，而 HSUPA 即为高速上行链路分组接入技术，两者合称为 HSPA 技术，HSPA＋是 HSPA 的衍生版，能够在 HSPA 网络上进行改造而升级到该网络，是一种经济而高效的 4G

网络。

从上文我们也可以了解到，HSPA+符合LTE的长期演化规范，将作为4G网络标准与其他的4G网络同时存在，它将很有利于目前全世界范围的WCDMA网络和HSPA网络的升级与过度，成本上的优势很明显。对比HSPA网络，HSPA+在室内吞吐量约提高12.58%，室外小区吞吐量约提高32.4%，能够适应高速网络下的数据处理，将是短期内4G标准的理想选择。目前联通已经在着手相关的规划，T-Mobile也开 通了这个4G网络，但是由于4G标准并没有被ITU完全确定下来，所以动作并不大。

(5) WirelessMAN-Advanced

WirelessMAN-Advanced：WirelessMAN-Advanced事实上就是WiMax的升级版，即IEEE 802.11m标准，802.16系列标准在IEEE正式称为WirelessMAN，而Wireless-MAN-Advanced极为IEEE 802.16m。其中，802.16m最高可以提供1Gbps无线传输速率，还将兼容未来的4G无线网络。802.16m可在“漫游”模式或高效率/强信号模式下提供1Gbps的下行速率。该标准还支持“高移动”模式，能够提供1Gbps速率。其优势如下：

1）提高网络覆盖，改建链路预算；

2）提高频谱效率；

4）低时延&QoS增强；

5）功耗节省。

目前的WirelessMAN-Advanced有5种网络数据规格，其中极低速率为16kbit/s，低速率数据及低速多媒体为144kbit/s，中速多媒体为2Mbit/s，高速多媒体为30Mbit/s，超高速多媒体则达到了30Mbit/s～1Gbit/s。但是该标准可能会被率先被军方所采用，IEEE方面表示军方的介入将能够促使WirelessMAN-Advanced更快的成熟和完善，而且军方的今天就是民用的明天。不论怎样，WirelessMAN-Advanced得到ITU的认可并成为4G标准的可能性极大。

1.2.3　高速分组下行接入(HSDPA)

随着宽带数据和多媒体业务的迅猛发展，第三代移动通信原定目标规定的2Mbit/s的传输速率已远远不能满足用户的需求，加之近期各种宽带无线接入技术的强力竞争，从而促使3G本身必然要向更高速率方向发展。HSDPA技术可实现14Mbit/s的下行速率，较好地解决了移动通信向更宽带宽演进的问题，因而受到了业界的广泛关注和大力的推进。

HSDPA技术是WCDMA制式在R5标准中引入的增强型技术，通过共享信道传输、高阶调制、更短时间间隔、快速链路适配、快速调度、快速混合自动重发等技术，大幅度地提升了下行传输速率和数据的吞吐量。

1. HSDPA的关键技术

(1) 自适应调制和编码技术(AMC)

自适应调制和编码技术，就是发送端根据信道状况实时地调整调制和编码方式，信道状况信息是由接收端根据接收到的信号质量进行估计的，然后经过反向信道反馈到发送端。

AMC技术使得离基站较近、信道传输质量较好的用户获得更高的数据传输速率，从而增加了系统的吞吐量；再者，由于不是通过调整发射功率，而是通过调整调制编码方式来进行信道的自适应，因而系统中的干扰变化不是那么强烈。

在AMC中自适应调制编码方案的选择是至关重要的，现在各公司已提出多种不同的调制编码方案。

(2) 混合自动请求重发技术(HARQ)

混合自动请求重发技术，是将前向纠错编码(FEC)和自动重传请求(ARQ)相结合的技术。HARQ是在发送的每个数据包中含有纠错位和校验位，如果接收包中错位数目在纠错范围内，则错误被自动纠正，否则当差错超出了FEC的纠错能力时，就让发送端重发数据。

(3) 快速小区选择技术

快速小区选择技术(FCS)是指用户通过上行指令为自己选择一个能够提供最好服务的小区，虽然每个用户终端活动区域内有多个小区，但任何时刻只能有一个小区为它传输数据，这样就可以极大地降低干扰，提高系统的容量。

2. 高速数据分组下行技术的应用和发展

由于HSDPA对移动数据业务有着高度的适应性，可以为运营商提供更高的数据传输业务，使得移动宽带业务相比固定宽带业务具有更强的竞争力。

(1) HSDPA通过实施若干快速而复杂的信道控制机制，使峰值数据数率达到14Mbit/s，从而改善了最终用户数据下载服务体验，缩短了连接和应答的时间，更为重要的是，HSDPA使分区的数据吞吐量增加3～5倍，可以在不占用更多的网络资源的基础之上大幅度地增加用户的数量。

(2) HSDPA可以更加有效地实施由3GPP标准规定的QoS控制，能够智能地对不同优选级的应答与服务进行排序与资源调拨；通过QoS的管理，HSDPA根据用户业务的需求，进行不同的网络安排和网络容量分配，更有效地支持和管理多种多样的实时高速数据传输业务。

(3) 与WCDMA相比，HSDPA与有非常明显的低成本优势。由于HSDPA网络建设所带来的成本主要用于基站(Node BS或BTS)和无线网络空中系统的软硬件升级。因此，HSDPA的部署具有很高的性价比。事实上，在用户密度高，用户数据处理量大的城市环境中，HSDPA网络传输数据成本只有WCDMA的一半。以较低的用户成本支持广泛的多媒体应用、服务内容以及诱人的功能。

从标准演进的层面来看，HSDPA是一个不断成熟的技术。根据3GPP的定义，HS-DPA发展将主要分为三个阶段：在Phase1，通过使用链路自适应调制(QPSK/16QAM)，HARQ机快速调度等技术，可将峰值速率提高到10.8～14.4Mbit/s；在Phase2，通过引入一系列天线阵列处理技术，可将速率提高到30Mbit/s；在Phase3，通过引入OFDM空中接口技术和64QAM等，可将峰值速率提高到100Mbit/s以上。

1.2.4 智能天线

智能天线原名自适应天线阵列。最初主要用于雷达、声纳、抗干扰通信、定位等军事用途，用来完成空间滤波和定位。近年来，随着移动通信的发展以及对移动通信电波传播、组网技术、天线理论等方面的研究逐渐深入，智能天线开始用于具有复杂电波传播环境的移动通信。由于其具有抑制信号干扰、自动跟踪以及数字波束调节等功能，因此被誉为未来移动通信中的关键技术。

在移动通信中，智能天线有着诱人的前景。智能天线可将无线电的信号导向具体的方向，产生空间定向波束，使天线主波束对准用户信号到达方向 DOA，旁瓣或零陷对准干扰信号到达方向，达到充分高效利用移动用户信号并删除或抑制干扰信号的目的。同时，利用各个移动用户间信号空间特征的差异，通过阵列天线技术在同一信道上接收和发射多个移动用户信号而不发生相互干扰，使无线电频谱的利用和信号的传输更为有效。在不增加系统复杂度的情况下，使用智能天线可满足服务质量和网络扩容的需要。实际上它使通信资源不再局限于时间域(TD-A)、频率域(FDA)或码域(CDA)而拓展到了空间域，属于空分多址(SDA)体制。与传统的 TDMA、FDMA 或 CDMA 方式相比，智能天线引入了第四维多址方式：空分多址(SDMA)方式。

1. 智能天线的分类

智能天线主要有两种：波束转换天线和自适应天线阵。

(1) 波束转换天线

波束转换天线包括有限数目的、固定的、预定义的方向图，通过阵列天线技术在同一信道中利用多个波束同时给多个用户发送不同的信号，它从几个预定义的、固定波束中选择其一，检测信号强度，当移动台越过扇区时，从一个波束切换到另一个波束。在特定的方向上提高灵敏度，从而提高通信容量和质量。

为保证波束转换天线共享同一信道的各移动用户只接收到发给自己的信号而不发生串话，要求基站天线阵产生多个波束来分别照射不同的用户，在每个波束中发送的信息不同而且要互不干扰。

每个波束的方向是固定的，并且其宽度随着天线阵元数而变化。对于移动用户，基站选择不同的对应波束，使接收的信号强度最大，但用户信号未必在固定波束中心，当使用者在波束边缘、干扰信号在波束中央时，接收效果最差。因此，与自适应天线阵比较，波束转换天线不能实现最佳的信号接收。由于扇形失真，波束转换天线增益在方位角上不均匀分布。波束转换天线有结构简单和不需要判断用户信号方向(DOA)的优势。

(2) 自适应天线阵

融入自适应数字处理技术的智能天线是利用数字信号处理的算法去测量不同波束的信号强度，因而能动态地改变波束使天线的传输功率集中。应用空间处理技术可以增强信号能力，使多个用户共同使用一个信道。

1) 自适应天线阵是一个由天线阵和实时自适应信号接收处理器所组成的一个闭环反馈控制系统，它用反馈控制方法自动调准天线阵的方向图，使它在干扰方向形成零陷，将干扰信号抵消，而且可使有用信号得到加强，从而达到抗干扰的目的，自适应天线阵的每个天线后接一个延时抽头加权网，可自适应地调整加权系数。这样一来就同时具有时域和空域处理能力。其典型结构如图 1.2-1 所示。

2) 由自适应天线阵接收到的信号被加权及合并，取得最佳的信噪比系数。采用个阵元自适应天线，对相同的通信质量要求，移动台的发射功率可减小。这不但表明可以延长移动台电池寿命或可采用体积更小的电池，也意味着基站可以和信号微弱的用户建立正常的通信链路。对基站发射而言，总功率被分配到个阵元，又由于采用 DBF(Digital Beam-Forming)可以使所需总功率下降，因此，每个阵元通道的发射功率大大降低，进而可使用低功率器件。

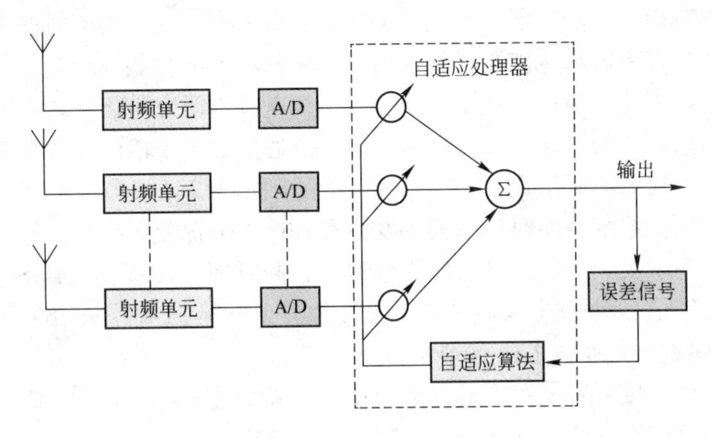

图 1.2-1 智能天线结

3）采用自适应抽头时延线天线阵对信号接收、均衡和测试很有帮助。对每个接收天线加上若干抽头时延线，然后送入智能处理器，则可以对多径信号进行最佳接收，减少多径干扰的影响，从而使基站接收信号的信噪比得到很大程度的提高，降低了系统的误码率。

4）自适应天线阵通常采用 4～16 天线阵元结构，相邻阵元间距一般取为接收信号中心频率波长的 1/2。阵元间距过大，会降低接收信号相关度；阵元间距过小，将在方向图引起不必要的波瓣，因此阵元半波长间距通常是优选的。天线阵元配置方式包含直线形、环形和平面形，自适应天线是智能天线的主要形式。自适应天线完成用户信号接收和发送可认为是全向天线。它采用数字信号处理技术识别用户信号的 DOA，或者是主波束方向。根据不同空间用户信号传播方向，提供不同空间通道，有效克服对系统干扰。

2. 智能天线的关键技术

智能天线系统的核心是智能算法，智能算法决定瞬时响应速率和电路实现的复杂程度，因此重要的是选择较好算法实现波束的智能控制。通过算法自动调整加权值得到所需空间和频率滤波器的作用。目前已提出很多著名算法，概括地讲有非盲算法和盲算法两大类。

非盲算法是指需借助参考信号（导频序列或导频信道）的算法，此时，接收端知道发送的是什么，进行算法处理时要么先确定信道响应再按一定准则（比如最优的迫零准则）确定各加权值，要么直接按一定的准则确定或逐渐调整权值，以使智能天线输出与已知输入最大相关，常用的相关准则有 SE（最小均方误差）、LS（最小均方）和 LS（最小二乘）等。

盲算法则无需发端传送已知的导频信号，判决反馈算法是一种较特殊的算法，接收端自己估计发送的信号并以此为参考信号进行上述处理，但需注意的是应确保判决信号与实际传送的信号间有较小差错。

3. 智能天线的发展状况及其应用

智能天线的优越性在于自身可以分析到达无线阵列的信号，灵活、优化地使用波束，减少干扰和被干扰的机会，提高频率的利用率，改善系统性能。这就是自适应天线阵列的智能化，它体现了自适应、自优化和自选择的概念，对当前移动通信系统的完善起到重大的推动作用。智能天线虽然从理论上讲可以达到最优，但要实现理想的智能天线，还有许多问题需要研究解决。智能天线研究值得关注的有以下内容：智能天线的接收准则及自适应算法，宽带信号波束的高速波束成形处理，用于移动台的智能天线技术，智能天线在实现中的硬件技术，智能天线的测试平台及软件无线电技术研究等方面。

随着全球通信业务的迅速发展，作为未来个人通信主要手段的无线移动通信技术引起人们极大关注。如何消除同信道干扰(CCI)、多址干扰(MAI)与多径衰落的影响成为人们在提高无线移动通信系统性能时考虑的主要因素。近年来智能天线成为移动通信领域中的一个研究热点，是解决频率资源匮乏的有效途径，同时还可以提高系统容量和通信质量。智能天线利用数字信号处理技术，采用了先进的波束转换技术(switched beam technology)和自适应空间数字处理技术(adaptive spatial digital processing technology)，产生空间定向波束，使天线主波束对准用户信号到达方向，旁瓣或零陷对准干扰信号到达方向，达到充分高效利用移动用户信号并删除或抑制干扰信号的目的。与其他日渐深入和成熟的干扰消除技术相比，智能天线技术在移动通信中的应用研究更显示出巨大潜力。

在移动通信技术的发展中，智能天线已成为移动通信领域里的一个研究热点，许多公司、科研机构、大学等都在竞相研究和开发智能天线技术，如，美国的加利福尼亚大学、斯坦福大学，瑞典的皇家理工学院，加拿大的 Mc Master 大学以及爱立信、诺基亚、北方电信、Array Comm 及大唐电信等公司。可以预见，几乎所有先进的移动通信系统都将采用此技术的日子已经为期不远了。智能天线技术对移动通信系统所带来的优势是目前任何技术所难以替代的。智能天线技术已经成为移动通信中最具有吸引力的技术之一。

在第三代移动通信系统中，我国 TD—SCDMA 系统是应用智能天线技术的典型范例。作为 TD-SCDMA 系统中的关键技术之一的智能天线技术能够使系统在高速运动的信道环境中达到较好的性能。

目前，智能天线技术已成为 3G 移动通信技术发展的主要方向之一，一个具有良好应用前景且尚未得到充分开发的新技术，必将成为第三代移动通信系统中不可或缺的关键技术之一。

1.2.5 正交频分复用

正交频分复用(OFDM，Orthogonal Frequency Division Multiplexing)是一种多载波数字调制技术，该技术的基本原理是将高速串行数据变换成多路相对低速的并行数据并对不同的载波进行调制。这种并行传输体制极大扩展了符号的脉冲宽度，提高了抗多径衰落的性能。传统的频分复用方法中各个子载波的频谱是互不重叠的，需要使用大量的发送滤波器和接受滤波器，这样就极大增加了系统的复杂度和成本。同时，为了减小各子载波间的相互串扰，各子载波间必须保持足够的频率间隔，这样会降低系统的频率利用率。而现代 OFDM 系统采用数字信号处理技术，各子载波的产生和接收都由数字信号处理算法完成，极大地简化了系统的结构。同时为了提高频谱利用率，使各子载波上的频谱相互重叠，但这些频谱在整个符号周期内满足正交性，从而保证接收端能够不失真地复原信号。

当传输信道中出现多径传播时，接收子载波间的正交性就会被破坏，使得每个子载波上的前后传输符号间以及各个子载波间发生相互干扰。为解决这个问题，在每个 OFDM 传输信号前面插入一个保护间隔，它是由 OFDM 信号进行周期扩展得到的。只要多径时延不超过保护间隔，子载波间的正交性就不会被破坏。

1. OFDM 系统的实现

由上面的原理分析可知，若要实现 OFDM，需要利用一组正交的信号作为子载波。在发送端，要发送的串行二进制数据经过数据编码器形成了 M 个复数序列，此复数序列经过串并变换器变换后得到码元周期为 T 的 M 路并行码，码型选用不归零方波。用这 M 路并行码调制 M 个子载波来实现频分复用。

在接收端也是由这样一组正交信号在一个码元周期内分别与发送信号进行相关运算实现解调，恢复出原始信号。

然而上述方法所需设备非常复杂，当 M 很大时，需要大量的正弦波发生器，滤波器，调制器和解调器等设备，因此系统非常昂贵。为了降低 OFDM 系统的复杂度和成本，我们考虑用离散傅立叶变换(DFT)和反变换(IDFT)来实现上述功能。如果在发送端对 D(m)做 IDFT，把结果经信道发送到接收端，然后对接收到的信号再做 DFT，取其实部，则可以不失真地恢复出原始信号 D(m)。这样就可以利用离散傅立叶变换来实现 OFDM 信号的调制和解调。实现框图如图 1.2-2 和图 1.2-3 所示。用 DFT 和 IDFT 实现的 OFDM 系统，大大降低了系统的复杂程度，减小了系统成本，为 OFDM 的广泛应用奠定了基础。

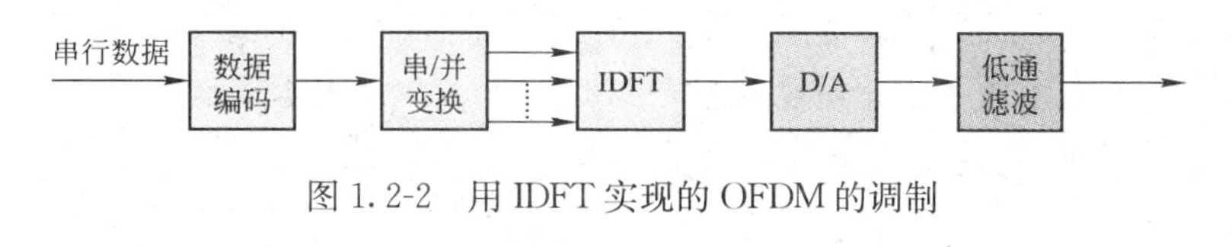

图 1.2-2　用 IDFT 实现的 OFDM 的调制

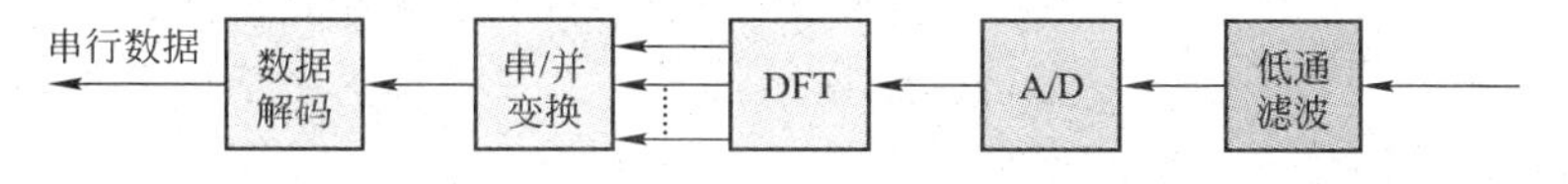

图 1.2-3　用 DFT 实现的 OFDM 的解调

2. OFDM 的关键技术

(1) 同步技术

OFDM 系统要求子载波严格保持同步，否则，载波的频偏会造成信道间严重的干扰，OFDM 系统利用奇异值分解的 ESPRJT 同步算法和 ML 估训算法来实现同步。

(2) 信道编码和交织

OFDM 系统中，在时域和频域使用前向纠错编码来克服频率选择性衰落和实践选择性衰落，使用的纠错编码有：分组码、卷积码、交织编码、Turbo 码、网格编码调制、空时编码以及级联编码等。对衰落信道产生的数据突发性错误，OFDM 采用的方法是对编码后的数据进行交织，是突发信道变为随机信道。交织可以在频域和时域中进行，使用分组结构和卷积结构的交织器，二者配合使用，效果更好。

(3) 信道估计

对于 OFDM 系统来讲，信道估计可以得到的子信道的质量参数，并据此采用合适的自适应比特和子载波的分配方法；还可以根据信道衰落的情况对接收到的信号进行纠错。信道估计在频域和时域中进行，使用导频序列来完成信道估计。

(4) 自适应调制

OFDM 技术使用了自适应调制，根据信道条件的好坏来选择不同的调制方式。比如在终端靠近基站时，信道条件一般会比较好，调制方式就可以由BPSK(频谱效率1bit/s/Hz)转化成16QAM－64QAM(频谱效率4～6bit/s/Hz)，整个系统的频谱利用率就会得到大幅度的提高。

OFDM还采用了功率控制和自适应调制相协调工作方式。信道好的时候，发射功率不变，可以增强调制方式(如64QAM)，或者在低调制方式(如QPSK)时降低发射功率。功率控制与自适应调制要取得平衡。也就是说对于一个发射台，如果它有良好的信道，在发送功率保持不变的情况下，可使用较高的调制方案如64QAM；如果功率减小，调制方案也就可以相应降低，使用QPSK方式等。

3. OFDM的特点

(1) 频谱利用率很高，频谱效率比串行系统高近一倍。这一点在频谱资源有限的无线环境中很重要。OFDM信号的相邻子载波相互重叠，从理论上讲其频谱利用率可以接近Nyquist极限。

(2) 抗多径干扰与频率选择性衰落能力强，由于OFDM系统把数据分散到许多个子载波上，大大降低了各子载波的符号速率，从而减弱多径传播的影响，若再通过采用加循环前缀作为保护间隔的方法，甚至可以完全消除符号间干扰。

(3) 采用动态子载波分配技术能使系统达到最大比特率。通过选取各子信道，每个符号的比特数以及分配给各子信道的功率使总比特率最大。即要求各子信道信息分配应遵循信息论中的"注水定理"，亦即优质信道多传送，较差信道少传送，劣质信道不传送的原则。

(4) 通过各子载波的联合编码，可具有很强的抗衰落能力。OFDM技术本身已经利用了信道的频率分集，如果衰落不是特别严重，就没有必要再加时域均衡器。但通过将各个信道联合编码，可以使系统性能得到提高。

(5) 基于离散傅立叶变换(DFT)的OFDM有快速算法，OFDM采用IFFT和FFT来实现调制和解调，易用数字信号处理(DSP)实现。

但是OFDM存在两个缺点：一是对频率偏移和相位噪声比较敏感，二是峰值与平均值功率比相对较大，这个比值变大会降低射频发射器的功率效率，引起信号频谱的变化，破坏子载波间的正交性。

4. OFDM的应用及发展

目前OFDM技术已经被广泛应用于广播式的音视频领域和公共通信系统，主要的应用有：非对称的数字用户环路(ADSL)、数字音频广播(DAB)、数字视频广播(DVB)、高清晰度电视(HDTV)、无线局域网(WLAN)等。

OFDM技术由于其频谱利用率高、抗干扰能力强、成本低等原因受到业界的广泛关注。其应用领域也愈加广泛，尤其是在移动通信领域。3GPP和3GPP2两大标准化组织的长期演进LTE项目和空中接口演进AIE项目也都毫无例外地把OFDM作为技术基础，由此可见，OFDM将是未来无线通信的主流技术之一。

1.2.6 多输入输出

MIMO(MIMO：Multiple Input Multiple Output)就是多进多出无线技术，是20世纪90年代末美国的贝尔实验室提出的多天线通信系统，在发射端和接收端均采用多天线(或阵列天线)和多通道，是一种在一个无线电信道内传输和接收两个或多个不同的数据流的革命性的多维方法。

1. MIMO 系统的基本原理

MIMO 系统是利用多天线来抑制信道衰落，此时的信道容量随着天线数量的增大而线性增大。也就是说可以利用 MIMO 信道成倍地提高无线信道容量，在不增加带宽和天线发送功率的情况下，频谱利用率可以成倍地提高。

通常，多径要引起衰落，因而被视为有害因素。然而对于 MIMO 系统来说，多径可以作为一个有利因素加以利用。MIMO 系统在发射端和接收端均采用多天线(或阵列天线)和多通道，MIMO 的多入多出是针对多径无线信道来说的。图 1.2-4 所示为 MIMO 系统的原理图。发送端的信息流 $s(k)$经过空时编码形成 N 个独立的信息子流 1，……，N。这 N 个信息子流由 N 个天线发射出去，经空间信道后由 M 个接收天线接收，并通过先进的空时解码技术进行最佳的处理。这 N 个信息子流同时发送到信道，各发射信号占用同一频带，因而并未增加带宽。若各发射接收天线间的通道响应独立，则 MIMO 系统可以创造多个并行空间信道。通过这些并行空间信道独立地传输信息，数据率必然可以提高。

由图 1.2-4 可以看出，MIMO 技术的核心就在于空时编码技术，以此获得较高的空间复用增益和空间分集增益。目前，空时编码主要有空时分组码、空时格状码、空时分层码等。

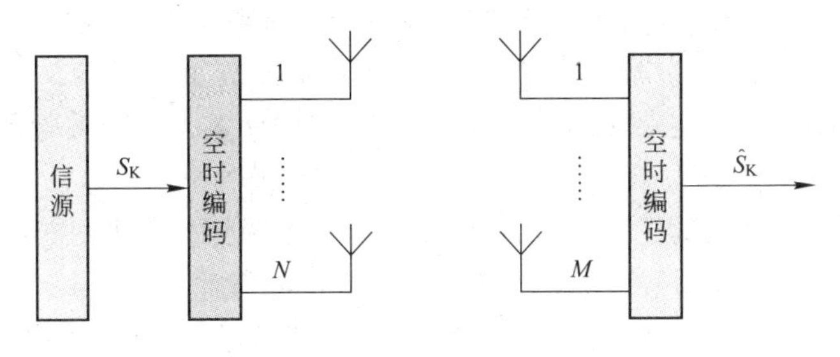

图 1.2-4 MIMO 系统原理

2. MIMO 技术的优势

MIMO 技术充分开发空间资源，利用多个天线实现多发多收，在不需要增加频谱资源和天线发送功率的情况下，可以成倍地提高信道容量。

系统容量是表征通信系统的最重要标志之一，表示了通信系统最大传输率。对于发射天线数为 N，接收天线数为 M 的 MIMO 系统，假定信道为独立的瑞利衰落信道，并设 N、M 很大，则信道容量 C 近似为：$C=[\min(M, N)]B\log2(\rho/2)$ 其中 B 为信号带宽，ρ 为接收端平均信噪比，$\min(M, N)$为 M，N 的较小者。功率和带宽固定时，MIMO 系统的最大容量或容量上限随最小天线数的增加而线性增加。也就是说利用 MIMO 技术可以成倍地提高无线信道容量，在不增加带宽和天线发送功率的情况下，频谱利用率也可以成倍地提高。由此可见，MIMO 技术对于提高无线通信系统的容量具有极大的潜力。

所有的无线技术都面临信号衰落、多径、不断增加的干扰和受限制的频谱的挑战。MIMO 技术在不需要占用额外的无线电频率的条件下，利用多径来提供更高的数据吞吐量，并同时增加覆盖范围和可靠性。它解决了当今任何无线电技术都面临的两个最困难的问题，即速度与覆盖范围，这样系统在每个信道内传送的数据率能提高两倍或更多倍。

传统的 MIMO 系统均是非扩频的系统，而第三代移动通信系统是基于 CDMA 技术的扩频系统。可以采用码复用方式把 MIMO 技术与 CDMA 系统结合起来，从而有效地提高其高速下行分组接入(HSDPA)的总体数据速率。同样，TD-SCDMA 系统也可以采用码复用的方式来应用 MIMO 技术，这样，TD-SCDMA 系统将既可以应用智能天线技术，也可以应用 MIMO 天线技术。

使用 MIMO 处理的数字通信技术已经作为具有革命性重要意义的无线电系统的突破性技术出现。这种调制格式显示出频谱上的一致性，能实现更高的数据速率和更高的频谱效率，允许更大的覆盖范围，并支持与现有的 OFDM 标准的后向兼容。

3. MIMO 技术的现状及发展

(1) MIMO 技术的实质是为系统提供空间复用增益和空间分集增益，实现空间复用增益的算法主要有贝尔实验室的 BLAST 算法、ZF 算法、MMSE 算法、ML 算法。ML 算法具有很好的译码性能，但是复杂度比较大，对于实时性要求较高的无线通信不能满足要求。ZF 算法简单容易实现，但是对信道的信噪比要求较高。性能和复杂度最优的就是 BLAST 算法。该算法实际上是使用 ZF 算法加上干扰删除技术得出的。

(2) MIMO 技术领域另一个研究热点就是空时编码，常见的空时码有空时块码、空时格码。空时码的主要思想是利用空间和时间上的编码实现一定的空间分集和时间分集，从而降低信道误码率。另外，实验系统是 MIMO 技术研究的重要一步，其中一个重要问题是在移动终端实现多天线和多路接收，目前各大公司均在大力研制实验系统。由于移动终端设备要求体积小、重量轻、耗电小，因而还有大量工作要做。

(3) MIMO 系统在一定程度上可以利用传播中的多径分量，即可抗多径衰落，但是对于频率选择性深衰落，MIMO 系统依然是无能为力。目前解决 MIMO 系统中的频率选择性衰落的方案一般是利用均衡技术，还有一种是利用 OFDM。大多数研究人员认为 OFDM 技术是 4G 的核心技术，4G 需要极高频谱利用率的技术，而 OFDM 提高频谱利用率的作用毕竟是有限的，在 OFDM 的基础上合理开发空间资源，也就是 MIMO+OFDM，可以提供更高的数据传输速率。另外 OFDM 由于码率低和加入了时间保护间隔而具有极强的抗多径干扰能力。由于多径时延小于保护间隔，所以系统不受码间干扰的困扰，这就允许单频网络(SFN)可以用于宽带 OFDM 系统，依靠多天线来实现，即采用由大量低功率发射机组成的发射机阵列消除阴影效应，来实现完全覆盖。

(4) MIMO 技术正在渗透到每一种无线技术标准，包括 3G 蜂窝网络、WLAN、WiBro、WiMAX、802.20 和 4G 蜂窝网络。未来的 MIMO 技术将被广泛地应用在多媒体服务器、便携式电脑、VoIP 电话、家庭娱乐系统以及移动终端上。

1.2.7　无线局域网 WLAN

无线局域网络(Wireless Local Area Networks；WLAN)是相当便利的数据传输系统，它利用射频(Radio Frequency；RF)的技术，取代旧式碍手碍脚的双绞铜线(Coaxial)所构成的局域网络，使得无线局域网络能利用简单的存取架构让用户透过它，达到信息随身化、便利走天下的理想境界。

对于局域网络管理主要工作之一，对于铺设电缆或是检查电缆是否断线这种耗时的工作，很容易令人烦躁，也不容易在短时间内找出断线所在。再者，由于配合企业及应用环境不断地更新与发展，原有的企业网络必须配合重新布局，需要重新安装网络线路，虽然电缆本身并不贵，可是请技术人员来配线的成本很高，尤其是老旧的大楼，配线工程费用就更高了。因此，架设无线局域网络就成为最佳解决方案。

1. 结构

基于 IEEE802.11 标准的无线局域网允许在局域网络环境中使用未授权的 2.4 或 5.3GHz 射频波段进行无线连接。它们应用广泛，从家庭到企业再到 Internet 接入热点。

(1) 简单的家庭无线 LAN：在家庭无线局域网最通用和最便宜的例子就是一台设备作为防火墙、路由器、交换机和无线接入点。这些无线路由器可以提供广泛的功能，例如：保护家庭网络远离外界的入侵。允许共享一个 ISP(Internet 服务提供商)的单一 IP 地址。可为 4 台计算机提供有线以太网服务，但是也可以和另一个以太网交换机或集线器进行扩展。为多个无线计算机作一个无线接入点。

(2) 无线桥接：当有线连接太昂贵或者需要为有线连接建立第二条冗余连接以作备份时，无线桥接允许在建筑物之间进行无线连接。802.11 设备通常用来进行这项应用以及无线光纤桥。802.11 基本解决方案一般更便宜并且不需要在天线之间有直视性，但是比光纤解决方案要慢很多。802.11 解决方案通常在 5～30Mbps 范围内操作，而光纤解决方案在 100～1000Mbps 范围内操作。这两种桥操作距离可以超过 10 英里，基于 802.11 的解决方案可达到这个距离，而且它不需要线缆连接。但基于 802.11 的解决方案的缺点是速度慢和存在干扰，而光纤解决方案不会。光纤解决方案的缺点是价格高以及两个地点间不具有直视性。

(3) 中型无线局域网：中等规模的企业传统上使用一个简单的设计，他们简单地向所有需要无线覆盖的设施提供多个接入点。这个特殊的方法可能是最通用的，因为它入口成本低，尽管一旦接入点的数量超过一定限度它就变得难以管理。大多数这类无线局域网允许你在接入点之间漫游，因为它们配置在相同的以太子网和 SSID 中。从管理的角度看，每个接入点以及连接到它的接口都被分开管理。在更高级的支持多个虚拟 SSID 的操作中，VLAN 通道被用来连接访问点到多个子网，但需要以太网连接具有可管理的交换端口。这种情况中的交换机需要进行配置，以在单一端口上支持多个 VLAN。尽管使用一个模板配置多个接入点是可能的，但是当固件和配置需要进行升级时，管理大量的接入点仍会变得困难。从安全的角度来看，每个接入点必须被配置为能够处理其自己的接入控制和认证。RADIUS 服务器将这项任务变得更轻松，因为接入点可以将访问控制和认证委派给中心化的 RADIUS 服务器，这些服务器可以轮流和诸如 Windows 活动目录这样的中央用户数据库进行连接。但是即使如此，仍需要在每个接入点和每个 RADIUS 服务器之间建立一个 RADIUS 关联，如果接入点的数量很多会变得很复杂。

(4) 大型可交换无线局域网：交换无线局域网是无线联网最新的进展，简化的接入点通过几个中心化的无线控制器进行控制。数据通过 Cisco，ArubaNetworks，Symbol 和 TrapezeNetworks 这样的制造商的中心化无线控制器进行传输和管理。这种情况下的接入点具有更简单的设计，用来简化复杂的操作系统，而且更复杂的逻辑被嵌入在无线控制器中。接入点通常没有物理连接到无线控制器，但是它们逻辑上通过无线控制器交换和路由。要支持多个 VLAN，数据以某种形式被封装在隧道中，所以即使设备处在不同的子网中，但从接入点到无线控制器有一个直接的逻辑连接。

2. 无线局域网的优点

(1) 灵活性和移动性。在有线网络中，网络设备的安放位置受网络位置的限制，而无线局域网在无线信号覆盖区域内的任何一个位置都可以接入网络。无线局域网另一个最大的优点在于其移动性，连接到无线局域网的用户可以移动且能同时与网络保持连接。

(2) 安装便捷。无线局域网可以免去或最大限度地减少网络布线的工作量，一般只要安装一个或多个接入点设备，就可建立覆盖整个区域的局域网络。

(3) 易于进行网络规划和调整。对于有线网络来说，办公地点或网络拓扑的改变通常意味着重新建网。重新布线是一个昂贵、费时、浪费和琐碎的过程，无线局域网可以避免或减少以上情况的发生。

(4) 故障定位容易。有线网络一旦出现物理故障，尤其是由于线路连接不良而造成的网络中断，往往很难查明，而且检修线路需要付出很大的代价。无线网络则很容易定位故障，只需更换故障设备即可恢复网络连接。

(5) 易于扩展。无线局域网有多种配置方式，可以很快从只有几个用户的小型局域网扩展到上千用户的大型网络，并且能够提供节点间"漫游"等有线网络无法实现的特性。由于无线局域网有以上诸多优点，因此其发展十分迅速。最近几年，无线局域网已经在企业、医院、商店、工厂和学校等场合得到了广泛的应用。

3. 无线局域网的不足之处

无线局域网在能够给网络用户带来便捷和实用的同时，也存在着一些缺陷。无线局域网的不足之处体现在以下几个方面：

(1) 性能。无线局域网是依靠无线电波进行传输的。这些天线电波通过无线发射装置进行发射，而建筑物、车辆、树木和其他障碍物都可能阻碍无线电波的传输，所以会影响网络的性能。

(2) 速率。无线信道的传输速率与有线信道相比要低得多。目前，无线局域网的最大传输速率为 150Mbit/s，只适合于个人终端和小规模网络应用。

(3) 安全性。本质上无线电波不要求建立物理的连接通道，无线信号是发散的。从理论上讲，很容易监听到无线电波广播范围内的任何信号，造成通信信息泄漏。

4. 技术要求

由于无线局域网需要支持高速、突发的数据业务，在室内使用还需要解决多径衰落以及各子网间串扰等问题。具体来说，无线局域网必须实现以下技术要求：

(1) 可靠性：无线局域网的系统分组丢失率应该低于 10～5，误码率应该低于 10～8。

(2) 兼容性：对于室内使用的无线局域网，应尽可能使其跟现有的有线局域网在网络操作系统和网络软件上相互兼容。

(3) 数据速率：为了满足局域网业务量的需要，无线局域网的数据传输速率应该在 1Mbps 以上。

(4) 通信保密：由于数据通过无线介质在空中传播，无线局域网必须在不同层次采取有效的措施以提高通信保密和数据安全性能。

(5) 移动性：支持全移动网络或半移动网络。

(6) 节能管理：当无数据收发时使站点机处于休眠状态，当有数据收发时再激活，从而达到节省电力消耗的目的。

(7) 小型化、低价格：这是无线局域网得以普及的关键。

(8) 电磁环境：无线局域网应考虑电磁对人体和周边环境的影响问题。

5. 硬件设备

(1) 无线网卡。无线网卡的作用和以太网中的网卡的作用基本相同，它作为无线局域网的接口，能够实现无线局域网各客户机间的连接与通信。

(2) 无线 AP。AP 是 Access Point 的简称，无线 AP 就是无线局域网的接入点、无线网关，它的作用类似于有线网络中的集线器。

(3) 无线天线。当无线网络中各网络设备相距较远时，随着信号的减弱，传输速率会明显下降以致无法实现无线网络的正常通信，此时就要借助于无线天线对所接收或发送的信号进行增强。

1.2.8 Wi-Fi

Wi-Fi 是一种可以将个人电脑、手持设备(如 PDA、手机)等终端以无线方式互相连接的技术。它是一种短程无线传输技术，能够在数百英尺范围内支持互联网接入的无线电信号。随着技术的发展，以及 IEEE802.11a 及 IEEE802.11g 等标准的出现，现在 IEEE802.11 这个标准已被统称作 Wi-Fi。从应用层面来说，要使用 Wi-Fi，用户首先要有 Wi-Fi 兼容的用户端装置。

Wi-Fi(WirelessFidelity，无线相容性认证)的正式名称是“IEEE802.11b”，与蓝牙一样，同属于在办公室和家庭中使用的短距离无线技术。虽然在数据安全性方面，该技术比蓝牙技术要差一些，但是在电波的覆盖范围方面则要略胜一筹。因此，Wi-Fi 一直是企业实现自己无线局域网所青睐的技术。还有一个原因，就是与代价昂贵的 3G 企业网络相比，Wi-Fi 似乎更胜一筹。

1. Wi-Fi 突出优势

(1) 无线电波的覆盖范围广，基于蓝牙技术的电波覆盖范围非常小，半径大约只有 50 英尺左右，约合 15 米，而 Wi-Fi 的半径则可达 300 英尺左右，约合 100m，办公室自不用说，就是在整栋大楼中也可使用。

(2) 虽然由 Wi-Fi 技术传输的无线通信质量不是很好，数据安全性能比蓝牙差一些，传输质量也有待改进，但传输速度非常快，可以达到 54Mbps，符合个人和社会信息化的需求。

(3) 厂商进入该领域的门槛比较低。厂商只要在机场、车站、咖啡店、图书馆等人员较密集的地方设置“热点”，并通过高速线路将因特网接入上述场所。这样，由于“热点”所发射出的电波可以达到距接入点半径数十米至 100 米的地方，用户只要将支持无线 LAN 的笔记本电脑或 PDA 拿到该区域内，即可高速接入因特网。也就是说，厂商不用耗费资金来进行网络布线接入，从而节省了大量的成本。

2. Wi-Fi 的应用

由于 Wi-Fi 的频段在世界范围内是无需任何电信运营执照的免费频段，因此 WLAN 无线设备提供了一个世界范围内可以使用的，费用极其低廉且数据带宽极高的无线空中接口。用户可以在 Wi-Fi 覆盖区域内快速浏览网页，随时随地接听拨打电话。而其他一些基于 WLAN 的宽带数据应用，如流媒体、网络游戏等功能更是值得用户期待。有了 Wi-Fi 功能我们打长途电话(包括国际长途)，浏览网页、收发电子邮件、音乐下载、数码照片传递等，再无需担心速度慢和花费高的问题。

Wi-Fi 在掌上设备上应用越来越广泛，而智能手机就是其中一分子。与早前应用于手机上的蓝牙技术不同，Wi-Fi 具有更大的覆盖范围和更高的传输速率，因此 Wi-Fi 手机成为了目前移动通信业界的时尚潮流。

现在 Wi-Fi 的覆盖范围在国内越来越广泛了，高级宾馆，豪华住宅区，飞机场以及咖啡厅之类的区域都有 Wi-Fi 接口。当我们去旅游，办公时，就可以在这些场所使用我们的掌上设备尽情网上冲浪了。

3. 技术特点

一个 Wi-Fi 联接点网络成员和结构站点(Station)，构成网络最基本的组成部分。

基本服务单元(Basic Service Set，BSS)。网络最基本的服务单元。最简单的服务单元可以只由两个站点组成。站点可以动态的联结(associate)到基本服务单元中。

分配系统(Distribution System，DS)。分配系统用于连接不同的基本服务单元。分配系统使用的媒介(Medium) 逻辑上和基本服务单元使用的媒介是截然分开的，尽管它们物理上可能会是同一个媒介，例如同一个无线频段。

接入点(Access Point，AP)。接入点既有普通站点的身份，又有接入到分配系统的功能。

扩展服务单元(Extended Service Set，ESS)。由分配系统和基本服务单元组合而成。这种组合是逻辑上的并非物理上的，不同的基本服务单元物有可能在地理位置相距甚远。分配系统也可以使用各种各样的技术。

关口(Portal)，也是一个逻辑成分。用于将无线局域网和有线局域网或其他网络联系起来。

有 3 种媒介，站点使用的无线的媒介，分配系统使用的媒介，以及和无线局域网集成一起的其他局域网使用的媒介。物理上它们可能互相重叠。

IEEE802.11 只负责在站点使用的无线媒介上的寻址(Addressing)。分配系统和其他局域网的寻址不属无线局域网的范围。

IEEE802.11 没有具体定义分配系统，只是定义了分配系统应该提供的服务(Service)。整个无线局域网定义了 9 种服务。

5 种服务属于分配系统的任务，分别为：联接(Association)、结束联接(Diassociation)、分配(Distribution)、集成(Integration)、再联接(Reassociation)。

4 种服务属于站点的任务，分别为，鉴权(Authentication)，结束鉴权(Deauthentication)，隐私(Privacy)，MAC 数据传输(MSDU delivery)。

Wi-Fi 是一种无线传输的规范，一般的，带有这个标志的产品表明了你可以利用它们方便地组建一个无线局域网。而无线局域网又有什么好处呢？很明显：无需布线和使用相对自由。

但是，目前国内对于 Wi-Fi 的态度是不予支持的。也就是说国内基本上不推进 Wi-Fi 的，尽管现在国内的一些地方还是存在 Wi-Fi 网络。现在的一些移动设备，因为国外在推行 Wi-Fi 网络，所以一般都带有 Wi-Fi 连接模块。而因为国内的原因，所以一些设备的国内版本就将 Wi-Fi 模块去掉了。

1.3　广播电视多媒体技术

1.3.1　下一代广播电视网(NGB)

NGB(Next Generation Broadcasting Network)，中国下一代广播电视网，是由广电总局和科技部联合组织开发建设，以有线电视网数字化整体转换和移动多媒体广播电视(CMMB)的成果为基础，以自主创新的“高性能宽带信息网”核心技术为支撑，构建的适合我国国情的、“三网融合”的、有线无线相结合的、全程全网的下一代广播电视网络。NGB 计划用三年左右的时间建设覆盖全国主要城市的示范网，用十年左右时间建造成熟，成为以“三网融合”为基本特征的新一代国家信息基础设施。

1. 业务内容

NGB 的业务从内容来分，大体可以分为五类：业务类、信息类、娱乐类、应用类、消息类。从另外一个角度，还可以从业务的背景来说，例如，从业务的属地性，也就是地域的性质来说，业务可以分为本地的业务和异地的业务。从业务类型来看，还可以用坐标来分割，分成纵坐标和横坐标两类，横坐标里包括：信息类、应用类、消息类，纵坐标里包括：基本的广播类、双向互动类。还有一个角度，从技术属性来看，分为双向互动类、跨越互动类、同样互动类。

2. 业务特点

NGB 它必须要为用户提供丰富多彩的业务，这就是 NGB 的特点，光说 NGB 多好没有用，只有能把用户留住，才算是成功的。从终端的角度来说，目前的电视屏幕我们只是在看单向广播电视的业务，NGB 的理想是不仅能让用户通过电视机看到、用到广播电视业务，同时，还要让用户看到、用到通过因特网的业务。如何来用呢？并不是说要将现在的单向广播的节目信号停下来，换个界面再看。NGB 网络是用户在看单向广播电视的时候，看到一个有兴趣的节目，可以点击进入因特网选项，屏幕中将会弹出在一个小的屏幕，将因特网的内容呈现在里面，这才是 NGB 所要达到的一个理想的境界。

3. 技术体系

NGB 技术体系包括网络体系和业务支撑体系。

(1) 网络体系：NGB 网络体系是基于已有的有线电视网络架构，包括骨干网、城域网和接入网。NGB 网络核心传输带宽将超过每秒 1000 千兆比特、保证每户接入带宽超过每秒 60 兆比特，具有可信的服务保障和可管可控网络。NGB 的骨干网，是基于 ASON 的电路交换；城域网采用全分布式无阻塞交换结构——大容量的宽带远程接入路由器，交换容量达到 640G，单点覆盖 6 万户。NGB 采用了以大容量高性能路由器为核心的大规模接入汇聚与接入网络对接的架构，直接将高速网推到用户门口。

(2) 业务支撑体系：NGB 技术体系的另一个重要的部分就是 NGB 的业务平台体系。它是 NGB 的运营支撑平台，包括内容交换与保护技术、运营支撑技术、安全监控技术等等。需要强调的是，NGB 的概念不仅仅是指网络，它还包涵网络上所承载的业务体系。

1.3.2　移动多媒体广播

国内自主研发的第一套面向手机、笔记本电脑等多种移动终端的系统，利用 S 波段信号实现“天地”一体覆盖、全国漫游，支持 25 套电视和 30 套广播节目。2006 年 10 月 24

日，国家广电总局正式颁布中国移动多媒体广播（俗称手机电视）行业标准，确定采用我国自主研发的移动多媒体广播行业标准。中国移动多媒体广播规定了在广播业务频率范围内，移动多媒体广播系统广播信道传输信号的帧结构、信道编码和调制，标准适用于30MHz到3000MHz频率范围内的广播业务频率，通过卫星和/或地面无线发射电视、广播、数据信息等多媒体信号的广播系统，可实现全国漫游。

我国移动多媒体广播体系架构如图1.3-1所示。其工作原理可以简要概括为：

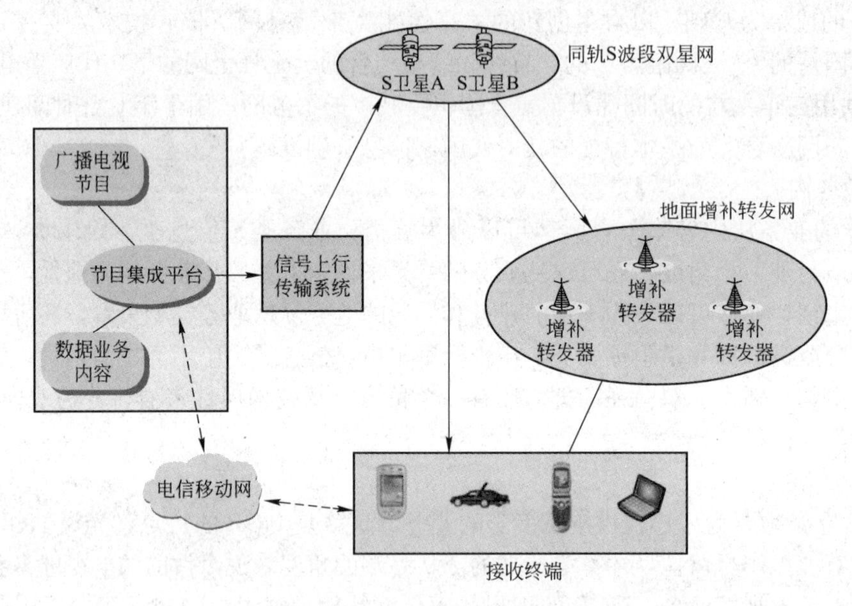

图1.3-1　CMMB系统架构框图

地面发射中心将信号发向S波段同步卫星后，同步卫星对接收到的信号进行转发，转发后的S波段信号直接被地面的接收终端接收下来，也可以通过增补转发器处理后被地面的接收终端接收下来。该卫星还通过分发信道将信号发送给增补转发器处理，通过增补转发器处理后转发，对卫星覆盖的阴影区域进行增补。中国移动多媒体广播技术体系是利用大功率S波段卫星信号覆盖全国，利用地面增补转发器同频同时同内容转发卫星信号补点覆盖卫星信号盲区，利用无线移动通信网络构建回传通道，从而组成单向广播和双向交互相结合的移动多媒体广播网络。

中国移动多媒体广播是针对我国幅员辽阔、传输环境复杂、东部地区城市密集、西部地区人口稀疏的特点，以及用户众多和业务需求多样化的情况，立足我国国情，通过吸纳成熟的先进技术设计的“天地一体化”的技术体系，拥有低成本、可快速实现移动多媒体广播信号全国覆盖的优点，从而可以促进东西部“数字鸿沟”的弥合。

（1）技术上的先进性：CMMB系统的核心传输技术STiMi采用了LDPC编码、基于时隙的帧结构和OFDM调制技术、逻辑信道技术、用于快速同步的信标技术等一系列先进的技术，满足卫星和地面的同频、同时、同内容的要求，具有国际领先水平。STiMi技术在研发过程中进行了大量的专利调查研究工作，具有完全的自主知识产权。

（2）覆盖面广：我国幅员辽阔、地形复杂，传输环境复杂，经济发展不平衡，在移动多媒体广播领域采用卫星覆盖为主、地面增补为辅的CMMB系统架构是成本最低、效率最高的一种覆盖模式。覆盖网络将采用大功率S波段卫星覆盖全国国土，U段地面网络实现城市密集区域覆盖，有线网络实现室内深覆盖，无线移动通信网络构建回传通道的架构。

(3) 可满足不同区域对地方信息的需求：在实际运营时，CMMB的带宽有8MHz、2MHz两种可选项，各地节目插入可选择频分及时分两种模式，CMMB优先推荐时分模式，通过这种方式，观众不但能通过卫星收看到全国性节目，也能享受地面增补网提供的当地多媒体信息。

1.3.3 数字广播

数字广播是指将数字化的音频信号、视频信号，以及各种数据信号，在数字状态下进行各种编码、调制、传递等处理。同时，数字广播也是一项有别于传统所熟知的AM、FM的广播技术，它通过地面发射站，以发射数字信号来达到广播以及数据资讯传输目的。随着技术的发展，数字广播除了传统意义上仅传输音频信号外，还可以传送包括音频、视频、数据、文字、图形等在内的多媒体信号。就世界范围看，数字广播已经进入了数字多媒体广播的时代，受众通过手机、电脑、便携式接收终端、车载接收终端等多种接收装置，就可以收看到丰富多彩的数字多媒体节目。

1.4 施工工艺、方法介绍

1.4.1 路面微槽敷设光缆

1. 路面微槽光缆

路面微槽光缆和气吹光缆具有相似的结构，也是一种缆径小、自重轻的光缆，而且成本低、易敷设，敷设方式灵活、简单、高效。

我国开发的一种以不锈钢松套技术为基础的路面微槽光缆，光纤芯数可达48芯，外径小于6.0mm，缆重小于60kg/km。其中，不锈钢管既是光纤的松套保护管，能提供适当的光纤余长，也是光缆密封套，用于完全隔绝外界潮气进入套管内，同时也是光缆的加强构件，通过选取适当的钢管横截面来确保光缆的拉伸性能和压扁性能。不锈钢管内填充了触变型阻水复合物，确保了光缆符合渗水性能要求，钢管外是挤包的聚乙烯护套。

常用的路面微槽光缆结构形式及其名称有以下几种：

GLMXTY—金属加强构件，中心金属管填充式，聚乙烯护套通信用室外路槽光缆；

GLXTW—金属加强构件，塑料松套管填充式，夹带钢丝的钢—聚乙烯粘结护套通信用室外路槽光缆；

GLFXTS—非金属加强构件，中心塑料管填充式，钢—聚乙烯护套通信用室外路槽光缆；

GLTS—金属加强构件，层绞式塑料松套管填充式，钢—聚乙烯粘结护套通信用室外路槽光缆。

能满足《通信用路面微槽敷设光缆》(YD/T 1461—2006)标准规定的机械、环境和传输性能要求的其他结构光缆也可在路面微槽中敷设。

在FTTH建设中，路面微槽光缆十分简单地解决了光缆穿越室内外水泥、沥青地面、花园草坪等地形时的施工和布放难题。

2. 路面微槽敷设光缆安装技术要求

(1) 路由选择

路面微槽敷设光缆路由的选择应遵循以下原则：

1) 路由可沿着或穿越城市、社区内现有水泥或沥青道路路面，但应尽量避开环境条件复杂与道路条件不稳定的地区，尽量将路由选择在非机动车道、机动车道路边的路面和其他便于维护和施工的路面。

2) 通过钻孔实验或其他合适的勘测方法分析路由的地层土、沥青或混凝土路面厚度与组成成分，路面层厚度应能满足路面微槽敷设光缆深度要求，否则路由需要变更设计。

3) 终端及接头应尽量选择在路边。

(2) 路面微槽施工

1) 画线

根据施工图，在实际道路上画出路面微槽切割路由，对开槽位置进行画线，保证开槽不会发生偏斜，用于路面切割机开槽。画线的方法可以用木工的墨斗线弹出一条直线；也可以用一条细绳，两端拉紧，在细绳上喷上自喷漆，移开细绳留下印痕。

2) 路面开槽

按照所画定的路由，按设计要求的微槽宽度、深度，利用路面切割机进行切割。路面微槽施工的切割应符合以下要求：

① 微槽一般进行一次性切割，微槽的转角角度应保证光缆敷设后的曲率半径符合要求(表 1.4-1 微槽敷设光缆最小曲率半径)，微槽在转弯处的切割方式如图 1.4-1 交汇点切割方式和图 1.4-2 弧形拐角切割方式。

微槽敷设光缆最小曲率半径　　**表 1.4-1**

状态	最小曲率半径	备注
光缆长期使用中的静态弯曲	10D	D 为光缆外径
短期动态弯曲	20D	

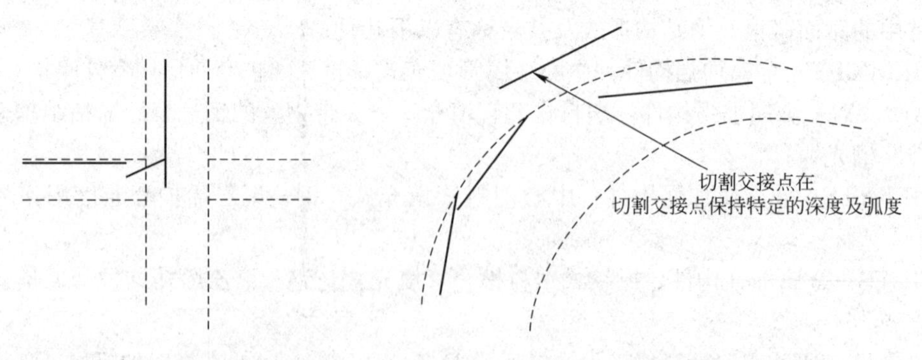

图 1.4-1　交汇点切割方式　　　图 1.4-2　弧形拐角切割方式

② 微槽应切割平直，微槽切割宽度不大于 20mm，深度应满足微槽内最上层光缆距路面不小于 80mm、微槽总深度不大于路面面层厚度的 2/3，不得将路面面层切割透。

③ 微槽的沟底应平整、光滑、无(台阶)，在同一连续段内，当出现路面层厚度不同，且距离较短时，微槽的深度宜保持一致。如采用不同深度时，应保证在不同沟深的交接处的沟底平滑过渡。

(3) 路面微槽敷设光缆

1) 清槽、排潮

路面微槽敷设光缆前，应先对微槽及路面进行清洁处理，对切割后微槽内的沙、石、土、水泥粉末、水泥浆等杂物进行清除，保证沟底平滑，使微槽满足布放光缆和修复工艺要求。同时对沟槽进行去潮、排潮处理；要求槽内干净干燥。

根据不同的路面选择相应的清槽设备：对于水泥路面来说，可以利用清缝机和热喷枪对微槽进行清槽；对于柏油路面来说，只能利用高压气泵和高压水泵对微槽进行清槽。

2) 预置 PE 保护条

在微槽沟底预置一根用作保护层的 PE 泡沫填充条或其他材料(如在槽沟底铺上 10mm 厚的黄沙)以做铺垫和缓冲，并利用压条机或滚轮把 PE 条平整地压倒微槽沟底，便于保护光缆。

3) 敷设光缆

① 在预置 PE 保护条的路面微槽内敷设光缆。路面微槽敷设光缆可以采用人工敷设或机械敷设，在敷设过程中，应逐步将光缆从缆盘上放出敷设进路面微槽，并保证光缆平整地敷设在保护 PE 条上，光缆曲率半径应满足表 1.5-1 要求。

② 路面微槽敷设光缆宜整盘敷设，非确有困难不得断开光缆增加接头。

③ 根据路面微槽的深度和路面恢复材料特性的不同需要在光缆上方放置缓冲保护材料：

A. 采用热沥青(无压)修复时，在光缆上方依次放入一层用于保护的 PE 泡沫填充条和一至二层用作承压层和绝热的橡胶填充条；

B. 当采用冷修复材料压实修复时，在光缆上方需依次放入一层至多层承压 PE 泡沫填充条和(或)承压的橡胶填充条；

C. 在铺设 PE 条和橡胶条时，应逐条逐次用压条机或滚轮进行压实。

4) 路面恢复

路面恢复应符合城市道路主管部门的要求及小区物业要求，可采用冷修复材料或热沥青做修复。

① 当采用热沥青修复时，为保证使沥青能良好地同沟槽粘合，在先涂刷乳化沥青粘结剂后，再敷设密封沥青将微槽沟填平。

② 用密封胶浇灌路面微槽时，先在路面微槽两侧沿槽口粘贴耐高温胶带，以避免密封胶浇灌时造成路面污染，然后利用灌缝机将熔化的密封胶平整的浇灌到微槽沟缝中，使之注满并刮平，在密封胶冷却并和路面、微槽粘合后，在密封胶后凝固前把微槽两侧的胶带撕掉。

③ 修复后的路面结构应满足相应路段服务功能要求。在道路应用期间，缓冲层与光缆布放空间的变形都不会导致光缆承受超出表 1.4-2 路面微槽敷设光缆主要机械性能指标的外力影响。

路面微槽敷设光缆主要机械性能指标　表 1.4-2

机械性能	路面微槽无压力填补时光缆机械性能要求		路面微槽无压力填补时光缆机械性能要求	
拉伸	短暂允许最小拉伸力 1000N(或最大施工力值)	长期允许最小拉伸力 300N	短暂允许最小拉伸力 1000N(或最大施工力值)	长期允许最小拉伸力 300N
压扁	短暂允许最小压扁力 1000N/100mm	长期允许最小压扁力 300N/100mm	短暂允许最小压扁力 2000N/100mm	长期允许最小压扁力 750N/100mm
冲击	冲锤重量 450g，冲锤落高 1m，对间隔 0.5m 的 5 个点进行冲击，没点 5 次		冲锤重量 750g，冲锤落高 1m，对间隔 0.5m 的 5 个点进行冲击，没点 5 次	
反复弯曲	负载 150N，弯曲次数 30 次			
扭绞	轴向张力为 150N，受扭长度为 1m，光缆扭转角度：无铠装为±180°，有铠装为±90°，扭转次数 10 次			

1.4.2　犁埋光(电)缆、硅芯管敷设

1. 犁埋敷设光(电)缆、硅芯管技术

随着通信工程施工技术的不断发展，一种用于敷设光(电)缆、硅芯管的犁埋新技术，已经在实际工程中广泛使用。犁埋技术和其专用设备犁埋机的出现，使人们改变了传统挖沟敷设光(电)缆、硅芯管的施工方法。利用犁埋技术进行光(电)缆及硅芯管的敷设作业，既可节省机械、人力等施工成本，同时也对保护环境极为有利。

(1) 国外生产的 F115 型犁埋机性能特点及使用状态

1) 犁埋机技术性能及适用范围

目前，国外生产犁埋机的厂家和机型种类较多，下面主要介绍 F115 型犁埋机的技术性能。

犁埋技术的专用设备——犁埋机以柴油机为动力源，整机全液压驱动，电脑控制，极易操作和掌握。全自动操作，通过脚踏板的控制可获得任意的速度，方便的按钮式速度选择器，在控制中将使驾驶员达到最终的目的。密封的电器系统防止了灰尘、雨雪、油污的腐蚀影响。提升式座椅和翻板，使机械、电路和液压系统都易于维护保养。

2) 犁埋机的适用范围

犁埋机是一种适用于长距离敷设光(电)缆或硅芯管的专用机械，除了岩石和沼泽不适应其敷设作业外，其他地质条件均能采用犁埋机敷设。特别是在人员稀少、社会条件差、地表植被相对稠密的地区，其优越性更为显著，表 1.4-3 为 F115 型犁埋机在不同地质条件下的工作效率表。

犁埋机在不同地质条件下的工作效率(F115 型)　表 1.4-3

序号	地质条件	敷设速度(km/h)	地质结构	备注
1	黄土	2.5	普通	现场实际测得
2	沙土	2.5	土、沙各半	
3	流沙	1.5	纯沙不含土	
4	硬质土	1.8	白浆土	
5	风化岩	1.5	风化质软	
6	卵石	1.5	中等颗粒含土	

(2) 国产犁埋机性能特点及使用状态

1) 用于光(电)缆、柔性管线地下铺埋，开沟、下线、填平、地表土造型等工序一次

完成。全冻土、冰面、鹅卵石、风化石、硬土、沙漠、湿地均可施工，适应各种复杂地质、地形施工，可作为各种大型或疑难缆线地埋工程使用。

2) 同时向地下铺埋1～5根各种缆线，缆线在地下呈水平分布，缆线之间间隔10～20cm，缆线相互之间分布均匀平直，缆线拉力低于额定拉力不损伤缆线。

缆线埋深：0～1.7m。埋缆速度：每小时0～3500m。

2. 犁埋敷设光(电)缆、硅芯管的施工方法及技术要求

(1) 按设计提供的线路图进行实地勘察，深入了解并详记各种地质结构，根据不同地质制订合理的犁埋技术方案。

(2) 根据施工图给定的坐标，测量光(电)缆及硅芯管的中心平面位置。

(3) 沿敷设中心每100m打一标志桩，并沿敷设中心撒白灰线。

(4) 根据中心线和坐标，确定犁埋的深度和宽度。

(5) 沿敷设中心线，用大型推土机或犁埋机清除障碍物和平整作业带。

(6) 犁埋机敷设作业前，应向当地相关部门详细了解线路走向的地下是否有敷设物，若有应在交叉处做出标记，如情况不明又无资料可查，可用探测仪器沿敷设的线路走向探测地下敷设物的实际位置。

(7) 按设计要求选择适当的犁，设定振打力，调整液压泡沫轮，确定行走速度。

(8) 抽检光(电)缆或硅芯管，检查是否有断芯、外护套破裂脱落或折断现象。

(9) 核实所要敷设光(电)缆或硅芯管辊轴的实际重量、直径和宽度。

(10) 用随车起重机或汽车起重机将光(电)缆、硅芯管辊轴装在犁埋机放线轴上，并将敷设缆、管通过滑轮引到振动犁上。

(11) 每段开始犁埋前，光(电)缆或硅芯管应留有足够长度，以满足接续及预留要求。

(12) 缆盘与放线导槽之间导向设备的位置，应符合规定的光缆最小曲率半径要求，并且摩擦小，以防止光纤过应变。

(13) 在使用大型犁埋机并且有主动光缆盘和导轮的场合，宜加入一个过张力保护系统——张力装置。

(14) 在犁开一个或多个通道时，要确保路径清晰并能达到需要的深度。

(15) 按业主或按设计要求在距光缆上方30～40cm处，可同时放置一条耐腐材料制成的警示带。

3. 犁埋敷设与传统敷设的比较

(1) 犁埋敷设速度高于传统敷设速度，一台犁埋机，若按每天工作10h计算，考虑其他因素，每天可完成8～20km的敷设任务。

(2) 犁埋敷设较传统敷设节省机械设备、人力数量，从而节省施工成本。

(3) 犁埋敷设在提高速度的同时，能保证光(电)缆或硅芯管的埋深。

(4) 由于犁埋开犁宽度较传统的人工开挖及机械挖沟的宽度窄很多，犁埋机敷设基本不破坏地表的植被，犁埋机敷设过后，只在地表留下一个80mm宽的沟痕(传统的开挖方式，在地表留下4～6m沟痕)，地质结构未被破坏，节省恢复地貌的投资。

总之，在当今通信施工技术不断发展的今天，自动化程度会越来越高，自动化的升级和普及，势必对光(电)缆及管缆套管的敷设质量、敷设速度提出更高的要求。另外，随着我国环境保护政策的不断完善，那种破坏生态环境的施工方法也将会被逐步取缔。

1.4.3 缠绕法架设光(电)缆

1. 缠绕法敷设光(电)缆技术

我国目前的通信、电力、有线电视等行业中，架空光(电)缆普遍用挂钩将光(电)缆挂在电杆之间的吊线上，这种施工方法叫做挂钩法。此方法存在着架设过程中劳动力密集、施工成本较高，敷设后挂钩容易脱落和移位、光(电)缆外皮易受损发生腐蚀和降解，维护费用高等诸多缺陷。

缠绕法架设光(电)缆，使得架设质量既好又省力省时，逐步成为一种较为理想的架设方式。架空光(电)缆钢丝缠绕施工法是采用特别的施工滑动小车和不锈钢缠绕钢丝，通过卡车或施工人员牵引小车前进，使不锈钢丝以螺旋状把光(电)缆绑扎在架空钢绞线上。

与挂钩法相比，钢丝缠绕具有以下特点：

(1) 施工简便，工程质量较高：线务人员不用悬空上线挂钩作业，只需站在地面上牵引滑动小车，人身安全有绝对的保证。缠绕节距符合挂钩标准，而且缠绕法较挂钩方法更能有效地保护光(电)缆。此外，施工人员很容易掌握施工操作方法，无论地形怎样复杂，如何变化，都能保证施工质量。

(2) 施工进度快：由于取消了手工挂钩，采用半自动缠绕法，缠绕光(电)缆的速度是手工挂钩法的数倍。

(3) 施工质量稳定：光(电)缆外皮缠绕的不锈钢丝寿命一般为 20 年。不锈钢丝应力变化小，尤其适应南方多雨和潮湿地区，可基本免除维护工作。

(4) 施工成本低：缠绕施工法的材料成本虽然只略低于挂钩成本，但施工人员花费的工时可以大大缩短，从而降低了施工费用。挂钩法在一条吊线上只宜挂设 1 条光(电)缆，当挂 2 条及以上的光(电)缆时，需要用不同程式的挂钩，新设光(电)缆架设时容易造成原有挂钩脱落，改造和重新布缆较为复杂，外观较差。而缠绕法可同时利用单根钢丝缠绕 1～3 条光(电)缆，或轻松地在原有单缆缠绕线路上再次缠绕 1～2 条光(电)缆。

(5) 施工安全性高：缠绕法除了放置缠绕机需要上杆作业外，人主要在地面上操作，省时省力，降低劳动强度，免除安全隐患。

2. 缠绕法敷设架空光(电)缆的施工方法

(1) 施工准备

1) 作业计划

施工前需要对施工区域进行详细勘察，如影响工程质量和进度的安全隐患、杆路状况、吊线规格和张力、树木障碍、河流障碍、接头点位置、与电力线的间距及隔离、交通状况等，并根据这些资料，结合施工资源的配置情况、合同等制订作业计划；

2) 光(电)缆配盘

采用缠绕法施工，捆扎后光(电)缆无法挪动，为便于后期在同一吊线上再次捆扎光(电)缆以及对光(电)缆接头进行施工和维护，要求光(电)缆的接头位置必须设置在电杆处。因此配盘时必须综合考虑光(电)缆的盘长、杆路挡距、外界环境、缠绕钢丝盘长等多种因素。

3) 杆路准备

同挂钩方式一样，准备好合格的杆路，放好吊线。考虑到缠绕机的操作空间，缠绕法敷设的吊线位置比原有的线缆高 20～30cm 以上，若条件不允许，新架吊线在原线缆下面时，应比原线缆低 10～15cm，以便于施工和缆线安全。

(2) 主要器材

1) 缠绕钢丝

采用直径为 1.0mm 或 1.1mm 的高纯度合金不锈钢线做缠绕线，它经过特别退火处理，具有足够的机械强度和防腐蚀性。

缠绕用钢丝主要有普通品质 430 合金钢丝，高品质 302 合金钢丝和超级品质 316 合金钢丝三种。

430 合金钢丝：以铁酸盐为主要成分(具有磁性)的标准低碳(12%)、磁性铬(14%～18%)钢合金钢丝。适用于不易受腐蚀性污染物质侵蚀的地区，如酸雨、盐雾等，其抗张强度达到 70000PSI/480MPa，直径 1.14mm 的钢丝最小破裂强度 50kgs；

高品质 320 合金钢丝：奥氏体基础的无磁性铬(18%)、镍(8%)合金钢丝。施工区域可选择中雨区或重雨区，能承受空降污染物的侵蚀，如由酸雨或盐雾引起的对低级别钢丝的生锈和腐蚀，其抗张强度达到 100000PSI/689MPa，直径 1.14mm 钢丝最小破裂强度 72kgs，直径 0.97mm 的钢丝最小破裂强度 51.3kgs；

316 合金钢丝：奥氏体基础的无磁性铬(18%) 镍(8%)钼(2.5%)合金钢丝，施工区域可选择重雨区范围，能承受最具有腐蚀性的大气污染物，包括 302 合金所不能抵御的污染化学成分，尤其是硫酸和氯化液，其抗张强度达到 120000PSI/689MPa，直径 1.14mm 的钢丝最小破裂强度 86kgs。

为安全和经济起见，一般选择 302 合金钢丝，光(电)缆的缠绕钢丝条数应与光(电)缆外径须相适应。

2) 缠绕机

根据架设光(电)缆的外径的不同，选择不同型号的缠绕机。缠绕机由静止和滚动两部分组成。缠绕机出箱后要在地面进行各种自检，做好上杆施工前的准备工作。须特别说明的是一定要先将缠绕机工作锁门打开，避免缠绕机旋转造成人身伤害。

3) 移动式滑轮

安装在吊线上可移动，光(电)缆在下方一组转轴上随转轴转动通过，可减少摩擦，使光(电)缆牵引方便、降低张力。

(3) 光(电)缆缝绕式架设的方法和要求

1) 卡车架设缠绕光(电)缆

卡车后部用液压千斤顶支架架起光(电)缆盘，卡车缓慢向前行驶，光缆通过输送软管和导引器送出，同时固定在导引器上的牵引线拉动缠绕机随车移动。缠绕机不可转动部分由牵引线带动沿光(电)缆移动，通过一个摩擦滚轮带动扎线匝绕吊线和光(电)缆转动，实现光(电)缆布放、绕、扎一次自动完成。光(电)缆布放到电杆处时，操作人员上杆将缠绕机移过电杆安装好，并完成杆上的伸缩弯、固定扎线。这种施工方式具有省工、省时、省力，架设效率高的优点。图 1.4-3 为卡车架设缠绕光缆示意图。

2) 人工牵引缠绕式架设光(电)缆的方法和要求

① 光(电)缆的预放：与挂钩法一样在缠绕钢丝之前，需临时架设需敷设的光(电)缆。图 1.4-4 为架空光(电)缆预放示意图。

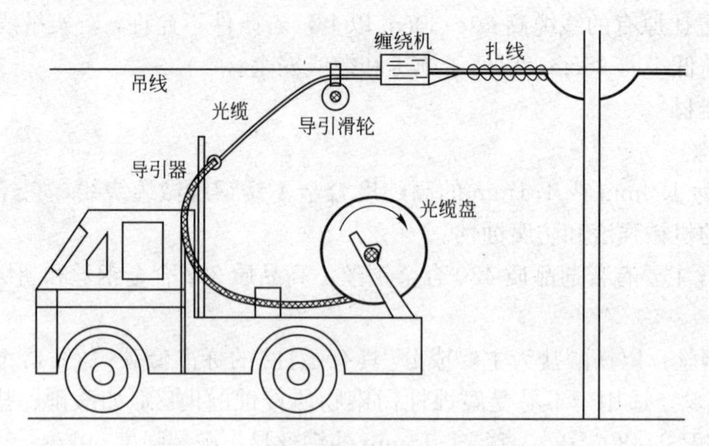

图 1.4-3 卡车架设缠绕法敷设光缆示意图

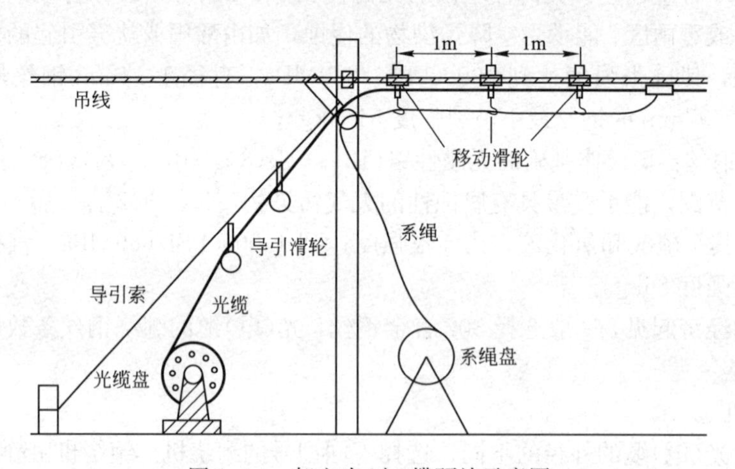

图 1.4-4 架空光(电)缆预放示意图

② 缠绕捆扎钢丝：为固定缠绕钢丝，在每档杆的起始电杆附近必须安装缠绕钢丝固定夹板，从钢丝卷中拉出足够长的钢丝在吊线上缠 2 道后固定在夹板上。在吊线上安装缠绕机，将光(电)缆正确的放入缠绕机中，并将光(电)缆放入导向器内。人工牵引自动缠绕机，牵引至另一端，完成缠绕。当缠绕机向前牵引时，缠绕机滚动部分与前进方向垂直转动，完成光(电)缆和吊线按螺旋方式的捆扎。光(电)缆布放到电杆处时，操作人员上杆将缠绕机移过电杆安装好，并完成杆上的伸缩弯、固定扎线。图 1.4-5 为人工牵引缠绕法敷设光(电)缆示意图。

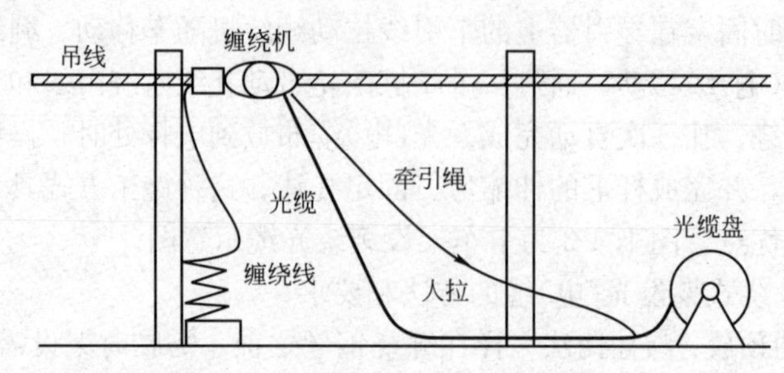

图 1.4-5 人工牵引缠绕法敷设光缆示意图

③ 光缆余留要求：架空光缆余留分为杆上伸缩弯小余留和接头处、障碍处的大余留。杆上伸缩弯余留，应按要求做好伸缩弯，伸缩弯两侧应采用固定卡将光(电)缆固定。

④ 缠绕钢丝缠绕的松紧度和缠绕程式：不同线缆的机械性能不同，对缠绕钢丝捆扎的松紧度要求也不相同，通过调节缠绕机内缠绕钢丝的走线方式可以实现松和紧两种缠绕方式。缠绕机在缠绕钢丝时，有两种缠绕程式：一是双绞缠绕，两卷钢丝按照不同的缠绕方向同时缠绕同一根光(电)缆；二是单绞缠绕，只用一个缠绕在光(电)缆上。一般情况下，单绞缠绕即能满足要求；为安全起见，对于外径较大或重量较重的线缆，跨越公路、铁路、河流等交通线及大跨距的飞线部分宜采用双绞缠绕。

1.4.4 气流敷设微管微缆

1. 气吹微缆技术

气吹微缆是一个全新的技术，它突破了现有的室外光缆布放技术的局限性。这项新技术是将专门设计的微型子管放入母管(HDPE 母管或已有的 PVC 母管中)，然后按需求吹入微缆，中间可以大幅减少接续。适用于室外光缆网络的各个部分。

气吹微缆系列产品分为外保护管(母管)、微管、微管束、管缆(集束管)、气吹型微缆、气吹型光纤单元等。

(1) 气吹微缆新技术的运用

1) 在长途网中，先将所需芯数的光缆布放到一些子管中，以后按需求再次吹入微缆，这样可以保证光纤数量可随业务量的增长而增长。

2) 在接入网中，先将子管进行简单的耦合通路，再根据客户的要求将具有室外缆性能的微缆气吹入子管通路，这样不需接续就可完成分歧。按这种方法，接入网的容量将随需求数量和需求地点而变化，大大增加网络的灵活性。

(2) 气吹微缆的优点

1) 更快的吹缆速度。

2) 使用范围广，适用于室外光缆网络的各个部分(长途网、接入网)。

3) 灵活的大楼布线和线路分歧。

4) 光缆接头少，可以在任何地方，任何时候改变光缆通道。

5) 可以在不开挖的基础上随时对现有的管道进行扩容。

6) 新的敷缆技术可以随时满足商业和客户对网络的需求，在有需求的地方可采用子母管分歧技术，将子母管分歧，光纤不需在分歧点进行接续。

7) 初期建设成本低，投资随着需求的增长而增长。

2. 微管、微管束、管缆(集束管)

微管是气吹微缆系统的一个重要的组成部分，就像城市的道路，在微缆敷设前微管必须先敷设到目的地，并且要求一次性敷设到位。因为扭绞的问题，在一根保护管(本章叙述的保护管泛指硅芯管)内的微管是不能分批敷设的。

(1) 微管系列产品

1) 微管

微管是用高密度或中密度聚乙烯制成的小型、柔软、轻质、耐用而又极易处理的管子，其外径不大于 16mm。当有阻燃要求时，也可使用其他合适材料。

常用微管尺寸见表 1.4-4。为便于识别，微管采用全色谱着色：微管的色谱见表 1.4-5。

常用微管尺寸 单位：mm 表 1.4-4

规格	外径	内径最小值	最多容纳微缆举例
5.0/3.5	5.0±0.1	3.5	最大 φ2.7 光纤单元
7.0/5.5	7.0±0.1	5.4	最大 φ4.2 微缆。也可用于吹送光纤单元
8.0/6.0	8.0±0.1	5.9	最大 φ4.6 微缆。也可用于吹送光纤单元
10.0/8.0	10.0±0.1	7.9	最大 φ6.2 微缆
12.0/10.0	12.0±0.1	9.9	最大 φ7.8 微缆

注：对于带肋管，内径最小值是指肋顶之间的最小值。

气吹微管色谱表 表 1.4-5

序号	1	2	3	4	5	6	7	8	9	10	11	12
颜色	蓝	橙	绿	棕	灰	白	红	黑	黄	紫	粉红	青绿

2）微管束

微管束是由一定数量的微管捆扎集合在一起形成的束状微管。可以一次性安装在已有的外保护管内，但不能填满外保护管，占空比不大于 60%。

3）管缆(集束管)

管缆(集束管)是由一定数量的微管集合在一起具有外护层，并采用一定的保护措施(如防潮层)形成的管缆(集束管)。管缆的护套应能完全包覆住其中的微管束，厚度宜为 0.8mm。微管间以及微管和外护套之间是不连接的，可以有相对的位移。管缆(集束管)的优点在于管道的密度高，可以在有效的空间内容纳最大量的微管。缺点是灵活性较差，管道的开剥和连接不方便，内层微管在小型手孔内分歧困难，同时抗冲击的能力也较差，母管的变形可以直接造成微管变形，障碍点的查找困难。

当管缆满足机械性能要求，且有防潮措施后，可单独使用。不需要再放入外保护管中。

4）组合型微管束

组合型微管束是由多组微管束捆扎集合在一起的束状微管。组合型微管束专门用于 FTTB，每一组由 6 根 φ4/3mm 的微管组成，没有外护套，在一根 φ40/33mm 的保护管内，可以同时气吹 4 组共 24 根微管。

(2) 微管的主要技术指标

1）机械性能

微管、微管束、管缆的机械性能(拉伸、最大牵引负载、扁平性能、复原率、落锤冲击、柔软性、弯折、纵向回缩率、环刚度、与管连接的连接力等)应符合规定。

2）环境性能

微管、微管束、管缆的环境性能(空气压力、耐水压密封性、冰冻、电火花试验等)应符合规定。

3）气吹性能

微管、微管束的气吹性能见表 1.4-6。

微管、微管束的气吹性能要求 表 1.4-6

序号	项目名称	技术要求	
1	气吹性能	能通过盘上微管试验或场地微管试验	
2	内壁摩擦系数	静态	≤0.25
		动态	≤0.2
3	刚性(N.M2)	0.01～0.3	

(3) 微管附件

1) 微管直接头

微管直接头用于微管和微管之间的连接，接头是插式的，微管可以很容易的连接。微管直接头的常用规格有：8mm、10mm、12mm。

2) 微管密封端帽

微管密封端帽用于空微管端头的封堵。密封端帽具有良好的密封性。防止泥沙和水进入微管。微管密封端帽常用规格有：8mm、10mm、12mm。

3) 微管微缆密封端帽

微管微缆密封端帽用于微缆敷设完毕后微管和微缆之间的密封。微管微缆密封端帽常用规格有 7mm、10mm。

4) Y 形接头盒、T 形接头

Y 形接头盒 T 形接头用于微管线路分歧并在分歧后恢复母管的机械保护。该接头的组件可以拆分，Y 形接头盒、T 形接头盒常用规格有 40mm×40mm×25mm、40mm×40mm×40mm。

5) 微管变径接头

微管变径接头用于不同直径的微管的连接。微管微缆变径接头常用规格有 7mm×5mm、8mm×5mm、10mm×7mm、10mm×8mm。

6) 微管堵水接头

当微缆敷设完毕后，堵水接头可以直接将微缆和微管封堵。

7) 微管堵气接头

当微缆敷设完毕后，对微缆进行气闭封堵。

8) 加长接头

微管接头点的保护管(母管)连接。

9) 修补接头

修复内有微缆的管道破损点。

3. 微缆

(1) 气吹微型光缆

气吹微型光缆是同时满足下列条件的光缆：

1) 必须适合用气吹法在微管中敷设。

2) 尺寸必须足够微小，其直径范围为：3.0～10.5mm。

3) 适宜其气吹安装的微管外径范围为 7.0～16.0mm。

(2) 光纤单元

光纤单元是高性能光纤单元的简称，它是同时满足下列条件的光纤：

1）由一根或数根光纤(带)经过涂覆、固化后形成一体，必要时在涂覆层内允许有少量非金属加强件。

2）必须适合用气吹法在微管中敷设。

3）尺寸必须足够微小，其直径范围为：0.4～3.0mm。

4）适宜其气吹安装的微管外径范围为3.5～8.0mm。

(3) 微缆结构及性能

1）微缆结构：微缆由缆芯和护层两部分组成，分为全介质层绞式、全介质中心管式、中心钢管式。

2）光纤色谱：微缆松套管中光纤数为2芯、4芯、6芯、8芯、10芯、12芯，最多为144芯。光纤各涂覆层采用全色谱标识。微缆的色谱见表1.4-7。

3）微缆的主要机械性能：微缆的主要机械性能见表1.4-8。

4）微缆允许的最小曲率半径：微缆曲率半径用微缆外径D的倍数表示。见表1.4-9。

5）微缆的光特性、传输特性符合相关标准要求。

光纤涂覆层全色谱优选顺序表 **表1.4-7**

优选顺序	1	2	3	4	5	6	7	8	9	10	11	12
颜色	蓝	橙	绿	棕	灰	白	红	黑	黄	紫	粉红	青绿

微缆的主要机械性能 **表1.4-8**

项目		指标	
拉伸	受力情形	短暂(敷设时)	长期(工作时)
	缆中光纤允许应变(%)	≤0.3	≤0.1
	允许拉伸力(N)	0.5G	0.15G
压扁：允许压扁力(N/100mm)		450N	150N
反复弯曲		负载25N，弯曲次数25次	
扭转		扭转次数为5次，负载为40N	

微缆允许最小曲率半径 **表1.4-9**

微缆程式	允许最小曲率半径	
	静态	动态
塑料管式微缆	10D	20D
金属管式微缆	15D	30D

4. 气吹微管

(1) 气吹微管对保护管的要求

1）保护管必须是内壁平滑或内肋条的低摩擦圆形管，在整个长度上，横截面保持一致，管道内径可以从25～50mm，微管最合适的敷设根数应该是其截面积之和不大于管道内径面积的60%。

2）保护管必须能够承受必要的压力。

3）保护管，内壁必须光滑、干燥、清洁、保护管内壁不能有凸出物，变形、泥沙、杂物。

4）贯通检查是必须的，因此管道敷设后应该及时封堵管道端头。

5）管道连接点必须采用气闭接头，气吹点采用气闭活接头。

6）微管气吹敷设时，端头应无应力，因为微管在应力作用下会出现拉伸变形。有故障的管道应在气吹微管前修复。

特别注意采用定向钻施工的管道出入口，检查管道是否变形，扭曲和破碎。

（2）气吹微管前准备

1）对气吹设备按相关要求进行检查合格后，方可投入使用。

2）根据气吹微管的数量和口径，选择与微管束相匹配的铝合金链条和塞块形状。

3）将每一根微管通过超级气吹机的入口导向，导向板，铝合金链条和密封导向，并且伸出微管气吹机3～4m。微管端头交错排列，间隔300mm。微管束从进入气吹机到引出气吹机的排列形状必须一致。

4）安装微管端帽：将微管抱箍套在微管上，微管端帽直接拧进微管内直到端帽和微管紧紧地连接，如果漏气可以缠绕几圈生胶带在端帽的螺纹上。

5）对微管进行充气检查。

（3）气吹微管过程及要求

1）启动空压机，用对讲机通知末端人员气流将至，疏散管道末端的人员。

2）润滑管道。确认管道已经经过贯通检查并且是完整的，如果管道内有水，需要用海绵球反复清洗，直到管道末端没有水流出。如果管道的摩擦系数大于0.1，建议在微管气吹前润滑管道。将润滑剂倒入管道并塞入1个海绵球。启动空气压缩机，用气管连接空气压缩机和贯通枪，打开进气阀，用低压推动海绵球将润滑剂涂抹在管道的内壁上。

3）设置气吹机的最大工作压力。建议设置液压机的最大工作压力为4～5MPa，取决于微管的数量和直径。

4）检查计数器是否归零，压力筒的位置是否合适。

5）通知管道末端人员开始气吹敷管，同时打开气吹机的调速阀将微管束的前进速度控制在30～40m/min。

6）打开空气压缩机的输气阀并稍微打开气吹机的进气阀，将管道压力控制在0.3～0.4MPa，在敷管过程中，请注意观察微管的运动速度和液压机的工作压力，如果发现微管的前进速度开始下降，逐步打开气吹机的进气阀直至0.8MPa。如果需要，可以调整管道的压力到1MPa，但必须密切注意微管束在气吹机内的受力情况以及保护管是否在气吹机的管口卡处出现膨胀现象(特别在夏天，压缩空气无冷却的情况下)。如果管道出现膨胀现象，必须马上停机检查原因。当气吹速度降低到10m/min以下时，建议结束气吹微管工作，千万不要擅自提升液压机的工作压力，因为过高的推力将造成微管的损坏。

7）进入气吹机的微管要保持松弛状态，密切注意微管束在微管气吹机进口处的张力，并随时检查微管内的充气压力。

8）微管即将到达时，通知管道末端人员并降低微管的气吹速度。微管出管口时，末端人员一定要等最短的一根微管出管口，并且有足够长的余长，才能通知气吹点，敷管结束。

9）微管敷设完毕后，先用微管割刀在微管上切出一个小孔，待微管内的压力排除后，再卸除微管端帽和充气阀门。

10）气吹后的微管束必须马上连接或用微管堵头密封，以免污水或杂质进入微管。

5. 气吹微缆

(1) 气吹微缆对微管的要求

1）微管在网络中的作用是形成密封的空间和建立气吹微缆的通道。为保证微缆在微管内顺利吹入，微管必须承受必要的内压。

2）微管由 HDPE 材料制成，管子必须是圆形的，并且在整个长度上保持横截面积的一致性。管子的外壁和内壁必须没有裂痕、针孔、接头、水渍、模具留痕、补丁或其他缺陷。

3）采用内肋条内壁的微管，气吹效果比平滑内壁的微管好。

4）如果微管内壁的摩擦系数大于0.1，在气吹微缆前，先用专用润滑剂对微管进行预润滑。

5）气吹前，微管的端口应该是密封的，保证没有泥土和污水进入管道。

(2) 气吹前检查

1）微管的贯通检查

微管的贯通检查是气吹微缆的一个重要环节，在气吹微管完毕后要对气吹的每根微管做贯通检查。如果气吹微缆和气吹微管相隔较长的时间，在气吹微缆时，也必须对微管进行贯通检查。

① 用气流将直径为微管内径 80%的钢珠打入管道，检查微管是否变形。微管的末端必须安装捕捉器，并且严禁微管末端面向建筑、行人和车辆。

② 用外径为微管内径 2 倍、长度约为 40mm 的海绵球检查管道内是否有水，如果有水，用海绵球排除干净。

③ 如果微管有障碍，可以采用优选法分段排除(查找和排除微管障碍的方法不在这里阐述)。

④ 使用微管气吹专用润滑剂对微管进行预润滑。

2）气吹设备的检查

① 检查驱动轮套是否和相应的气吹微缆的尺寸一致，同时检查轮套的齿间是否干净。

② 检查微管的管塞是否和气吹微管的尺寸一致。

③ 检查气动马达的润滑油杯是否有油。

④ 检查压缆轮和驱动轮套的间隙是否合适。

⑤ 检查气管连接是否正确。

⑥ 检查计数器的读数是否回零。

⑦ 检查空气压缩机的压力输出是否正确。

⑧ 检查微管和微缆的密封圈是否被正确地安装。

3）微管检查

① 检查微管是否被正确地连接到气吹机上。

② 检查气吹引出管的接头是否被正确地连接。

③ 检查微管末端的堵头是否取出。

4）微缆的检查

① 检查微缆盘是否被正确的安装在缆盘架上，缆盘是否可以在支架上自由旋转。

② 检查缆盘上有无尖锐的物体，铁钉是否被全部清除。

③ 检查缆盘架是否和气吹机的微缆入口成一条直线。

④ 检查微缆端头是否已经安装了端帽，如果微缆外径和微管内径的空间太小，可以不用气吹端帽，但微缆的端头需要修剪圆滑。

（3）气吹微缆过程及要求

1）通知微管末端的施工人员，即将气吹。

2）将微缆通过驱动轮推进微管，关闭气吹机。

3）关闭空气压缩机的输气阀和气吹机进气阀。

4）调节压缆轮至适当的位置。

5）关闭气吹机的进气阀，打开空气压缩机的输气阀，打开微缆气吹机的气管阀门和压力控制总成上的进气阀门，调节气动马达的压力直至微缆开始移动。气动马达的压力越高，气吹速度越快，推力也越大，所以在开始时要适当控制马达的压力。气动马达的最大工作压力不要超过5bar。当微缆的速度开始下降时，逐步打开气吹机的进气阀直至最大位置。

6）如果微缆不能吹到下一个气吹点，用滑轮割刀切开保护管，用微管滑轮割刀小心切断气吹的微管，将气吹微管用一根引出管连接到倒盘器上，利用气流将微缆倒盘，直至倒盘的微缆长度可以达到预计的开口点。

7）微缆即将到达时，通知管道末端人员并降低微缆的气吹速度。

8）微缆出管口时，末端人员一定要保证微缆有足够的余长，才能通知气吹点敷缆结束。

（4）长距离微缆的气吹方法

长距离微缆气吹有接力气吹法、中间向两端的气吹法和蛙跳式气吹法三种方式。目前国外微缆连续气吹的最大长度是12km，国内微缆连续气吹的最大长度是6km，长距离微缆的气吹可根据设备资源及实际情况合理选择长距离微缆的吹放方法。

1）接力气吹法

第一台气吹机放置在气吹的始端，在微管的第一段的末端和第二段的始端放置第二台气吹机。依此在下一段的始点放置第三台气吹机(接力气吹法可以使用多台微缆气吹机)，并重复上述操作，在需要减少微缆接续的情况下，这种气吹方法从理论上说，气吹敷缆距离可以无限延长。目前在欧洲已经达到12km无接续

2）中间向两端的气吹法

在微管的中间点，将一盘微缆吹入微管的一侧，再将微缆气吹机从微管上卸下来，将盘上的剩余微缆导入进一个倒盘器，然后把微缆气吹机的方向转过来，和另一侧的微管连接，将倒盘器上的微缆全部吹向微管的另一方向，然后用微管直接头将气吹点的微管连接。在不需要接续的情况下，上述操作只能重复一次，使得微缆的一次性气吹距离翻一倍。

3）蛙跳式气吹法

第一台气吹机放置在气吹的始端(A)，在微管的第一段的末端和第二段的始端(B)放置一个倒盘器，将第一段气吹过来的微缆倒入倒盘器中，然后打开倒盘器，将微缆翻转180°，取出微缆的端头。然后将气吹设备搬运到第二段的始端(B)，和下游的微管连接，然后向第二段的末端和第三段的始端(C)气吹。上述操作可沿整个线路不断重复，在需要减少微缆接续的情况下，这种方法从理论上说，可以将微缆的气吹距离无限延长。与第一种方法相比，这种方法的优点是只需要一台吹缆机和一个倒盘器；缺点是在每一段都要吹很长的距离，尤其是第一段，效率很低。

1.4.5 光纤入户冷接法

在光纤接续领域，机械式光纤接续和熔接接续是实现光纤固定连接的两种不同方式。机械式光纤接续俗称为光纤冷接，是指不需要熔接机，只通过简单的接续工具、利用机械连接技术实现单芯或多芯光纤永久连接的方式。机械式光纤接续所采用的机械式光纤接续子，又称为光纤冷接子。

机械接续是把两根处理好端面的光纤固定在高精度V形槽中，通过外径对准的方式实现光纤纤芯的对接，同时利用V形槽内的光纤匹配液填充光纤切割不平整所形成的端面间隙，这一过程完全无源，因此被称为冷接。

影响光纤接续插入损耗的主要因素是端面的切割质量和纤芯的对准误差。机械接续在纤芯对准方面主要取决于光纤外径的不圆度偏差以及纤芯/包层的同心度误差。随着光纤生产技术的不断进步，目前光纤外径的标准差(平均值125mm ±0.3μm)和纤芯/包层同心度误差(平均值为0.1μm)均远远优于ITU-T建议书中的最大值规定(分别为±2μm和1μm)。此外，一些光纤机械接续产品的V形槽对准部件采用的材料具有良好的可延展性，能够在一定程度上弥补光纤外径误差(包括光纤自身尺寸以及光纤表面附着污物所造成的误差)对接续损耗的影响。

1. 机械接续的特点及应用

(1) 机械接续的特点

1) 工具简单小巧，无需电源，工作环境温度范围宽，适合在各种环境下操作。

2) 操作简单，对操作人员的技能培训周期短。

3) 购买全套工具的成本远低于熔接方式全套工具成本。

4) 采用结构简单的机械压接工具，可靠性高。

5) 机械接续前期准备工作简单，无需热缩保护，接续小芯数光纤每芯所用时间约为熔接接续的58%。

6) 机械接续子在压接完成后仍然可以开启，这可以较大程度地提高接续效率。(在大量操作实践中发现，除去光纤切割质量的因素，机械接续损耗偏高绝大多数是由于光纤没有在V形槽中放置到位，端面没有紧密贴合。这时只需开启接续子，重新放置光纤，而无需重新处理光纤端面)。

(2) 机械接续的应用

机械式光纤接续技术本身并不是一个新兴的技术，早在20年以前就已经有产品诞生，是一个成熟的光纤接续技术，在美国和日本的数据和图像传输中有较多应用。1990年以后光纤机械接续技术在国内一直被应用在线路抢修、特殊场合的小规模应用等工程实践中。近年来随着光纤到户(FTTH)的大规模部署，使人们更加认识到机械式光纤接续作为一种重要的光纤接续手段在光纤到户（FTTH）最后 100m 部署中的意义：光纤到户（FTTH）部署在用户驻地和户内所针对的光纤接续点具有用户数量大而地点分散的特点，由于不同用户报装时间不同，对同一小区或建筑物需多次派工安装，类似 ADSL 服务开通。当用户规模到一定程度后，现有的施工人员和熔接机不可能满足用户开通服务的时间要求。

由于机械式光纤接续方式为光纤大规模部署提供了成本效益最高的光纤接续解决方案。在诸如楼道高处、狭小空间内，照明不足、现场取电不方便等场合，机械式光纤接续为设计、施工和维护人员提供了一个方便、实用、快捷、高性能的光纤接续手段。理论上说，在光纤到户工程中，从分光器分光后到用户，数量巨大、零散分布如毛细血管的入户光缆的连接都应该考虑采用机械式光纤接续方式。机械光纤接续技术以光纤匹配液和闭合设计的专利 V 形槽为核心技术，使用简单的工具，仅需 30s 就可以实现损耗低于 0.1dB 的光纤固定式接续。

机械接续主要适用于以下场合：

1）应急光缆抢修：机械接续工具投资成本较低，可以大量配备，从而提高反应速度和抢修效率；同时，机械接续的高灵活性和适应性，可以更全面、有效地满足线路抢修的要求。

2）光纤到户（FTTH）的建设及维护。用户接入光缆一般长度较短，对于损耗的要求相对较低，光纤接续点存在着芯数少且多点分散的特点，并且经常需要在高处、楼道内狭小空间、现场取电不方便等场合施工，采用机械接续方式更灵活、高效。机械接续的应用在光纤到户发展最快的日本，从 2002 年开始大规模部署 FTTH 起，至今已有超过 300 万个机械接线子在线应用。国内在光纤到户入户光缆的机械接续应用的位置主要集中在小区机房、楼道光纤分线盒和用户室内。

3）移动基站的光纤接入。随着移动通信技术和业务的发展，越来越多新增和已有的移动基站将通过光纤接入，这种光纤一般芯数较少，而基站站址的分布具有点多、分散的特点，采用机械接续方式将有助于降低施工及维护成本。

2. 机械接续器件

（1）光纤冷接子

光纤冷接子可用于多种护层直径光纤间的对接，适用于 250μm 和 900μm 等光纤间的接续，既可用于单模光纤，也可用于多模光纤的接续。其基本技术要求见表 1.4-10。

光纤冷接子基本技术要求 **表 1.4-10**

光纤直径(μm)	125	光纤直径(μm)	125
涂覆层直径(μm)	250～900	回波损耗(dB)	−40～80℃：<−40 室温下(23℃)：<−60
保存期限(年)	30	抗拉强度(g)	>454g，典型值：>1362g
插入损耗(dB)	<0.1	环境温度(℃)	−40～80℃

不同厂家由于设计结构和所采用的核心技术不同，性能和操作方式有很大的区别。在选择机械式光纤接续子时，应从以下几方面予以评估。

1）工具的投资及其维护需求。

2）工具的简单及轻便性、安装的便利性。

3）光纤对准器件的可靠性和夹持力(直接影响接续衰减的大小)。

4）对环境的适应性。

5）是否有耗材。

6）长期使用稳定性等方面。

(2) 光纤连接器

光纤机械接续技术的另外一个重要意义是，在此技术的基础上，发展出现场端接的光纤连接器。这种光纤连接器和各种传统的光纤连接器尺寸相当，接口相匹配，机械光纤接续子放在其中，无需注胶，研磨就可以现场组装。如果和标准的面板配合便可将入户光纤像铜缆一样端接在墙面上或其他指定位置。免研磨端接器件的发展为光纤到户线路完整性提供了简单易行的技术手段，解决了 FTTH 网络建设和运维中的一个瓶颈环节——室内光纤的端接和保护。

1）光纤连接器的性能

① 光学性能：插入损耗越小越好，但不大于 0.5dB；回波损耗典型值不小于 25dB。

② 互换性、重复性：对于同一类型光纤连接器可以任意组合使用，并可重复使用，导致的附加损耗小于 0.2dB。

③ 抗拉强度不小于 90N。

④ 温度特性：在－40～80℃温度范围内能正常使用。

⑤ 插拔次数在 1000 次以上。

2）光纤连接器的分类

光纤连接器按传输介质可分为：单模光纤连接器和多模光纤连接器；按结构可分为：FC、SC、ST、DIN、Biconic、MU、LC、MT 等；按连接器的插针端面可分为：PC (UPC)、APC；按光纤芯数可分为单芯连接器和多芯连接器。在实际应用中，一般按光纤连接器的结构加以区分。

① FC 型光纤连接器：金属双重配合螺旋终止结构。

② SC 型光纤连接器：矩形塑料插拔式结构。

③ ST 型光纤连接器：金属圆形卡扣式结构。

④ 双锥型光纤连接器(Biconic connector)：由两个经精密模压成形的端头呈截头圆锥的圆筒插头和一个内部装有双锥塑料套筒的耦合组件组成。

⑤ DIN 型光纤连接器：采用插针和耦合套筒的结构尺寸与 FC 型相同，端面处理采用 PC 研磨方式，内部金属结构中有控制压力弹簧。

⑥ MT-RJ 型光纤连接器：端面光纤为双芯(间隔 0.75mm)排列设计，带有与 RJ-45 型 LAN 连接器相同的闩锁结构，通过安装于小型套筒两侧的导向销对准光纤。

⑦ LC 型光纤连接器：采用模块化插孔(RJ)闩锁机理制成，插针和套筒的尺寸是 SC、FC 型的一半，即 1.25mm。

⑧ MU 型光纤连接器：以 SC 型光纤连接器为基础，采用 1.25mm 的套管和自保构建二制成。

⑨ PC 型：端面呈球形，接触面集中在端面的中央部分。

⑩ APC 型：接触端面的中央部分保持 PC 型的球面，但端面的其他部分加工成斜面，

使端面与光纤轴线的夹角小于90°。

(3) L形机械接续光纤插座

L形机械接续光纤插座包含预埋研磨好的光纤端面的陶瓷芯组件和一个现场端接的机械式光纤冷接子组成。其结构紧凑，在标准的86面板内可以安装2个，适合用户端、空间有限等场合的墙面安装。基本技术要求见表1.4-11。

L形机械接续光纤插座 **表1.4-11**

尺寸(mm)	22×9.4×85
光纤直径(μm)	125
模长直径(μm)	8.6～9.5
涂覆层直径(μm)	250
活动连接器插入损耗(dB)	1310nm：<0.5，典型值：0.29 1550nm：<0.7，典型值：0.36
机械连接插入损耗(dB)	<0.1
回波损耗(dB)	−40～80℃：<−40
连接可靠性	500次插拔，每10次清洁陶瓷芯，测试前后、测试中的损耗增加最大0.2dB
环境温度(℃)	−40～80

3. 光纤冷接法的要求及步骤

(1) 光纤冷接法的要求

1) 光纤的接续方法按照使用的光缆的类型确定：使用常规光缆时宜采用热熔接方式，在使用皮线光缆时采用冷接子机械接续方式。

2) 机械接续衰减：采用机械接续时单芯光纤双向平均衰减值不大于0.15dB/个。

3) 光缆接续后，光纤曲率半径不大于15mm。

4) 皮线光缆进入光纤分配箱，采用冷接子接续时，在接续完毕后，尾纤和皮线光缆应严格按照光分配箱规定的走向布放，要求排列整齐，将冷接子和多余的尾纤和皮线光缆有序的盘绕和固定在熔接盘中。

5) 用户光缆终端盒一侧采用快接式光插座时，多余的皮线光缆顺势盘留在A86接线盒内，在该面板前应检查光缆的外护层是否有破损，扭曲受压等，确认无误，方可盖上面板。

(2) 光纤冷接法的步骤

1) 将光纤冷接子放置在压接板的凹槽内，并将其固定。

2) 用专用钳按冷接子的相关指标剥去松套管、紧护套、光纤涂覆层。

3) 用无纺布和无水酒精擦拭光纤不超过2次，去除涂覆屑。

4) 用手指从各个方向轻触光纤端部，确认光纤未受损伤。

5) 用光纤切割刀切割光纤(优先选用带刻度的光纤切割刀)。

6) 将切割好的裸光纤根据光纤紧护套尺寸，放在压接板上相应的长度参考槽内，护套端部顶住塑料凸起物，确认裸光纤端部处在槽口中。

7) 旋转夹持器至合适位置，将光纤夹入夹持海绵中。

8) 手持光纤护套靠近裸纤部分，将光纤搭在光纤对准导槽上，保持光纤平直，将其轻轻推入冷接子中，直到遇到阻力(应保持光纤有一定的弯曲，利用产生的应力将光纤往冷接子内推紧)。

9) 另一侧的光纤按照相同的步骤操作。

10) 推动任一光纤，另一光纤弯曲幅度变大，说明两端光纤端面接触良好，反复操作数次，推动任一光纤不松手，压下压接盖。

(3) 冷接子重复开启方法

将开启片的短触角伸入冷接子压盖板内，长触角抵在冷接子上，将开启片底部向内侧轻推，使开启片垂直，冷接子会稍稍离开卡槽。保持开启片不动，用手指向下按压冷接子两端，听到“咯咯”声，压盖被开启。

2 国内外典型通信与广电工程介绍

2.1 北京移动3G/TD工程

2007年，我国通信史上具有里程碑意义的具有自主知识产权的TD-SCDMA试验网(以下简称TD网)已经在全国10个试点城市全面建设。北京移动TD-SCDMA扩大规模试验网工程项目，是TD-SCDMA技术在国内的首次大规模的商用。北京作为奥运会的主办城市，也是国家的首都，因此北京3G项目成为2007年的工作重心。某施工企业承担了本工程的施工任务以及项目的总协调管理任务。本工程有以下几方面的特点：

(1) 技术新，组网灵活：TD-SCDMA技术是我国自主知识产权的第三代移动通信技术。

(2) 工期紧，任务重：北京移动2007年3月开始建设3G项目，距离2008年奥运会只有一年左右时间。而北京移动要在一年完成3500(2000宏基站、1500微蜂窝)个左右3G基站，这相当于过去7年里北京移动建设完成的基站总数。

(3) 专业广泛，立体交叉作业：本工程由最初的单一无线设备施工拓展到最后的基站勘查、机房装修、基站工程施工、配套工程协调管理以及设计、监理等单位的总协调，这是通信施工企业业务的一次创新和飞跃。

(4) 本工程利益相关者多，本工程涉及的利益相关者包括：建设单位、设计单位、设备厂商、其他施工单位、土建施工队、站址选择公司以及基站房屋的业主等。

由于本工程具有前述的特点，作为项目经理必须认识到沟通对成功的项目计划实施起着至关重要的作用。沟通是项目经理决策和计划的基础，是组织和控制管理过程的依据和手段，是建立和改善人际关系、减少冲突的条件，是项目经理成功领导的重要手段。因此在项目管理活动中，项目经理应该把精力主要放在沟通上。项目的沟通管理包括保证及时与恰当地生成、搜集、传播、储存和最终处置项目信息所需要的过程。它是人、思想与信息之间提供取得成功所必须的关键联系。每个参与项目的人都必须准备发送与接收沟通，并且要懂得他们作为个人所参与的沟通对项目整体有何影响。

本工程开工的最初阶段，虽然认识到沟通的重要性，但项目部并没有采用科学的方法进行沟通管理，造成工程中冲突不断，项目经理及相关成员忙于应付解决各种冲突，使得整个工程管理混乱、进展缓慢、成本加大。一个多月后，项目部认识到不建立起有效的沟通管理渠道、提高管理技巧，要想按计划完成任务是不可能的。针对这种情况，项目经理组织相关人员通过对工程状况以及各利益相关者的认真分析，建立起了有效的沟通渠道，制订了与本工程相适应的沟通管理规划。通过科学的沟通管理使得本工程后来的冲突减少很多、项目管理步入正轨，保证了本工程的顺利实施。以下简要说明项目部当时利益相关者分析情况以及本项目的沟通规划。

1. 利益相关者分析

进行项目利益相关者分析是编制沟通规划的基础，本工程的利益相关者比较多，具体分析如下：

(1) 建设单位，他们对承包商的基本要求是按期、按量、按质的完成项目，并且投资越少越好；另外由于近年来通信的大发展，运营商建设项目较多，他们的项目主管人员管理着多个项目，工作较忙。因此他们关心的主要是进度和质量情况，但又没有过多精力参与工程的协调管理工作。

(2) 监理公司，他们是本项目的监理单位。理论上监理公司是第三方，相对于建设单位和施工单位来说是站在中立的立场上的。但由于监理公司是受建设单位委托的，因此监理代表建设单位的成分多一些；他们关心的主要是工程进度和质量。

(3) 设计院，他们是本工程的设计单位。任何工程设计都不可避免地存在或多或少的问题，他们不希望把这些问题直接暴露于建设单位。对于工程中存在的问题，他们希望施工单位能与他们直接联系，并提出切实可行的方案、建议，以减少他们到现场的次数，降低设计成本。

(4) 各施工队伍，他们要求在完成任务的前提下节约成本，并处理好各方面的关系，为以后的市场奠定基础；因此他们需要在某站施工前得到关于本站的环境情况、提供设计图纸的时间以及先期工作的详细情况。

(5) 站点选择单位负责各基站机房的租赁工作，他们希望在施工中若受到机房业主的阻拦时，施工队能直接与业主协商解决，解决不了时能提供真实的原因及业主的真实需求和想法。

(6) 基站房屋业主，他们希望提供租赁费用到位的时间，在租赁费用未到位时先不要施工。

(7) 设备供应商，他们希望尽早地得到各基站的进度情况，以方便于他们安排工作。

2. 沟通规划

沟通规划是根据对项目各利益相关者的分析制定出的关于沟通方式、方法和渠道，并不断予以完善的方案。本工程项目部根据各利益相关者的分析制订了本工程的沟通规划。

(1) 沟通渠道和方式

图 2.1-1 给出了项目部为本工程建立的沟通渠道模型。

图中的正式沟通是通过项目组织根据明文规定的渠道进行信息传递和交流的方式，正式沟通均采用书面形式(电子文档)；非正式沟通指在正式沟通渠道之外进行的信息传递和交流，非正式沟通一般采用口头形式，必要时也可采用书面形式。

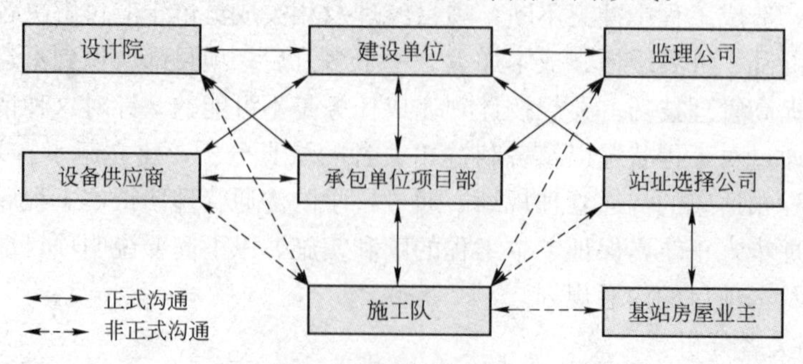

图 2.1-1　沟通渠道模型图

（2）沟通的内容

1）项目部与建设单位：每周项目部需要向建设单位传递工程进展报告，汇报工程进展情况及需要建设单位解决的问题。建设单位向项目部下达工程任务及所提问题的解决办法。

2）项目部与监理公司：每周或根据需要，由项目部向监理单位传递工程进展报告，监理单位定期向项目部传递工程质量检查情况及要求整改的情况。

3）项目部与设计院：项目部在需要时向设计院传递需要设计变更的情况，设计院返回设计变更意见及要求。

4）项目部与设备供应商：设备供应商根据需要向项目部发送需要了解工程进度计划的意愿以及对工程安排的建议，项目部向设备供应商反馈工程进度安排。

5）项目部与施工队：每天施工队向项目部汇报工程进展情况及需要解决的问题，项目部向施工队下达工程任务及工程安排指令，并反馈解决问题的办法及已提出问题的处理情况。

6）施工队与其他相关单位：施工队根据工程进展情况随时向相关单位口头沟通有关设计、监理、设备供应以及有关基站租赁的相关问题及解决办法。

（3）沟通方式

一般情况下，正式沟通的信息采用书面格式或电子邮件形式；非正式沟通的信息采用口头方式，必要时也可采用书面形式。承包商每周组织一次的工程例会属于正式的沟通方式，而根据工程需要组织相关单位参加的座谈会则属于非正式沟通。

2.2 某运营商省际光传送网光缆线路工程

某运营商为满足业务需要，进一步完善省际干线传输网络结构，决定重建一条北京—武汉—广州直埋光缆干线。本工程具有以下特点：

（1）本工程利益相关者多，建设单位有运营商的集团公司及沿途各省公司，还有设计院、监理公司、施工单位、各分包单位、沿途相关政府部门以及老百姓。

（2）工程距离长，工程量大，工期要求紧；参与施工的人员多，管理难度大。

（3）沿途过河、过路多，与其他运营商光缆交越多，环境复杂；不可预见因素多。

某工程公司通过招投标承包了本工程的施工任务。该公司针对本工程实行项目管理，项目经理部分析了本工程特点，认为本项目风险较大，因此对项目实施过程中的各种风险进行了详细分析并作了详细的项目风险应对计划，风险管理比较到位，最终成功地完成了此项目，并取得较好的经济效益和社会效益。

项目的风险管理就是项目管理班子通过风险识别、风险估计和风险评价，并以此为基础合理地使用多种管理方法、技术和手段对项目活动涉及的风险实行有效的控制，采取主动行动，创造条件，尽量扩大风险事件的有利结果，妥善地处理风险事故造成的不利后果，以最少的成本保证安全、可靠地实现项目的总目标。本项目的项目经理部成员根据工程的特点以及以往类似工程项目的管理经验和教训利用科学的方法进行了项目风险的识别和评价，并以此在工程各阶段以及项目管理各方面提出应对措施并加以实施，使得本工程得以顺利完成。

（1）合同管理：该公司深知合同的签订、管理的重要性，专门成立了合同评审小组，由市场人员、财务人员、技术人员、工程管理人员以及律师组成。市场部负责合同的签订和管理，合同签订前由合同评审小组成员认真研究并吃透合同，针对原合同文本中的不合理条款据理力争，获得了有利的修改。在履行合同过程中，坚决按照合同办事。

(2) 进度管理：在项目实施的过程中，影响工程进度的主要因素有人、财、物三个方面。由于项目承包单位是成建制的单位，不存在内耗，因此对于内部人员的管理难度相对小；同时由于项目部建立了完善的管理制度，对员工特别是当地员工都进行了严格的培训，这也从施工质量、施工安全及工程配合等方面大大保证了工程的进度。对于物的管理，首先是选择最合理的配置，从而提高设备的效率；其次是对设备采用强制性的保养、维修，从而使得整个项目的设备完好率超过了90%，保证了工程进度；第三，项目部建立了完善的采购制度、进货检验制度和严格的材料领用制度，从而在材料、物资供应方面保证了工程进度。另外在工程开工前，项目部制订了详细的、科学的进度控制计划，在工程中严格执行计划，并利用科学的管理方法对进度进行跟踪控制。

(3) 费用管理：对于成本管理，项目部也是牢牢抓住人、财、物这三个方面。在人的管理方面，控制好工程中从事关键工序的作业人员，在条件允许的情况下，充分利用当地资源和施工力量，通过与当地施工队伍进行劳务分包合作，减少了成本投入。在资金管理方面，项目部根据工程进度情况及时向建设单位索要工程款；项目部还根据公司下达的经济控制指标和施工现场的实际状况编制了资金使用计划，并按照工程的实际进度每天清算一次收入支出，以便对成本以及现金流进行有效掌控。在物的管理方面，如前所述，项目部认真做好设备及工机具管理，提高设备的利用效率，降低工程的固定成本和变动成本，同时项目部还在材料采购的时候货比三家，并根据工程进度计划与材料供货厂家签订供货合同，减少材料仓储费用，采取措施保证供货商按时交货。

(4) 质量管理：项目部从一开始就建立了完整的质量管理体制。对于参加施工的本公司人员，项目部根据工程特点组织了施工规范的培训，强调了工程中的重点和难点，制订了相应的施工方案，并根据设计和合同的要求认真进行了施工技术交底工作；对于分包队伍及当地的劳动力，项目部也根据其所从事工作的特点进行了技术培训，并制定了质量检查制度，监督其质量完成情况，以保证施工质量。为了保证工程质量，项目部还将施工质量与经济效益直接挂钩，奖罚分明，最终有效地保证工程质量。

(5) 安全管理及文明施工：安全施工和文明施工代表着公司的形象，项目部对此格外重视，严格按照公司的管理体系做好安全生产和文明施工工作。为了避免施工过程中发生安全事故，避免因为施工而使得当地的环境受到破坏，避免因为施工人员的不文明行为而影响工程进度，保证工程顺利实施，项目部根据工程沿线的实际特点认真作了危险源和环境因素的辨识和评价工作，找出了工程中的重大危险源和重要环境因素，并根据其特点制订了控制措施和应急预案。同时，在施工过程中，项目部的专职安全员、施工现场的兼职安全员以及施工现场的其他管理人员还定期进行现场检查，保证安全控制措施和环境保护措施的有效执行。在施工过程中，施工现场未出现人员伤亡事故和财产损失，未发生因工程扰民而被迫停工的事件。

(6) 沟通管理：为了加强对项目的统一领导和监管，协调好合作单位之间的利益关系，项目部在开工前对各利益相关方(包括运营商的集团公司及沿途各省公司、设计院、监理公司、各分包单位、沿途相关政府部门以及老百姓)进行了详细的了解和分析，分别建立了相适应的沟通渠道，制定了切实可行的共同规划；并在工程进行中设专人负责与各相关单位之间的沟通与协调工作，从而大大增强了与各利益相关方的沟通与交流。而对于当地雇员，则是先对其进行培训，使其能很快融入到项目中，同时也尊重对方，尊重对方的风俗习惯，以促进双方人员之间的和谐。

（7）人力资源管理：参与工程项目管理的公司在职人员主要为中、高层管理人员。对于工程项目的管理人员，项目部实行聘任制，根据工程项目的进展情况和现场的施工需要随进随出，实行动态管理。进入项目的公司在职人员必须经过项目经理签字认可才可以进入。在项目部内部实行一人多岗、一专多能的用人方式，以充分发挥每一个人的潜力；在薪酬制度方面，项目部实行基本工资加岗位工资的分配制度，以达到降低人工费开支，提高工作效率的目的。对于参与工程项目施工的机械设备操作人员以及电工、焊工、修理工、杂工等普通作业人员，由各分包公司在当地聘用，并实行计件工资制。项目部对生产单位即各分包公司实行目标考核、独立核算，各分包公司内部的费用管理按照作业人员完成产值的情况以及施工过程中的安全、质量、进度和效益情况进行考核，奖勤罚懒，拉开差距，鼓励职工多劳多得；后勤人员的效益工资参照其工作目标及各作业队人员的收入情况确定。

（8）分包管理：此项目以该公司下属的若干个子公司为主进行施工，各子公司从投标开始阶段就随同并配合总包公司考察现场、编制投标文件、参与同业主的合同谈判、编制详细的施工组织设计等工作，对于项目了解比较深入。各子公司的技术和管理实力比较雄厚，完全有能力并认真负责地完成好施工任务。各子公司在施工过程中，将挖沟放缆等劳动密集型工作分包给成建制的劳务队伍，各子公司负责对劳务分包队的监督管理工作。

2.3　某电信公司本地传输网传输设备安装工程

某省移动公司通过多年的建设，基本形成为承载交换、数据等各种业务信息的公共传输平台。但由于一些业务网的蓬勃发展，特别是近几年，以 IP 业务为典型代表的数据业务高速发展，宽带 IP 骨干网的承载方式以 IP 基于 SDH/DWDM 为主，对光缆传输网的规模容量、组网技术及网络安全性等方面提出了更高的要求。根据各业务网提供的业务需求，结合现有中继传输网的传送能力，为进一步提高本地传输网的带宽供给能力和业务适应性，该运营商经过认真的方案和技术经济论证，适时安排了传输网设备扩建工程。

某工程公司经过招投标取得了本工程项目的施工任务。该工程公司以前工程中各道工序的优良率在 90%～98%之间，为了争创优质工程，公司加强了质量管理力度，并利用先进的项目管理工具进行了全面的质量管理，达到了各道工序的优良率 100%的目标，最终被评为优质工程。本工程的质量管理情况简介如下。

1. 质量管理计划

（1）项目的质量目标

按照公司对本项目总目标要达到优良的要求，确定本项目工艺安装质量目标为各局站各道工序的优良率 100%，技术指标测试合格率为 100%。

（2）项目的质量方针

诚信守诺　顾客满意　求精创新　持续改进

（3）质量责任与权限

1）项目经理：指导各种质量管理文件的制定，发布执行指令，对项目质量问题负管理责任。

2）质量安全员：在项目经理的指导下制定质量管理文件，项目进行中负责质量管理文件的贯彻落实，负责对各道工序质量的监督检查工作；对项目质量问题负监督责任。

3）技术负责人：负责技术文件的制定，对各施工队进行必要的技术指导，对由于技术原因的质量问题负间接责任。

4）施工队长：贯彻落实质量管理文件，指导监督本队员工的工作，对本队发生的质量问题负间接责任。

5）操作人员：按照质量管理文件执行，发生质量问题时负直接责任。

(4) 质量检查标准

原信息产业部颁发的《SDH长途光缆传输系统工程验收规范》、《长途光缆波分复用(WDM)传输系统工程验收规范》、工程设计文件及施工合同。

(5) 施工操作方法

公司制定的《通信设备安装工程操作规程》。

(6) 质量控制点

项目部根据类似工程经验及本工程的参加人员情况识别出本工程的重要质量控制点有：现场开箱检验，设备保护接地，机架安装的位置、垂直度，子架安装的位置，电缆排序、绑扎、成端、标志，电缆头的焊接，电源线的极性连接，误码率指标测试；竣工文件的规范性和准确性。

2. 质量控制方法

1）执行“三检”制度。

2）因果分析图法。要求在进行项目部确定的质量控制点操作前，相关责任人组织任务参与者运用头脑风暴法分析工作可能出现的质量问题及原因，并制定具体的控制措施。以下是本工程机架安装倾斜的分析说明。

质量问题特性：机架安装倾斜。

确定影响质量的原因(头脑风暴法)见图2.3-1。

制定对策：见表2.3-1。

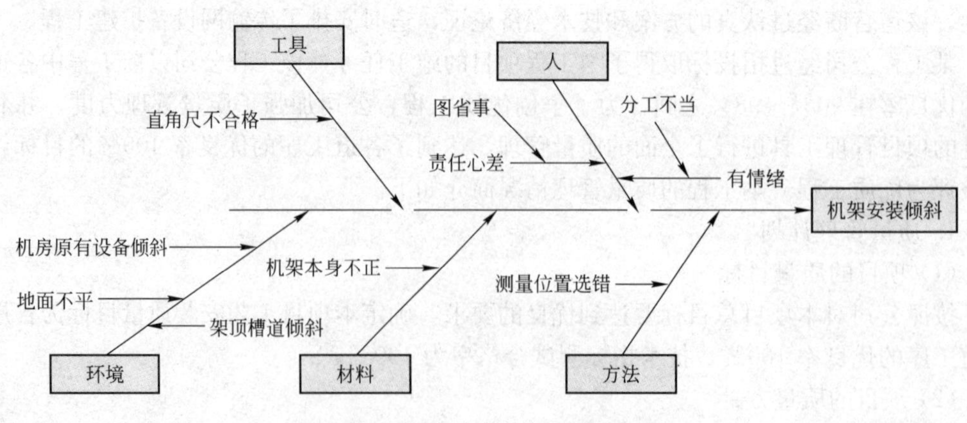

图2.3-1 机架安装倾斜因果分析图

机架安装倾斜对策计划表 表 2.3-1

项目	序号	原因	对策
人	1	分工不当	工程队长在分工时考虑个人特点，调整分工
	2	有情绪	关心工人生活
	3	责任心差	明确责任，建立岗位责任制
	4	图省事	加强教育，要求严格按操作规程施工
工具	5	直角尺不合格	要求事前检查校验工具设备，更换工具设备
材料	6	机架本身不正	加强材料验收工作
方法	7	测量位置选错	加强培训指导
环境	8	地面不平	机架下面加垫
	9	机房原有设备倾斜	不要以原有设备为参照物
	10	架顶槽道	改变上加固位置

3. 质量管理工作流程

本项目的质量管理工作流程如图 2.3-2 所示。

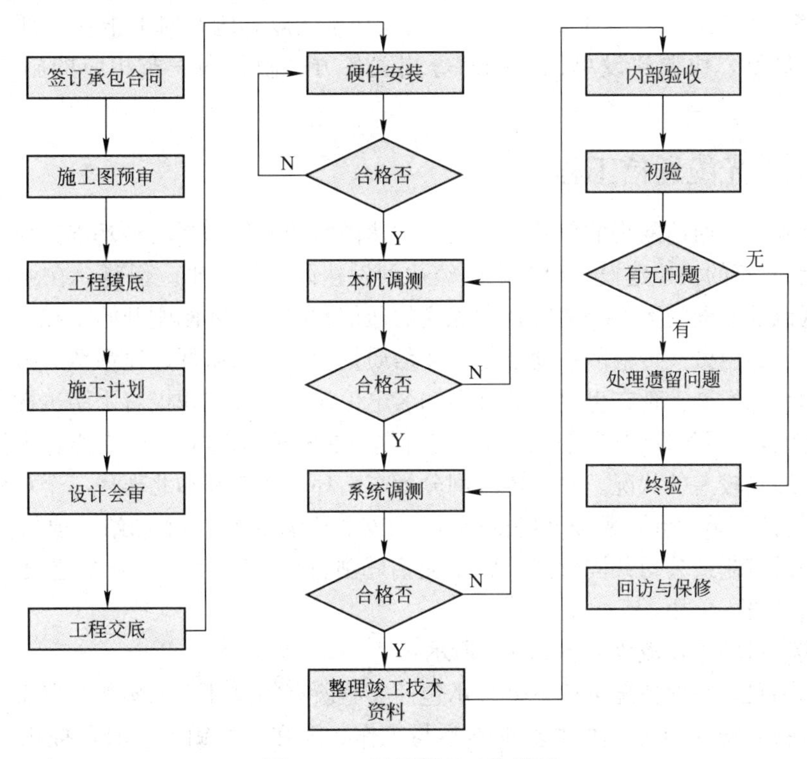

图 2.3-2 质量管理工作流程

4. 质量管理措施

(1) 开工前召开技术交底会，制定出确保施工质量、环境、安全、进度的具体办法。对施工人员进行质量、安全、技术交底，认真审阅施工图设计，掌握工程全部内容，并及时填写“工程交底记录表”。

(2) 项目部在工程交底时要求全体施工人员牢固树立“质量第一”的观念，强化质量意识、服务意识，并实行施工质量和顾客满意度考评制度。

(3) 在工程开工前，项目部负责组织同建设单位代表、设备供应商代表等相关单位对设备和主要材料进行开箱检验，发现问题及时汇报，并协调解决，杜绝不合格设备和器材在工程中使用。

(4) 项目部根据工程的具体情况及时下达工程各工序技术要求。

(5) 各工程队，严格按公司质量管理体系标准要求、施工图设计、会审纪要、工程验收指标及操作规范进行施工。

(6) 组织落实施工检查工作，贯彻“三检”制度，严把各道工序质量关，出现问题，立即分析原因，及时返工、返修，确保质量。

(7) 工程队按规定办理各种工序签证手续，做到及时、齐全和清楚，并及时上报，以备编制工程竣工资料。

(8) 对设计需变更的地方及时向项目部提出，经业主、设计部门同意后方可施工，并填写“工程变更单”。

(9) 在严格执行规范和设计要求的原则下，要虚心听取随工代表意见，在不违背设计原则的情况下，尽量协商解决好施工中的问题。

(10) 各工程队在工程施工中如发现有重大技术问题，应及时上报项目部，项目部将随着工程的展开，协调建设单位、厂商等相关各方，制定和发布相应的施工技术补充要求。

2.4 某国外光缆通信工程

随着世界各国通信网络的普及与发展，发达国家的通信网络已经基本完善，我国的通信网经过近 20 年的快速建设，现在也已经达到发达国家的水平。但是，在亚洲和南美洲的部分地区以及非洲的大部分地区，大规模的通信网络建设才刚刚开始，在这些国家，日常通信主要依靠由微波传输的移动通信，通信质量差、接通率低、通话费昂贵，这些都制约着终端用户的发展。现在世界上的许多知名电信运营商都在积极着手南美洲和非洲的光缆传输网建设，MTN 跨国通信运营商决定首先在非洲 A 国建立一个光缆骨干传输网，以改变其通信质量较差的状况。骨干传输网分为东南环、南部环和北部环三个环网，共需敷设硅芯塑料管道 3400km，敷设光缆 3600km，安装传输设备 72 个局站。项目由国内 C 施工企业与一设备制造公司共同承建，属于交钥匙项目，2005 年 7 月开始建设，2007 年年初完工验收并投入使用。

交钥匙项目的工作流程如图 2.4-1 所示：

交钥匙项目，一般情况下由一个总承包商实施所有的设计、采购和建造工作，完全负责项目的设备采购和施工，业主基本不参与工作。即在“交钥匙”时，提供一个配套完整、可以正常运行的设施。

该项目实施过程中的一些管理特点，对今后的国际通信建设项目管理会有一定的借鉴作用。

1. 注重项目实施的本地化

(1) 初次涉足海外通信项目的中国企业，都会充分考虑海外作业的困难，会依照在国内通信项目实施的程序，各个环节甚至各道工序都安排专业人员，组成一个庞大的项目团

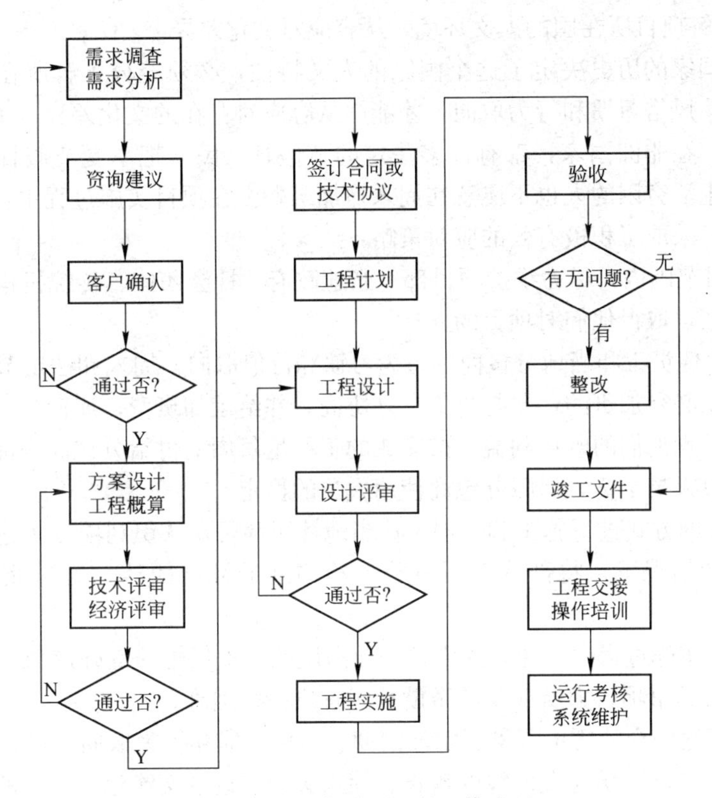

图 2.4-1　交钥匙项目的工作流程

队派往海外，这样虽然保障了项目实施过程的顺畅，但在很大程度上增加了项目成本。所以，在一些非关键领域，例如土石方的开挖与回填、敷设硅芯塑料管道、跨越桥梁的铁件安装、人手孔的制作等都应该分包给所在国本地的承包商实施，经过对当地的分包商人员短期培训，完全可以按设计要求做好这些工作。在A国的项目合同中，业主也明确要求：在可能的情况下，承包商要给当地有能力、有技术的人员提供就业机会，可通过直接聘用为承包商公司的雇员或采用合同制雇佣一般服务人员；也要为无技术和半熟练技术人员提供就业机会，特别是在土建和市政工程施工阶段；在非关键的领域的工作应分包给当地供应商。

(2) 通过大量使用当地的劳动力，不但降低了项目成本，同时还能得到项目所在国家政府的积极支持。在项目实施的中后期，施工单位积极推行项目实施的本地化，大批招聘本地员工，同时把一些非关键工作全部分包给本地分包商，让雇佣的本地员工去管理这些本地分包商，取得了很好的效果，雇用的本地员工和分包商的项目经理都能够代表施工单位处理施工过程中的许多事项，例如，出现人员阻挠施工时进行协调、与所占土地主人的费用协商、与项目所涉及政府部门的沟通等，这些工作在项目初期都是由施工单位人员直接去做，难度很大，效果也不佳，改由本地人员去做这些工作后，许多难题迎刃而解。经过一段时间的培育，当地的分包商从开始只能做一些技术含量不高的工作逐步发展到可以从事专业工种的工作，到项目的后期，许多重要的工作和许多专业的工种都分包给了经过培训的具备一定能力的分包商，减轻了施工单位项目部人员的工作强度，提高了项目的进展速度，降低了项目成本。所以项目实施本地化，是企业走向国外的发展方向。

2. 充分了解项目所在国的人文环境，从容应对文化差异

项目所在国家的历史决定了这个国家的人文特性，必须充分了解所在国家的文化背景、宗教信仰、风俗习惯和行为取向，才能够从容应对存在的文化差异。不同的国家有不同的行为取向，在非洲国家，都有许多法定的节假日，民众把享受节假日的权利放在首位，即使一些生活穷困的人也不愿意在周末挣加班费。在项目实施过程中，项目部根据当地的人文环境，采取了积极有效的应对策略：

(1) 在项目范围内，尽力维护项目部与当地政府、社会团体、传统机构以及光缆沿线民众的良好关系，取得他们对项目的支持。

(2) 尊重雇佣员工和当地分包商的行为习惯和价值取向，周末和法定节假日尽量不加班，若任务紧急必须加班的，要与员工友好协商，并给足加班费；雇佣员工的工资每周发放一次，及时兑现他们的既得利益；按完成的工程量每周支付给分包商一部分费用，以便分包商及时发放人员工资，保障分包商使用人员的稳定。

(3) 以专业的方式进行施工和管理，让当地社团和民众认识到项目实施的专业性和技术性；在可能的情况下，将部分工程量分包给当地的社会团体，为当地民众提供就业机会。

(4) 在项目实施过程中，建立并维护企业高度社会责任感的良好形象，有意识的关心与当地社团有关的事项，力所能及的帮助社团解决一些困难。

(5) 尊重当地民众的历史背景、宗教信仰、风俗习惯和行为取向，创建和当地人民相互交往的途径，主动拜访光缆沿线的酋长、族人头领，通过交流建立良好的关系，用我们的价值观来影响他们的生活。

(6) 积极承担社会责任，参与公益事业，为当地民众造福，给光缆沿线的公益团体捐款捐物，给光缆沿线的村民提供短期的就业机会，给驻地附近的学校捐赠学习用品等。

3. 项目风险分析

企业走出海外，最终目的是实现利益最大化，海外项目的利润一般要高于国内，但是需要承担比国内较高的风险。

(1) 汇率风险

汇率风险是指在项目结算时所在国的货币汇率与签订项目合同时的汇率发生较大变化，使预期的项目成本和收入产生变化。

当地货币的升值或贬值都会影响项目的利润，这主要看项目合同如何规定计价办法和结算方式，一般有美元计价美元结算合同、美元计价当地货币结算合同、当地货币计价当地货币结算合同和美元计价部分美元结算部分当地货币结算合同。分析每种合同的汇率风险十分复杂，不但要考虑当地货币的升值和贬值，还要考虑美元兑换人民币的汇率变化，美元计价当地货币结算的合同还要看合同中对结算汇率如何规定，是固定汇率合同还是浮动汇率合同，汇率的任何变化都会对不同种类的合同产生不同的影响。A国的光缆骨干网项目为美元计价当地货币结算合同，为降低汇率风险，经过与业主协商，明确结算方式为部分固定汇率部分浮动汇率，且浮动汇率部分在结算时若汇率浮动超过正负5%，仍按固定汇率，这样在很大程度上降低了由于汇率变化所带来的风险。

(2) 物价不稳定的风险

交钥匙项目必然包括物资采购这一环节，虽然大部分物资要从国内进口，但仍有部分

地材还是要当地购买的，比如沙、石、水泥、钢筋、钢管、塑料制品等，这些材料在通信网络建设项目中用量都比较大，它们价格的变化直接影响着整个项目的成本，其价格上涨15%就会使整个项目的成本增加1%。在非洲的许多国家，物价变化幅度较大，一个项目周期就可能出现50%甚至更高的价格波动。

物价的上涨使项目的预期成本增加，降低项目的整体利润。为降低物价不稳定的风险，项目部把部分非高技术领域工作以及这些领域所含全部地方性材料直接分包给当地分包商，由分包商负责地方性材料的采购，这样就把物价不稳定的风险转移给分包单位，有效地控制了物价风险。

(3) 疾病风险

在非洲的大部分国家，居民的生活环境还比较差，医疗条件还比较落后，对疾病的控制和防御还没有一套有效的办法，经常会有传染疾病流行，这些传染疾病包括疟疾、伤寒、霍乱等，尤其是疟疾，通过蚊虫传染，发病率很高，并且没有有效的预防办法，疲劳、紧张、工作压力大、酗酒等都会增加疟疾的发病率。C单位派往项目的200名人员中，有四名专职医生，专门负责员工的疾病防治，这些医生经过对疟疾长时间的摸索和研究，积累了一套很好的防治经验。

在A国两年的时间里，有70%的人被传染过疟疾，重发期有30多名工程技术人员同时发病，经过医生积极治疗，大部分患者在一周的时间内康复，没有出现一例危、重病例，如果不是医生的及时救治，不但会影响项目的正常进展，而且可能产生患者病危甚至死亡的严重后果。其他中国企业就出现过有人感染疟疾后治疗不及时死亡的事例。

(4) 人员安全风险

不同的国家有不同的社会环境，社会治安和道路交通是人身安全的最大风险。

在项目实施期间，该国曾多次发生施工现场人员被持枪歹徒抢劫、劫持的事件，国内某通信施工单位甚至发生过五名施工人员同时被绑架多日的重大事件。为保障职工的人身安全，C单位的所有职工驻地都雇用2～4名警察保护，预防匪徒抢劫、强奸等犯罪活动，警察全部持枪上岗、24小时轮流值班。在每一个人员比较集中的施工现场，都必须安排持枪警察巡逻，严禁施工人员夜间外出。

交通事故在每个国家都可能发生，但在非洲的一些国家，发生交通事故的几率会增加很多，因为他们所开车辆的车况大部分都很差，行驶速度却极快。项目所用车辆全部雇用当地司机，为保障交通安全，项目一启动，项目部就制定了严格的交通安全防范措施，对司机做了比交通规则更为严厉的规定；比如，限速120km的高速公路，规定司机限速100km，行车时司机接、打电话扣发工资，司机酒后开车一律开除等。这些措施也只能保证自己的车辆不出主动交通事故，被其他车辆撞击的交通事故仍无法避免，C单位在尼日利亚的多次交通事故都是被动挨撞，为此付出了沉重的代价，多部车辆损毁，两名工程技术人员不幸遇难！

(5) 国家是否稳定带来的风险

稳定的国家秩序是保障一个项目顺利执行的基础，民族冲突、宗教冲突、对立党派的争斗、总统到届选举等都会造成社会秩序混乱，混乱的社会秩序使项目无法正常实施，长时间停工势必延迟工期。A国的种族冲突和宗教冲突时有发生，最严重的一次种族冲突就发生在该项目的某一个中继段，两个不同族群的近万人持枪械、刀具打斗了半个多月的时间，造成上百人死亡，项目所用当地分包商的许多人员也卷入了冲突。为保障工程技术人员的安全，项目部决定这个中继段全线停工，局势稳定后再继续施工。等到局势稳定已经是2个月以后，造成这个中继段的完工时间严重滞后工期计划。

4. 国际项目管理过程中应注意的事项

(1) 关注合同工期

交钥匙项目的项目范围包括设计、采购、施工、开通交验等，国际项目尤其是非洲项目物资采购大部分需要从中国进口，所以在签订合同时要充分考虑物资供应所需要的时间。物资供应包括国内采购、报关、海运、清关等许多环节，在该项目签订合同时，因为没有把海运和清关时间考虑充分，在合同规定的开工时间点，所有物资还没有到岸，为缩短延期时间，不得不采取非常措施，从国内租用多架运输飞机运送部分物资到尼日利亚，并大幅增加清关费以求快速清关。非常措施的采取极大地提高了项目的成本。

(2) 关注过程质量

MTN是一个在南非注册的跨国电信运营商，管理人员来自世界各地，管理理念与西方相近。对于工程质量的要求完全按照合同中的技术规定，这与我们国内的质量要求有所不同，国内的质量要求比较灵活，注重的是结果。他们的质量要求比较教条，注重的是施工过程。

在合同中规定光缆沟回填时要用细土，业主的质检员就会让施工人员制作一批一定孔径的筛子，把沟边的土用筛子筛过才可回填到沟内；合同中规定敷设硅芯管前沟内没有杂物，质检员会让施工人员把落入沟内的树叶都拣出来；合同中规定进局光缆一般不采用同一路由，质检员会让设计人员在一个小胡同里同时开挖两条光缆沟。C单位的工程技术人员开始很不适应，总是拿在国内如何施工进行比较，认为对方的要求没有任何意义，但如果施工人员没有按照质检员的要求做，就会被定性为质量不合格，如果某道工序被定为不合格，就不允许进行下一道工序，甚至勒令全部停工。项目部及时转变观念，严格按业主的质量要求施工，严格控制每一道工序按照合同规定作业，终于取得了质检人员的满意，得到了业主的高度赞誉，最后整个项目顺利交工验收。

2.5 某省际长途传输系统扩容工程

某通信运营商的通信网络经过多期工程的建设和扩容，已经形成一定规模，成为该运营商长途电信业务的公共传输平台，为该运营商各种电信业务的发展壮大和国民经济的增长作出了巨大的贡献。但随着电信市场的重新整合，各运营商之间的竞争愈加激烈，特别是随着移动、数据、语音、出租等业务的急剧增长，需要对作为各种电信业务支撑网的现有长途传输网进行扩容和完善，才能满足各种新兴业务在带宽、性能和可靠性等方面的需求。因此，为尽快满足公司各种长途业务的开展，适应公司整体战略的需要，该运营商决定对省际干线长途传输网进行扩容和完善，本工程就是该运营商本次建设的工程项目之一。

本工程分三个单项工程：

1. 干线光缆工程，工作内容为新建115km 48芯光缆。

2. 传输设备扩容工程，工作内容包括：

1）新建某段 40×10G WDM 系统；本系统共有四个站，两个终端站，两个光放站。

2）某段在原有 40×10G 波分系统上扩容 10G 波道 11 个。

3）全程利用 SDH 设备新建三个 10G SDH 系统。

3. 某站新建通信枢纽楼电源设备安装单项工程。

该运营商决定本工程的设计和监理工作仍由运营商单独发包，WDM 及 SDH 设备由运营商自己采购，其他光缆线路材料、传输配套设备及材料、电源设备及材料的采购由施工单位负责。某公司经过招投标承担了该工程的施工总承包任务。

本工程涉及专业多，需要不同专业的施工队伍及人员，需要多个单位配合。总承包单位在项目实施过程中，运用了现代项目管理工具和方法，有效地解决了总承包类项目的管理问题。本案例分别从项目的进度计划、成本预算、风险分析以及进度控制等方面再现项目部的管理过程，用以对通信工程总承包项目的项目管理予以指导。

1. 项目目标的确定

业主的总体进度计划为：5 月 25 日前设计院提供工程设计；6 月 30 日前设备厂家将传输设备运到各施工现场；10 月 31 日前提供初验条件。

公司于 5 月 23 日接到中标通知书，于 5 月 24 日组织相关部门及专家对项目进行分析，根据业主要求、投标承诺、工程设计及类似工程经验制定了本工程的项目管理目标。

工期目标：2007 年 6 月 1 日到 2007 年 10 月 31 日。

质量目标：优良。

成本目标：工程成本开支不得突破 720 万元。

2. 项目组织结构

公司于 5 月 25 日任命×××为本工程项目经理。项目经理接受任务后，根据工程情况及公司要求，决定将三个单项工程的施工工作分别分包给本公司的三个子公司，并报经主管副总经理批准。项目经理据此制定项目组织结构见图 2.5-1。

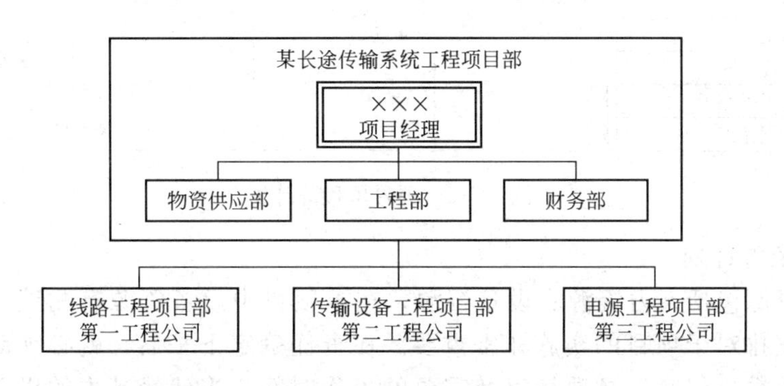

图 2.5-1 项目组织结构

3. 项目的工作分解结构

对项目进行结构分解就是把项目的可交付成果按系统规则和要求分解成相互独立、相互联系、较小、较易管理的项目单元。对项目进行结构分解的目的主要包括：提高成本、工时与资源估算的准确性；确定绩效与控制的基准；便于提出明确的职责分派。本项目工作分解过程中，项目经理利用以前其他类似项目的工作分解结构图作为样板，以本工程的目标为主导，以工程设计为依据由上而下地进行分解。本项目的工作分解结构见图 2.5-2。

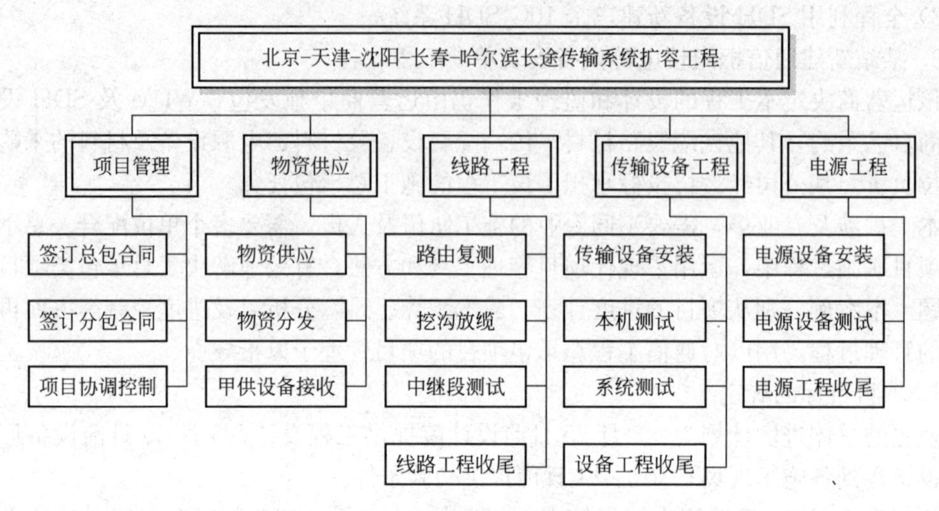

图 2.5-2　工作分解结构

4. 工程项目的里程碑计划

工程项目的里程碑计划是以项目中某些重要事件的完成或开始时间点作为基准所形成的计划，是一个战略计划或项目框架，以可实现的结果为依据。编制进度计划前，根据项目特点编制里程碑计划，并以此作为编制项目进度计划的依据之一。

项目经理根据项目目标要求、设计工作量、工程经验以及相关人员的估计等综合情况，排定项目的里程碑计划见图 2.5-3。

2007年6月 | 2007年7月 | 2007年8月 | 2007年9月 | 2007年10：30 4 9 14 19 24 29 4 9 14 19 24 29 3 8 13 18 23 28 2 7 12 17 22 27 2 7

任务名称	里程碑
总包合同签订完成	◆ 6-5
工程施工开始	◆ 7-6
线路工程完成	◆ 9-8
传输设备工程完工	◆ 9-28
电源工程完工	◆ 8-24

图 2.5-3　项目里程碑计划

5. 项目资源计划

项目的资源包括人力资源和设备资源，在本项目中设备资源有测试仪表和施工机械。资源的安排对于项目的实施非常重要。在责任确定下来后，就必须落实每项工作需要的具体人数、仪表工具数量以及需要的工作时间，当然最基本的思路是先预计每项工作的工作量，然后结合资源的可利用情况及项目工期的限制进行综合分析，确定每项工作需要的资源数量和工期。最后确定本工程项目的资源计划及每项工作的工期安排如表 2.5-1 所示。

×××工程人力资源计划 表 2.5-1

WBS 编码	工作名称	资源	工作量(工日)	数量(人或套)	工期(d)
111	签订总包合同	管理人员	5	1	5
112	签订分包合同	管理人员	5	1	5
113	项目协调控制	管理人员	600	5	120
121	物资采购	管理人员	20	2	10
122	物资分发	管理人员	60	3	20
123	甲供物资接收	管理人员	10	2	5
131	路由复测	技术人员	10	2	5
132	挖沟放缆	技术人员	200	4	50
		工人	10000	200	
		施工机械	200	4	
133	中继段测试	技术人员	10	4	5
		测试仪表	10	2	
134	线路工程收尾	技术人员	20	2	10
141	传输设备安装	技术人员	150	5	30
		工人	600	20	
142	传输设备本机测试	技术人员	75	5	15
		测试仪表	30	2	
143	传输系统测试	技术人员	100	5	20
		测试仪表	40	2	
144	传输工程收尾	技术人员	20	2	10
151	电源设备安装	技术人员	30	1	30
		工人	150	5	
152	电源系统调测	技术人员	20	2	10
		测试仪表	10	1	
153	电源工程收尾	技术人员	20	2	10

6. 工作先后关系的确定

项目各工作执行的安排需要遵守工作之间先后制约关系的限制，某些工作的开始与结束之间具有一定的限制，这一限制决定了工作的安排次序。工作先后关系分为逻辑关系和组织关系两种，其确定的原则是先逻辑关系后组织关系。根据对本项目工作分解结构图以及各工作之间的依存关系的详细分析，排定项目各工作先后关系如表 2.5-2 所示。

项目各工作先后关系及持续时间表 表 2.5-2

WBS 编码	工作名称	工期(d)	紧后工作
111	签订总包合同	5	112，121，123
112	签订分包合同	5	122，131
113	项目协调控制	120	

续表

WBS编码	工作名称	工期(d)	紧后工作
121	物资采购	10	122
122	物资分发	20	132，141，151
123	甲供物资接收	5	122
131	路由复测	5	132
132	挖沟放缆	50	133
133	中继段测试	5	134，143
134	线路工程收尾	10	
141	传输设备安装	30	142
142	传输设备本机测试	15	143
143	传输系统测试	20	144
144	传输工程收尾	10	
151	电源设备安装	30	152
152	电源系统调测	10	142，153
153	电源工程收尾	10	

7. 项目进度安排

进度安排是项目按期完成的基础和前提条件，良好的进度安排可以保证项目按照预定的计划得以实施。相反，如果项目计划的时间安排不合理，则可能导致项目的实施非常被动。安排计划的一个良好习惯是先不考虑项目工期的限制，根据现有的资源及人力情况进行合理的、客观的估计，然后综合考虑可利用资源情况及工期限制，进行适当的工期及资源优化，保证项目按照预定的工期完成。对于本工程确定的项目进度安排如图 2.5-4 和图 2.5-5 所示。图 2.5-4 是以双代号网络图形式表示的项目进度计划，图 2.5-5 是以甘特图形式表示的项目进度计划。

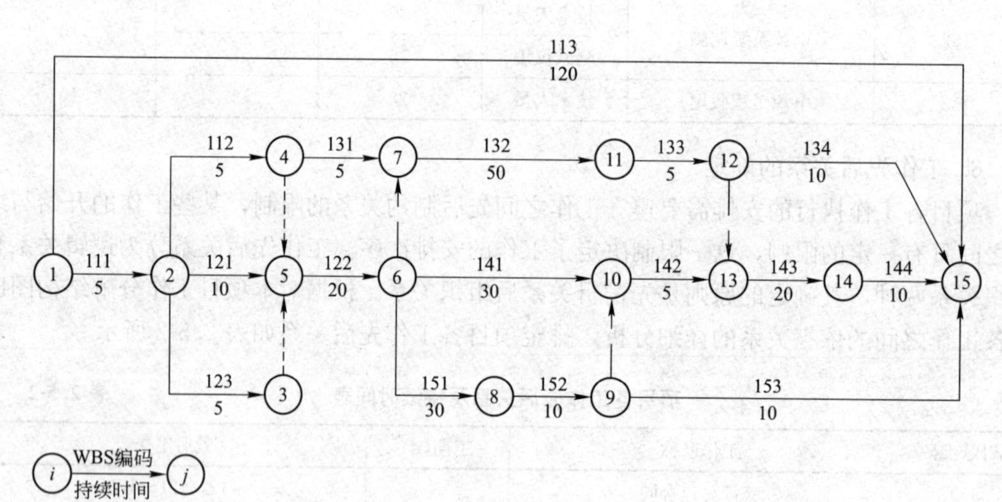

图 2.5-4 项目的双代号网络计划

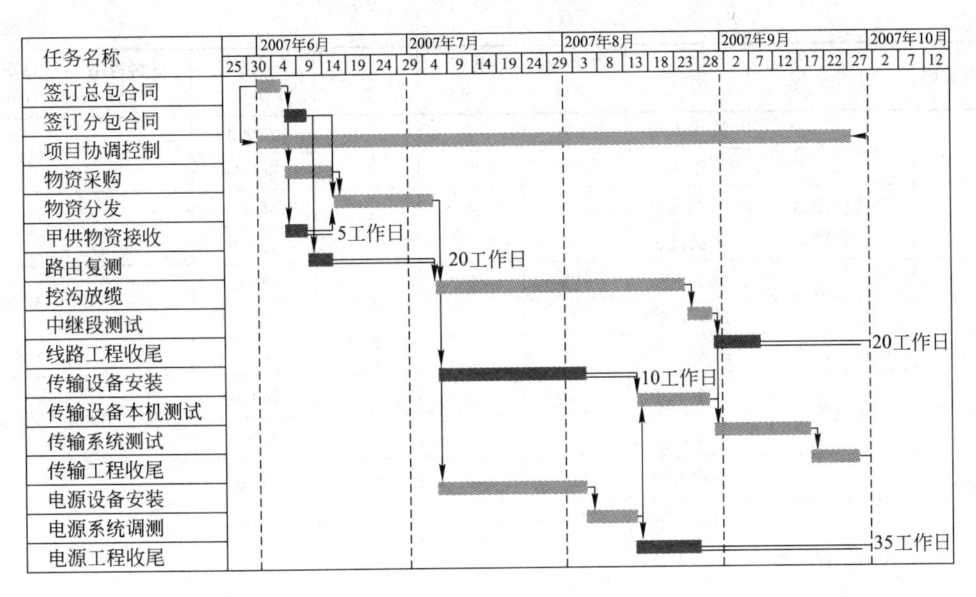

图 2.5-5 项目的甘特图计划

8. 项目的费用分解

公司下达的项目成本限额为 720 万元，每项工作到底需要多少费用才能够完成就是项目费用分解所需要确定的内容。项目费用的分解思路有多种方式，其中最基本的一种思路就是分别确定每项工作的资源费用及材料费用，然后进行汇总。根据这一思路确定的项目费用分解如表 2.5-3 所示。其中，资源费用：每名技术人员为 480 元/d，每名管理人员为 480 元/d，每名工人为 160 元/d，每套施工仪表为 400 元/d，每套施工机械为 400 元/d，线路工程材料费用 280 万元，传输设备工程材料费用 125 万元，电源工程材料费用 55 万元。

×××工程项目费用分解 **表 2.5-3**

WBS 编码	工作名称	资源	工作量（工日）	数量（人或套）	工期(d)	资源费用（元）	材料费用（元）	总费用（元）
111	签订总包合同	管理人员	5	1	5	2400		2400
112	签订分包合同	管理人员	5	1	5	2400		2400
113	项目协调控制	管理人员	600	5	120	288000		288000
121	物资采购	管理人员	20	2	10	9600		9600
122	物资分发	管理人员	60	3	20	28800		28800
123	甲供物资接收	管理人员	10	2	5	4800		4800
131	路由复测	技术人员	10	2	5	4800		4800
132	挖沟放缆	技术人员	200	4	50	96000	2800000	4576000
		工人	10000	200		1600000		
		施工机械	200	4		80000		
133	中继段测试	技术人员	20	4	5	9600		13600
		测试仪表	10	2		4000		
134	线路工程收尾	技术人员	20	2	10	9600		9600

续表

WBS编码	工作名称	资源	工作量（工日）	数量（人或套）	工期(d)	资源费用（元）	材料费用（元）	总费用（元）
141	传输设备安装	技术人员	150	5	30	72000	1250000	1418000
		工人	600	20		96000		
142	传输设备本机测试	技术人员	75	5	15	36000		48000
		测试仪表	30	2		12000		
143	传输系统测试	技术人员	100	5	20	48000		64000
		测试仪表	40	2		16000		
144	传输工程收尾	技术人员	20	2	10	9600		9600
151	电源设备安装	技术人员	30	1	30	14400	550000	588400
		工人	150	5		24000		
152	电源系统调测	技术人员	20	2	10	9600		13600
		测试仪表	10	1		4000		
153	电源工程收尾	技术人员	20	2	10	9600		9600
	合计					2419200	4600000	7091200

9. 项目成本费用分析

项目的成本费用分析涉及项目的资源分配图或资源负荷图的编制，以及项目的费用预算负荷图、项目的累积费用曲线等的绘制，通过这些图形可以使得项目管理人员事先了解到什么时候需什么样的资源、需要多少资源，以便提前做好安排。同时对于费用的支付情况事先也有一个初步的预算安排，到什么时候需要支付多少费用，到每个时间点为止总共计划支付多少费用，通过这些曲线均一目了然。图 2.5-6 是本项目的人力资源负荷图(图中人数为每周的人工总数)，图 2.5-7 是本项目的成本预算图，图 2.5-8 是本项目的总成本累积预算曲线。

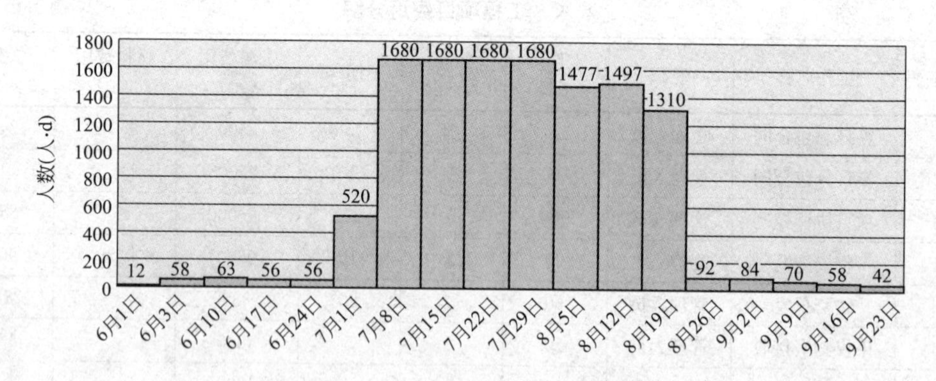

图 2.5-6　项目的人力资源负荷图

10. 项目实施的风险分析

任何项目的实施过程中总会遇到意想不到的事情，再好的计划也难以保证考虑到各种可能发生的意外事件，项目在实施的过程中会存在各种各样的风险。

风险管理的过程：风险识别、风险量化、风险评估、风险处置。

(1) 风险识别

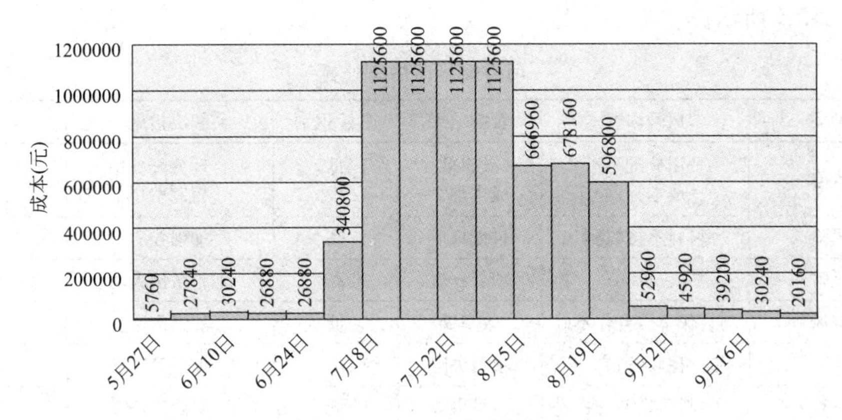

图 2.5-7　项目的成本预算图

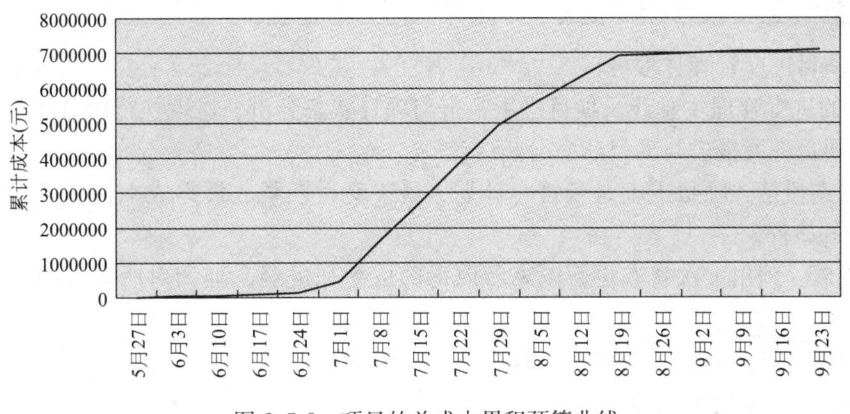

图 2.5-8　项目的总成本累积预算曲线

项目的目标、任务、范围、计划、各利益相关者的期望值都是风险识别的依据，以下据此对本项目的风险进行识别。

本项目的风险主要来自于(仅列出一部分以说明问题)：

1) 费用风险。各工作的工作量估算可能不准，导致费用分配不合理；项目成本控制存在风险。

2) 时间风险。设备、材料不按时到货。

3) 人力风险。本项目工作量大、工期长，造成人员长期出差，家庭原因造成关键人员离开。

4) 组织机构风险。公司人员与合作单位由于利益不同，合作不好。

5) 管理风险。机制不适应，过程控制不严格。

6) 质量风险。材料质量不好，工具、设备存在质量问题。

7) 资源风险。测试仪表数量有限，存在不能按时提供的风险。

8) 环境风险。施工地点有正在运行的设备，在通信运行安全方面存在风险。

(2) 风险量化、评估及处置

采用定性分析和定量分析方法对风险进行评估。采用定性分析，风险排序，提出解决办法，并采取回避、减少、接受、转移、预防等方法，根据具体情况，对上述风险进行处置。如表 2.5-4 所示。

项目风险评估与处置 **表 2.5-4**

风险种类	风险内容	影响结果	危险识别	解决措施	处置方法
费用风险	费用分配不准 成本控制	效率低 成本加大	低 中	合理分配费用 控制费用	自留 减轻
时间风险	材料不按时到	进度拖后	高	加强控制	减轻
人力风险	人员离开	项目延误	高	配备备用人员	预防
组织机构风险	与合作单位合作不好	效率低	低	加强沟通	减轻
管理风险	机制不适宜	项目失败	高	加强管理	回避
质量风险	材料质量不合格	质量事故	低	明确责任	减轻
资源风险	不能按时提供资源	进度拖后	高	加强控制力度	预防
环境风险	通信安全风险	安全事故	高	加强管理	后备措施

11. 项目进度管理过程

项目的进度管理主要涉及项目进展报告与项目状态分析、进度执行的分析与处理。

(1) 项目进展报告与项目状态分析

1) 状态概括：项目进度是否符合计划、最终交付期限、最终成本估算、与其他高层计划冲突的事件。

2) 进展：列出上次状态更新以来所取得的成绩和进展。强调对所取得的进展起推动作用的事件。

3) 需要注意的方面：列出上次状态更新以来的日程推迟和问题。列出所采取的纠正措施。确认问题未能预见的原因。

4) 日程：列出最重要的宏观日期。如有必要，分发详细日程。

5) 交付：列出主要的关键交付日期。说明对每个交付日期能否实现的至信程度。

6) 成本：列出新的成本估算，分析与原估算存在差别的原因。如有超出预计的成本，概括原因，列出所采取的纠正或防范措施。

7) 技术：列出已解决的技术问题、急需解决的技术问题及其对项目的影响；列出项目所依赖的不稳定的技术，指出疑问来源，概括采取的措施和后备计划。

8) 下一次检查的对象：说明下一次状态更新的时间；列出下一次检查的对象包括将完成的特定部分和即将解决的问题。

9) 定期的与不定期的项目报告。以周为单位上报项目进展报告，同时针对特殊情况进行项目进展情况的报告，报告的主要内容有：项目进展情况，例外报告，特别分析报告，各种项目进度控制报表(利用净值分析技术)，项目执行状态报告，任务完成报告，重大突发性报告，工程变更申请报告，项目进度控制总结报告。

(2) 进度执行的分析与处理

1) 每周定期召开项目工作例会，研究项目进展，解决问题。

2) 对项目进度进行不间断的监测(以周为单位)，监测结果与项目执行计划对比，进度正常则按原计划照常进行；如果落后于原计划，则要对实施计划进行调整。一旦进度落后，则要加强监测工作(改为天)，采取有效措施，调整进度计划，将进度赶上来。计划调整应从眼前活动和周期长、成本高的活动着手，适时缩减时间或成本。

进度监测分析的主要方法是净值分析法，通过对各个工作实际的执行时间、实际消耗费用及完成情况，分析整个工程的项目进度执行情况及费用支付情况。

2.6 电视台电视中心工程

1. 项目背景

本工程是某电视台建筑群的组成部分，与同期建设的项目在环境、场地、专业系统之间均是紧密联系的。建筑群包含 6 个单体，各单体位置相互毗邻，功能上相互关联。

工程包括剧场、录音棚、数字影院、新闻发布厅、视听室和数字传送机房等部分，各部分均为高级装饰装修，并装备不同功能、不同规模、不同形态、不同门类的专业技术系统设施、设备。

具有大型智能化建筑的特点，规模大、楼层高、系统多、工期长、材料设备新颖、施工内容复杂、施工单位多、工序穿插多、工艺要求高、图纸深化设计量大、施工管理难度较高。

结构上：超高层，占地面积大。根据结构功能划分，裙房中心钢结构分布比较分散，距地下结构外墙较远，吊装机械选择及布置困难。

根据本工程高度专业化、高标准的特点，在项目实施中实行了严格的质量管理。

2. 基本原则

(1) 先进性原则

所有电视系统全部实现高清化，并兼容标清节目的制播；在信号调度、节目生产、办公等方面全面实现智能化管理，实现网上办公，废除人工操作。在节目制作领域，利用先进的网络技术，全面实现基于文件的节目制作和存储。创建崭新的节目制播流程，使其成为真正意义上的全盘数字化、网络化、智能化的电视台，保持始终处于国内领先的地位。

(2) 面向服务的原则

电视工艺系统不应仅面向制播业务，应以服务为前提展开，一切工作流程要面向应用、面向用户。系统要以用户的通用需求、流程为依据(不偏袒某一具体节目特殊流程)，并注重系统使用的灵活性；最大限度满足用户的合理需求，提出节目制播的整体解决方案。

(3) 高可用性原则

优化流程，力争节目制作高效，最大限度地提高今后节目生产效率，保证新址的节目生产能力。核心系统设计注重高可靠、可维护，采用双核方案，便于系统维护；局部系统出现故障时，应避免故障扩展，有效隔离故障，减少故障影响；对突发性灾难有应对措施，减少灾难带来的危害。

(4) 可扩展性原则

考虑到目前生产能力的具体要求，一期建设可达到总能力的约 60%，为今后进一步发展留有空间。但是为保证电视工艺系统的一致性，电视工艺系统应整体规划，一次性完成策划，而实施则分为不同的阶段完成。在系统规划中，应保证每个系统随时支持功能扩展，满足不断增加的功能需求。

(5) 资源优化原则

系统规划要合理配置设备，充分利用有效投资，减少不必要投入，提高节目生产效率，扩大节目产出量。因此要认真研究每一个节目形态的生产流程，实现优化流程、优化资源的目标。

3. 规划描述

电视中心系统：总控播送业务、新闻制播业务、综合制作业务、音频制作业务、网络和存储业务、业务支持业务六大部分。

(1) 总控播送

总控播送系统，包括：总控、传输、播出及全台信号监控系统。

1) 总控系统

总控系统按功能可划分为信号调度、同步、时钟等部分。

2) 传输系统

传输系统按功能可划分为微波、卫星、节目传输、外部信号接入、三节点间传输等部分。

3) 播出系统和全台信号监控系统

播出系统按功能可划分为播出存储、播出切换系统、播出控制系统、监控系统等部分。全台信号监控系统所涉及的区域包括传输机房、总控机房、播出机房及直播相关的演播室和传输系统，系统仅对与直播有关的系统相关 AV 设备和信号进行监控、监测和监录。按功能可划分为系统设备的监控及直播与播出信号的监测、监录两部分。

4) 中心系统容灾备份方案

中心系统容灾备份涉及现址播出、总控、新闻演播室、节目库、传输网络等部分，目标是保证在日常情况下，灾备频道的节目文件可进行容灾存储；容灾应急时，可实现既定目的。

(2) 新闻制播

1) 采集及通稿制作

主要包括新闻上载系统、新闻收录和交换系统、新闻通稿制作系统。

2) 编辑制作系统

新闻编辑制作系统包括如下方面：资讯、文稿、串联单、桌面编辑、合成编辑、包装、新闻内容管理、配音、审看等几个方面。

3) 新闻演播室系统

新闻演播室系统内包括如下方面：建筑条件、视频(含视频、同步、时钟、监看、TALLY、提词器、演播室包装、虚拟背景、触摸屏、大屏幕等子系统)、音频、内部通话、灯光等子系统。

(3) 综合制作

1) 演播室制作系统(表 2.6-1)

演播室系统内包括如下方面：建筑条件、视频、音频、灯光、内部通话、机房布局等。

演播室制作系统 表 2.6-1

面积(m^2)	位置	数量	性质
2000	F1	1	常规
800	F1	2	常规
400	B2	4	常规
250	B2	6	常规、虚拟
250	F7	2+1	虚拟、开放
150	F49	1	空中

2）后期制作系统（表 2.6-2）

后期制作系统 表 2.6-2

网络制作子系统	机房类型	楼层	特性描述(其他)
非线性编辑制作系统	草编工位	F6	B区开放式制作工位
	上载机房		
	精编机房		
	配音间		
	中心机房		
	网管机房		
	审看间		
	会议室		
非线性编辑制作系统	草编工位	F7	B区开放式制作工位
	上载机房		
	精编机房		
	配音间		
	中心机房		
	网管机房		
	审看间		
	会议室		
非线性编辑制作系统	草编工位	F8	B区开放式制作工位
	上载机房		
	精编机房		
	配音间		
	中心机房		
	网管机房		
	审看间		
	会议室		
新线性制作系统	新线性制作机房	F5中部	
	上载机房		
	辅助编辑工位		

续表

网络制作子系统	机房类型	楼层	特性描述(其他)
新线性制作系统	配音间	F5 中部	
	审看间		
离线包装系统	设计系统	F5	
	主合成系统		
	编辑系统		
	胶转磁机房		
	特效渲染系统		
	辅助合成系统		
	网管机房		
	配音间		
	审看间		
	会议室		
	摄像机/摄影机动作控制系统		
	三维动画系统		

3）新线性后期制作系统

主要包括全功能新线编机房，含媒体播放/记录服务器，支持高清字幕工程文件制作，简单配音系统、内部通话系统、机房布局。

4）网络化后期制作系统

高、标清兼容网络化后期制作系统的框架主要包括：高素材采集上载，编辑；支持文档和制作脚本输入；网络配音/配乐；新审片系统；实现高清字幕工程文件与节目文件的绑定，分离播出；具备对节目文件的技审与质量监控；网络管理功能：文件、权限、盘阵、媒体素材、带宽、设备状态、系统日志、文件归档、数据备份、时间线素材迁移等；与台内综合(生产、人事、财务等)管理系统的数据/信息交互；实现与其他岛域之间的文件交互或封装；DRM数码认证管理；其他配属包括：内部通话系统，机房布局。

5）节目包装系统

建设的大型节目包装系统将主要完成频道包装，大型活动、栏目、节目包装，将为台内其他后期、前期在线包装系统以及虚拟演播室制景提供包装模版的支持。

(4) 音频制作(表 2.6-3)

音 频 制 作 **表 2.6-3**

序号	性质	面积(m^2)	序号	性质	面积(m^2)
01	音控室	40	04	音控室	40
	配音室	25		配音室	28
02	音控室	40	05	音控室	39
	配音室	28		配音室	71
03	音控室	40	06	音控室	39
	配音室	28		配音室	71

续表

序号	性质	面积(m²)	序号	性质	面积(m²)
07	配音室	71	10	配音室	28
	音控室	43		音控室	39
08	配音间	71	11	配音室	28
	音控室	39		音控室	40
09	配音室	35	12	配音室	28
	音控室	40		音控室	40

1）无线音频系统的规划

全台各个演播室和外场音频制作系统所用的无线话筒和无线返送的使用频率、数量和功率的统一规划。

2）系统范围

① 演播室的音频系统：新闻区共有 16 个演播室，主要面向新闻节目的直播、包装和新闻专题节目的录制；制作区共有 17 个演播室，主要面向综合制作，如综艺、专题、访谈等类型节目。

② 录音合成机房：录音合成机房属于小型录音棚，主要用于纪录片、动画片、译制片、专题片等节目的声音制作。支持网络环境下的声音非线性编辑制作，可以接入非新闻类节目制作网，并共享工作成果。

③ 音乐制作编辑室：音乐制作编辑室的主要任务是针对全台各类节目进行音乐的 MIDI 制作和编辑，支持网络环境下的声音非线性编辑制作。

④ 480m² 和 200m² 录音棚：两个录音棚为全台各类节目录制音乐，支持同期录音和多轨录音，同时具有对电视剧场的实况录音能力。

⑤ 音频媒资管理系统：音频媒资管理系统为全台各类节目提供高质量的音乐、动效等素材，并支持全台声音资料的存储、传输、审听、管理和交流。

3）建立的系统

① 一个编目管理系统。

② 一个上下载系统。

③ 一个存储库。

4）实现的功能

① 不同台址的音频资料信息互联、互通、互备。

② 录音合成机房、音乐制作编辑室、各演播室、各视频编辑系统及桌面系统能够下载各自相应权限的音乐资料。

③ 原创录制的音乐、动效上载存储。

④ 完成音频资料使用量统计、使用权限控制(表 2.6-4)。

音 频 资 料 **表 2.6-4**

序号	性质	面积(m²)
01	音频资料上下载机房	69
02	立柜机房	39

续表

序号	性质	面积(m^2)
03	音频资料编目	39
04	音频资料库	69

(5) 网络与存储

1) 网络系统

网络系统包括广域网络系统、DMZ隔离区、园区网(通用网络系统、专用网络)、存储(FC)网络系统、网络管理、网络安全。

2) 存储系统

存储系统面向节目内容提供共享存储资源，覆盖了包括制作系统、媒体资产管理系统、媒体数据交换平台、统一媒体数据备份系统、统一系统应急存储系统、统一数据库备份、文件资料柜等多个业务系统等各类存储应用。

存储系统结构上采用在线、近线、离线三级存储架构。

3) 媒体数据交换平台

媒体数据交换平台基于SOA架构，支撑各业务系统之间媒体数据的交换。媒体数据交换平台由双总线：ESB(企业服务总线)＋EMB(企业媒体总线)构成。

4) 媒体资产管理系统

全台媒体资产管理系统协同分系统共同承担节目资料保存业务；节目资料编目业务；面向内容生产、内容发布的媒资门户服务；备播业务；归档/备份/管理业务。

媒体资产管理系统应用架构分为三个层次，由六个部分组成。媒资系统应用架构的三个层次包括：服务层、业务功能层和支持层。

服务层包括：服务门户子系统和对外服务接口。

门户子系统面向全台用户通过浏览器方式访问媒资系统提供的服务。门户系统提供的功能主要包括：媒体文件的检索查询、筛选剪辑、下载申请、资料服务进度查询、统计查询、主题资料库、个性化服务、文件资料柜和流媒体服务。

对外服务接口是媒资系统面向外部系统提供的服务接口，包括：入库服务接口、下载服务接口、元数据入库服务接口、元数据下载服务接口、节目检索服务接口、备播服务接口。

业务功能层包括：业务功能子系统、内容管理子系统和运行管理子系统。功能子系统主要包括入库、下载、编目、备播、备份、审核和转码等最基本的业务功能。内容管理子系统包括对象管理、元数据管理、版权管理、信息发布、数据检索和存储管理。运行管理子系统主要是有关媒资系统运行的功能，包括统计分析、任务调度、权限管理、状态跟踪、用户反馈管理和系统监控。

支持层主要是指存储子系统。主要是指存储管理、存储库。

5) 通讯系统

① 专用通话系统建立全台的专用通话系统，为各个节目制作单元、总控、播出、节目制作单元、外景地、海外记者站建立专用通话线路。

② VOIP系统：建立基于IP网络系统的全台语音通讯系统。

③ 直播互动响应和观众调查中心：建立全台统一的共享直播互动响应中心；全台统

一的共享观众调查中心；统一 114 查询平台；建设一个可管理性、可维护性，安全、可靠、灵活的节目互动平台。

(6) 业务支持

由企业基础框架体系、节目生产管理体系和行政支持体系组成。

4. 工艺配电和工艺布线的要求

(1) 工艺配电

供配电系统包括：园区电站、各楼层配电间、机房配电柜(盘)、用电设备、配电柜(盘)容量、回路数等内容，其中园区电站、各楼层配电间、机房配电柜(盘)、配电柜(盘)容量、回路数已由建筑设计方完成，目前已进入施工阶段。有关配电柜(盘)容量、回路数将在工艺深化设计时进行核算，同时系统内配电设计应在工艺系统深化设计时完成。工艺配电范围界定见图 2.6-1。

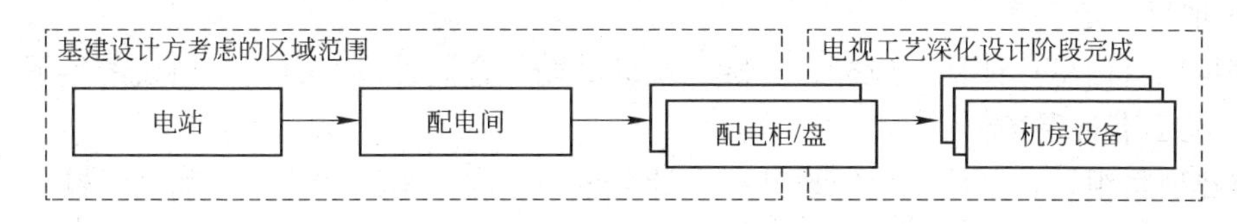

图 2.6-1 工艺配电范围界定

(2) 工艺布线

工艺布线系统是电视工艺系统、管理和服务工艺系统、基础工艺系统的传输物理平台。其主要功能为语音、数据、视频图像信号提供快捷、兼容、易于管理的传输平台，为数据及高清晰图像信息提供高速宽带的传输能力。

建筑结构为工艺布线系统预留充足的通道，并为工艺系统的后期布线提供方便。工艺布线可以分为结构化布线和非结构化布线两类：

结构化布线包括网络通信系统，楼宇智能化基于 IP 技术网络系统、有线电视系统。

非结构化布线主要包括传统电视工艺的基带音视频信号传输系统、基于文件的节目制播网。

5. 质量管理

(1) 质量管理职责

1) 公司主管领导或主管工程技术分公司副总经理

全面负责管辖范围内工程承包项目的质量。

审批工程承包项目的投标文件、施工组织设计(质量计划)、项目组主要成员、采购供应计划等。

签署工程承包项目合同和重要采购合同等。

决策项目实施过程中重大事项，如工程事故和重大顾客投诉等。

2) 工程部门经理

审核工程承包项目的投标文件、施工组织设计(质量计划)、项目组主要成员、采购供应计划和工程承包项目合同和重要采购合同等。

签署一般采购合同。

决策项目实施过程中重大事项，如工程事故和重大顾客投诉等。

3）项目经理

负责工程承包项目的具体实施，对项目的质量直接负责。

负责编制工程承包项目的投标文件、工程承包项目合同、施工组织设计(质量计划)和采购供应计划。

负责项目组内专业人员的提名。

4）施工技术组组长

负责工程承包项目现场的施工质量、安全和进度等。

负责工程承包项目实施、验收和交付。

5）技术组技术负责人

负责施工现场的技术质量管理，包括项目文件的管理。

(2) 过程控制

1）项目确定

获得项目信息；评估、投标；答疑、现场踏勘；合同评审，合同、协议的签署。

2）施工准备现场

组建项目组；编制施工组织设计；设计会审、交底；采购和验收；物资运输。

3）施工

现场施工条件确认；开工申请；设备进场检验；施工实施；技术(安全)交底；检验和试运行；贮存、防护和运输；验收和移交。

4）施工后服务

保修期服务；顾客投诉处理；顾客满意度调查；工程质量调查。

(3) 工程承包业务综合管理

1）质量目标的管理

工程部门经理依照公司质量目标，结合本部门工程特点拟制部门质量目标，并逐项分解，报主管公司领导批准。主管公司领导组织工程质量目标的评审和批准。部门经理收集各项目质量目标完成表，统计完成工程质量目标完成情况表，报主管公司领导审阅。相关职责人员或工程部门经理评价质量目标完成情况，制定必要的纠正预防措施。经营管理部门汇总、统计、分析，作为内审报告的依据，必要时提交管理评审。

2）岗位职责的管理

工程部门经理根据部门的业务要求，确定部门内部人力资源的需求，如岗位设置和相关要求，如任职要求、工作标准和考核办法等，同时对人员执业资格的培训提出具体要求。并报人事处，作为人力资源配置和培训计划的依据。

部门员工对照岗位作业指导书认真履行职责，及时总结，并与部门经理保持沟通，确保工作要求明确到位、培训及时、提高绩效、增长才干。

部门经理根据人事处的要求和计划组织对员工的考核，对照岗位作业指导书进行，作出客观公正的评价，报公司人事处，并将评价结论反馈员工本人。

人力资源部汇总、统计、整理员工的考核情况，并及时反馈，收集意见和建议，作为制定人力资源管理制度的依据。

(4) 工程承包项目实施

1）施工准备阶段

工程部门经理组建施工项目组，提名项目经理、施工技术组人选和主要成员，报主管公司领导批准。

项目经理根据项目情况和顾客要求，编制(或完善)施工组织设计(或质量计划)，执行《施工组织设计编写要求》。

项目经理审批施工组织设计(或质量计划)。

项目经理对施工图纸的完整性、准确性和可行性等方面进行自审，并对疑问和建议做好记录；参加建设单位组织的多方施工图纸会审，准确理解设计意图，提出疑问和建议，达成共识，采取统一措施。

2) 采购过程

制订采购供应计划，包括物资(设备材料、测量仪器和施工机械等)的采购、分包工程的采购(设计分包和专业分包等)、服务的采购(如劳务、运输等)。

审批采购供应计划，收集采购信息，对供方进行评价、选择和验证，签订采购合同或协议，对采购的产品进行必要的验证，对采购的不合格品进行处置，采取纠正措施。

3) 现场施工准备过程

施工技术组组长对场地和机房、动力设施(风、水、电)和辅助条件(电缆布线、地线系统等)的确认；设计图纸的现场复核；施工机械及施工物资的贮存和防护条件的确认；安全生产、文明施工措施的确认。

熟悉施工图纸、确定统一操作规程和技术示范培训。

根据施工物资特点不同，对设备材料进场进行开箱检验，核对品种、规格、型号、数量和外观，检查出厂合格证、产品说明书和检测报告等，必要时进行加电检查，并对不合格品进行处理。

依据合同规定、设计要求、设计会审记录、管理体系要求以及监理要求，对施工中的关键工序、特殊工序和质量控制点在技术和安全方面进行逐级交底。

工程变更和洽商、现场协调会议、监理工作会议。

采取的应急措施进行及时沟通、实施和记录。

定期对施工质量、进度和安全情况向主管部门、监理单位、总公司和相关单位进行汇报。

4) 施工中关键和特殊部位

隐蔽工程检验：地基和基础、工艺预埋件和各类暗敷管线、特殊声学处理、接地极等。

土建满足工艺要求的确认：

声学要求：吸声、消声、隔声、隔振；工艺供电、空调通风、特殊灯光和地线系统；埋地式钢管的防腐、管口的光滑、接口的软连接和有声学要求的过墙管道的特殊处理等；走线槽(架)和吊挂件安装的位置、精度和牢固度的控制。

管线缆敷设关键工序的管理：

活动地板、竖井、吊顶桥架和地沟内各种电缆的分类按设计要求布放、绑扎和标识等。

设备安装关键工序的管理：

独立工艺配电系统和地线系统安装的确认；基座安装的位置和水平度；立式机架安装

的位置、稳定度、垂直度和平整度；控制操作台安装的位置、稳定度、水平度和平整度；面板布设、排列、标识和接插件的连接；机架地线母排、电源插座排的接入源和安装位置。

工艺专用接头制作特殊工序的管理：

视、音频专用接头、数据传输专用接头和控制接头等的制作，必须进行随工检测、标识和分类捆扎。

5）施工过程辅助管理

安全文明施工：

现场安全生产的规章制度和安全交底的要求；事故的应急处理和纠正预防措施。

检测仪器的管理：

主要的测量设备按规定的要求在使用前进行校准和检定，确保使用前的准确性。当用计算机软件进行检测和测量时，初次使用时要进行确认。

质量和进度的管理：

定期向上级和主管部门的工程报告；工程的进展状况。

文件的管理：

安装标准、检验标准、测试标准和重要合同的管理；过程质量记录整理；项目资料的管理。

半成品和成品防护：

防损、防火和防盗；适宜工作环境的保障：如湿度、温度、洁净度的确认。

2.7 广播发射台天线系统安装工程

1. 项目背景

某广播发射中心新建项目建设16副发射天线系统，其中：12部短波发射天线，4副中波发射天线。建设3座120m高自立塔，1座108m高自立塔，4套$R=120$m的地网，2200m馈线系统及其配套的调配系统。天馈线系统采取双频共塔的技术配置。

此安装工程具有高空作业、高电压、大电流、强高频辐射等诸多安全控制因素，因此在实施中实行了严格的安全管理。

2. 施工安全管理

(1) 安全方针

“安全第一，预防为主。”为认真贯彻安全生产方针，保护广播电视中心和台、站从事天线维护工作人员和天线设备在施工过程中的安全，应牢固地树立“安全第一”的思想。

(2) 安全责任制

项目经理是施工项目安全管理第一责任人。

各分项施工负责人(指分包工程项目、分包劳务项目、分专业项目负责人)是其分项目施工安全管理的直接责任人。在开工前，分项施工负责人需与施工项目组签订安全协议，对项目组作出施工安全保证。

在各分项施工作业组内，实施各项作业安全负责人制度。各分项施工负责人需落实各项作业的安全员名单，建立分工负责制。在与施工项目组签订安全协议的同时，需提交本作业组内安全责任人名单。

在签订工程项目承包协议时，必须包括安全责任条款。在竣工后核定承包人的奖惩时，需把安全责任完成情况作为考察内容之一。

(3) 安全教育

在项目组组建后进行施工准备其间，由施工技术组组长负责组织全组进行安全教育。教育内容包括：安全意识的教育；本项目实施中涉及的重点安全控制环节，各环节的安全知识、安全规定、安全技能，必要时进行特定安全技能训练。

各分包单位在开工之前，也需进行安全教育，内容同上。

采用新技术，使用新设备、新材料的部分，应对有关人员进行安全知识、安全技能、安全意识的安全教育。

(4) 安全技术措施

在工程实施中，为了预防事故发生，减少事故损失，应采取以下安全技术措施：

1) 工程安全技术措施

安全装置：设置各种必要的安全装置，并保持设备原有安全装置及现场设置装置完好有效。安全装置包括：

防护装置：既用屏护方法把人体与生产活动中出现的危险部位隔离开来的装置。特别注意：机械设备中轮罩或轴套等对转动部位的防护；带电部位防护；强高频辐射部位隔离防护；机械或电器设备原有防护装置的完好保持等。

保险装置：指机械设备在非正常操作和运行中能够自动控制和消除危险的设施设备。如，供电设施的触电保护器；提升设备的短绳保险装置等。

信号装置：指视听信号装置，用来指示操作人员该做什么，躲避什么。如，红、绿手旗；红、绿、黄灯；电铃、口哨等器具；指示仪表信号等。

危险警示标志：通常以简短明确的文字或标准的图形符号予以显示。如："危险!"、"有电!"、"高压!"、"禁止烟火!"等。

2) 预防性机械强度试验和电气绝缘试验

施工现场的机械设备，特别是自行组装的临时设施中的强度部件、构件、材料，均应进行强度试验。必须在满足设计强度和使用功能时，才能投入使用。在天线施工中常用的卷扬机、钢丝绳、吊篮等，在使用前，必须做承载试验。

电气绝缘试验：在广播电视工程中，安装的主机设备、辅助设备以及大量的安装机具、测试仪表等电气设备，必须经过电气绝缘试验，确保人身及设备安全。特别是陈旧的电气工具、配电箱、插销板、电工仪表、临时照明装置等，需特别予以注意。

3) 施工机械及电气设备的维修保养

对各种施工机具、设备，必须按照其操作使用及保养规程要求，进行检查、维护、保养，使其处于良好状态。对主要机具设备需建立维护档案，对其进行定期检修，予以记录。决不允许为了赶进度违章作业，让机械设备"带病"工作。

4) 劳动保护

适时提供劳动保护用品，是预防安全事故，保护人员安全与健康的重要辅助措施。特别要确保高空作业、电气焊作业、高压作业、危险品作业、高频辐射作业的必要防护用品的及时供应和防护效能可靠。

在高空安装作业时，地面需设置紧急救护用交通车辆。

对劳动保护用品的采购、保管需严格管理，确保采购产品质量可靠，保管有序；对不合格或有缺陷的劳保用品需及时清理隔离，防止误用。劳保用品的采购和保管需建立责任人制度。

5）作业人员资格管理

对工程施工中各项作业的岗位人员实施资格控制。技术组需对安全检查人员、特殊作业人员的上岗资格进行审查确认，需持证上岗的必须验明证件。目前要求持证上岗的岗位有：机械司机、信号工、架子工、起重工、天线工、爆破工、电工、焊工等。

6）交通安全措施

严格禁止非司机(无驾驶资格)人员开车上路。一经发现，需做出严肃处理。

司机人员必须严格检查车况，及时修理和保养车辆，确保行车安全。

7）其他人身安全隐患控制

(5) 安全检查

1）安全检查制度

项目部需建立安全检查制度。对安全检查的频度、方式、内容作出明确计划，并严格执行安全检查制度。对实施过的安全检查做记录。

2）安全检查内容

查思想，查管理，查制度，查现场，查隐患，查事故处理。

3）安全检查方法

看：看现场环境和作业条件，看实物和实际操作，看记录和资料。

听：听汇报，听介绍，听反映，听意见批评，听机械运转响声。

嗅：对挥发物、腐蚀物、有毒气体、烧焦气味进行辨认。

问：对影响安全的问题，详细询问。

测：测试、测量、检测。

验：进行必要的试验或化验。

析：分析安全事故的隐患和原因。

4）安全检查形式

工程主管部门或公司领导对项目组的检查。

施工技术组对分包作业组的例行检查或临时检查。

技术组对某项作业、现场的突击性检查。

作业组内岗位安全检查。

(6) 事故处理

施工生产场所，发生伤亡事故后，负伤人员或最先发现事故的人员应立即报告项目组。项目组根据事故的严重程度及现场情况立即上报主管部门。

发生重伤或重大伤亡事故，必须立即将事故概况(含伤亡认证书、时间、地点、原因等)，用最快的办法分别报告企业主管部门、行业安全管理部门、工会部门及其他相关部门。

事故处理程序：

迅速抢救伤员，保护事故现场。

组织调查组。

现场勘察。

分析事故原因，确定事故性质。

写出事故调查报告。

事故的审理和结案与善后。

3 通信与广电工程质量和安全生产管理

3.1 通信管道及管道光电缆工程质量安全事故案例分析

3.1.1 某管道工程管孔不通事故

1. 事故经过

某通信工程公司于 7 月份通过投标承担了有线电视网络公司的市内通信管道的施工任务。该工程为敷设 12 孔波纹塑料管 2km，管道沿人行道建设。波纹塑料管等主要材料由建设单位负责采购，其他材料由施工单位采购。本工程由某监理公司负责监理。当塑料制品厂把波纹管送到工地时，监理人员提出要送检验机构进行强度性能的检验，建设单位现场代表认为送检的检验费用高，工程预算中没有计列这笔费用；同时，产品在波纹管厂进行过抽样技术鉴定，符合要求。监理、施工单位同意了建设单位现场代表的意见。该工程完工后在进行试通时，发现有少部分地段管孔不通。

2. 事故原因分析

事故出现后，由施工单位对管孔不通地段进行开挖检查，发现波纹塑料管产生变形。分析变形原因是由于波纹塑料管强度不够，回填土后波纹塑料管受到挤压发生变形，从而导致管孔不通。

通过调查确认本事故产生的原因是管理原因，建设单位的建议不能代替材料的现场检验；工程材料到达现场后，如果施工、监理单位按照施工规范要求，坚持进行现场检验，发现问题，及时采取措施，就不会发生这样的质量事故。

3. 事故责任认定及处理

施工单位没有坚持材料到现场后必须进行检验的原则，而导致发生质量事故，应由施工单位负责；监理单位承担连带责任。因此施工单位应将这些不合格的波纹塑料管挖出，重新更换经现场检验合格的波纹塑料管。

波纹塑料管质量不合格是造成事故的直接原因，建设单位应向塑料管厂要求赔偿，以支付施工单位由此而造成的工程材料、工期和人工费用的损失。

4. 事故教训

建设单位代表、监理工程师及施工单位现场负责人缺乏质量意识、责任感，明知违反操作规程的事还去做；对质量问题抱有侥幸心理。

5. 防止同类事故的措施

(1) 建设单位、监理单位、施工单位都应该加强工程“质量第一、安全第一”的宣传，增强每位员工的质量意识。

(2) 施工单位要建立严密的质量保证体系，制定严格的质量控制措施和设备、材料检验制度，并在工程实施中严格执行。

3.1.2 管道人孔内的毒气毒死两人事故

1. 事故经过

1991年3月份某省邮电工程公司第五线路施工队在某市进行管道电缆施工。工程进入后期阶段，7月29日上午8点30分，施工人员张某、谢某两人到长途汽车站第8号管道人孔测量气压，到达施工现场后张某打开井盖随即跳进人孔，10min后谢某见张某还没上来，也跳进人孔……一直等到10点10分施工人员赵某和刘某经过此处见井盖开着，并看到两辆自行车挡在井口附近，再仔细观察才发现两人已经躺在人孔中，面部呈紫黑色，已中毒死亡。事故发生后，施工单位立即通过当地邮电局报告当地公安局，并报告给上级主管部门省邮电管理局。

2. 事故原因分析

事故发生后，各相关部门立即赶赴事故现场，会同当地公安、医院、防疫、城建等部门成立事故调查组。对事故发生的经过、原因进行了调查、分析、取证，并做出结论：

(1) 井内有毒气体（主要成分硫化氢）致人中毒死亡。

(2) 施工人员违反操作规程，安全意识淡薄。

3. 事故教训

(1) 施工人员严重违反操作规程。操作规程规定：井盖打开后要通风换气，确认安全后才能下去，并且上下人井时要使用梯子。施工人员没有按操作规程去做，打开井盖后马上下去，并且是跳下去的。

(2) 施工人员安全意识淡薄，麻痹大意。负责该工程施工的线路施工队已于3月15日就进驻该市进行管道电缆施工，并没发生过任何事故，工程接近尾声思想麻痹大意。

(3) 施工人员缺乏安全知识。施工人员不清楚井下有毒气体在不同的季节、不同的施工阶段浓度不一样，误认为前期一直在井下作业是安全的。

4. 防止同类事故的措施

(1) 施工管理人员和一线施工人员必须牢固树立"安全第一"的思想，正确处理好安全与生产、安全与效益的关系，确保必要的安全投入，保证人孔井下的施工安全。

(2) 各级管理人员立即检查各项规章制度、操作规程的落实情况，纠正施工人员安全意识淡薄、麻痹大意、存有侥幸的错误思想。

(3) 立即配备"有毒气体监测仪"，根据施工进度经常测量人孔内有毒气体的含量，在确保安全的前提下才能进入人孔内工作。同时以科学态度教育施工人员克服恐慌心理，保证安全生产顺利进行。

3.1.3　人孔内可燃气体爆炸起火事故

1. 事故经过

1999年7月16日上午8点45分，某施工队在某市进行管道电缆施工。因为是夏季，为了避免高温，早上很早施工人员就进入了人孔，进行大对数电缆的接续工作。施工人员在进入人孔前，按要求进行了通风工作。到了吃早饭的时间，施工人员离开现场并将人孔全部盖上。约一个多小时后施工人员返回，打开井盖即刻下井施工，此时有人在井内吸烟引起井内可燃气体爆炸，致使其他两个相邻人孔也发生爆炸，爆炸使两井盖被炸到空中，落下砸伤一行人及一辆自行车，施工人员三人被烧伤。

2. 事故原因分析

(1) 施工人员违反操作规程在井内吸烟是发生事故的主要原因。

（2）一个多小时前在人孔内进行电缆接续还是安全的，说明人孔内无可燃气体，饭后人孔内的可燃气体是从哪里来的呢？经事故调查小组检测，是管道煤气的泄漏，沿着地下缝隙进入管道，从管孔又进入人孔。

（3）饭前施工时，泄漏的煤气还是少量的没有被发现，吃饭时盖上人孔盖，使人孔内煤气越积越多，达到了一定的浓度遇到火种而引起爆炸。

3. 防止同类事故的措施

事故的发生虽然有偶然性，但是违反安全操作规程，在人孔内吸烟、下人孔前没有进行再通风、上下人孔不使用梯子等都是事故隐患的必然因素。为了杜绝类似事故发生制定以下整改措施：

（1）首先检查是否建立了相应的安全生产的规章制度。

（2）必须检查安全生产的规章制度的落实情况，相关单位是否建立并完善生产经营单位的安全管理组织机构和人员配备、建立健全生产经营单位安全生产投入的长效保障机制。

（3）严格贯彻安全第一、预防为主的方针，对施工人员进行安全生产的教育。

3.1.4 抽水泵漏电致死事故

1. 事故经过

某施工队在一县城内进行管道施工，由于该处水位较高，人孔坑需要抽水，属于中水流，要抽一会儿水再挖一会儿土。当时两个人作业，抽水时两个人都到了人孔坑上面，其中一人远离了人孔坑，另一人在坑沿上看着。因为坑底不平，为了把积水尽可能抽净，有的地方需要移动水泵，当其中一人移动水泵时，由于水泵漏电造成了触电，而另一人由于远离人孔口也没有及时发现同伴触电，等他发现时，触电人员已经死亡。

2. 事故原因分析

（1）直接原因是水泵漏电，使用前没有对设备进行检查。在对另一施工人员询问时，他说水泵原来不漏电，总在水泵运转时用手移动，从来没发生过触电事情。忽略了设备使用过程中常常会发生磨损、老化和机械故障。

（2）间接原因是违反操作规程，移动水泵时没有关闭电源。施工人员也知道应切断电源再移动水泵，但怕麻烦，而且过去也这样做并没有发生事故，认为这种操作规定没有必要，麻痹大意造成了事故的发生。

（3）制度检查执行不力，安全操作规程制定了，但不去执行，不去检查执行情况，长期以来都是这么做，而没有人制止，甚至有些老职工认为，我干了半辈子了，都是这么干的，从没触过电。

3. 防止同类事故的措施

（1）停工整顿，对全体施工人员进行安全教育。教育老施工人员要作施工安全操作的表率，对麻痹大意造成的危害进行了专题讨论，使大家受到教育。

（2）重申安全操作规程、材料使用前的检查、机械设备使用前的检查、日常的维护保养、用电规定等，使施工人员深刻理解规程是经验的总结、教训的总结、工艺的要求等道理，提高全体施工人员安全操作的自觉性。

（3）加大检查力度和频次，凡发现违章作业的必须给予严厉处分，不能下不为例。即使没有发生事故造成损失也要处理。

3.2 架空线路工程质量安全事故案例分析

3.2.1 某架空光缆线路工程电杆倾斜事故

1. 事故经过

某项目经理部于1月份在华北地区承接了50km的架空光缆线路工程，线路沿乡村公路架设。施工过程中，各道工序都由质量检查员进行了检查，建设单位的现场代表及监理单位也进行了检查，均确认符合要求并签字。由于春节临近，建设、监理、施工各方经协商同意3月下旬开始初验。3月中旬，在初验前施工单位到施工现场作验收前准备工作，发现近20%的电杆有倾斜现象。

2. 事故原因分析

发现问题后，施工单位会同建设单位代表及监理工程师组成调查组现场调查分析，发现产生电杆倾斜的原因主要是电杆及拉线埋入杆洞和拉线坑后，夯实不够，加上当时是冻土，没有完全捣碎，就填入杆洞及拉线坑。到了3月，冻土已逐步开始融化，杆洞及拉线地锚坑松软，因此导致电杆倾斜。

3. 事故责任认定及处理

(1) 对于此工程中电杆倾斜问题，施工单位对电杆倾斜问题负有不可推卸的责任，项目经理部未注意冬期施工回填土问题，而且未对电杆及拉线坑回填问题进行“三检”，也导致了电杆倾斜问题的发生。

(2) 建设单位及监理单位也有一定责任，建设单位现场代表及监理单位的现场监理人员不了解冬期施工应注意的问题，未对现场立杆的工作情况进行认真的监督检查，未发现及制止施工单位将冻土回填到杆洞及拉线坑，从而导致电杆倾斜。

(3) 由于土已经化冻，因此只需把中间电杆周围的土层挖开，重新扶正电杆，夯实其周围的回填土；终端杆如倾斜，则应临时松开吊线，待按上述方法将电杆扶正后重新制作吊线终端。对于没有倾斜的电杆杆洞及地锚坑也应加土，做进一步夯实。

4. 事故教训

施工人员、建设单位现场代表及监理单位的现场监理人员缺乏工程经验，缺乏天气等环境因素对工程质量影响的知识。

5. 防止同类事故的措施

(1) 建设单位相关人员及监理单位的监理人员应加强技术知识及管理知识培训学习。

(2) 施工单位要选派重视质量、懂得技术、责任心强、经验丰富的人担任工程项目负责人。针对工程的特点既要注重技术又要注重安全，加强对全体员工的质量意识及技术教育。

(3) 施工单位要加强对工程中的关键工序负责人及质检员的技术知识及管理知识培训。提高质量管理水平。

(4) 施工单位要根据不同的季节、不同环境中的施工特点，制定出相应的质量保证措施，始终把工程质量放在第一位。

3.2.2 架设钢绞线触及高压线事故

1. 事故经过

2001年7月下旬某地通信工程公司第二施工队在某县的一个乡镇进行架空光缆工程

施工。24日下午雷阵雨刚停，天气非常炎热，线务员王某带领六名民工去架设钢绞线。这段杆路经过一片果园和玉米地，16点50分准备收紧已布放过的钢绞线，王某指挥另外四人拉紧，此时钢绞线被一树枝挂住，王某又调来另外两人，六人同心协力奋力一拉，致使钢绞线刮断树枝高高弹起，触及其上方电力高压线。六名民工当场全部被击倒，造成五人死亡一人重伤的伤亡事故。

2. 事故原因分析

事故发生后，省级公司主管部门会同省级安全生产监督管理部门、公安部门、工会组成事故调查组，进行调查分析：

(1) 工程项目负责人无视安全管理，没有了解施工现场周围的环境，在工程安全管理方面严重失职，误认为工程的规模很小，技术上很简单，面对工程的风险性估计不足，是造成事故的主要原因。应负主要责任。

(2) 线务员王某到达施工现场后没有实地勘察，没有调查了解施工现场周围的危险源，一味地盲目蛮干、错误指挥，是造成事故的直接原因。

(3) 没有安全劳动保护措施。施工人员在炎热的夏天施工，又是刚刚下过雨的潮湿的玉米地，赤臂赤脚没有任何绝缘保护措施，这是造成事故进一步严重的次要原因。

3. 防止同类事故的措施

(1) 选派重视安全、懂得技术、责任心强、经验丰富的人担任工程项目负责人。针对工程的特点既要注重技术又要注重安全，加强对全体员工的安全意识、安全技术教育。

(2) 加强对工程中的关键工序负责人的培训。提高安全管理水平，增强安全防护意识。根据不同的季节、不同环境中的施工特点，制定出相应的安全保护措施，始终把安全生产放在第一位。

(3) 进一步加强劳动防护用品的管理。检查落实劳动防护用品的发放和使用，特别注重对在恶劣天气、特殊工作岗位上施工人员的劳动保护，加大投入落到实处。

3.2.3 抬水泥杆砸伤致死事故

1. 事故概况经过

2002年10月16日，某施工队在某市郊进行水泥杆杆路施工，水泥杆运到现场后，需进行短途倒运。近11点左右，10名临时工肩抬一根水泥杆走向已挖好的杆洞，10人中有9人用右肩，其中1人王某用左肩。当这些人走到杆洞旁边时，还未等王某换肩，其他人已将水泥杆向右边扔出，致使王某随着水泥杆倒在地上，头颈部被压在水泥杆下，当即昏迷不醒。后由急救车送到医院，经抢救无效死亡。

2. 事故原因分析

(1) 导致事故发生的直接原因是严重违反操作规程：不是顺肩抬放。操作规程规定：抬扛电杆或笨重物体时，应配戴垫肩，抬杆时要顺肩抬，脚步一致，同时换肩，过坎、越沟、遇泥泞时，前者要打招呼，稳步慢行，抬起和放下时互相照应。

(2) 未对临时工进行安全生产的教育、培训。现场兼职安全员，未尽职责，没有及时阻止临时工的错误行为，也是造成事故发生的重要原因。

3. 事故教训

立杆小组组长兼安全员刘某，对施工工具准备不足，违章指挥操作，负主要责任。施工队队长林某当天在另一工地，虽没有在事故现场，但在以往的施工作业中，队中经常有违规操作现象发生，林某未给予重视，对施工队的安全教育不到位，安全意识淡漠，负主要责任。公司主管安全生产的副经理于某，对安全生产领导不力，对于上述责任人给予相应的处分。全体员工都要认真分析事故原因，从中吸取教训。

4. 防止同类事故的措施

(1) 贯彻落实有关法律法规和技术标准，结合本单位的实际情况，制定完整的安全生产管理制度。

(2) 公司召开全体大会，通报事故原因及处理结果，要求全员参与，提出公司各施工队各处室有关违章、违规操作的问题，提出合理化建议，对安全生产进行彻底整改。

(3) 公司经理带队，由人力资源部、保卫部、工程管理处、工会等相关人员组成检查组，深入施工现场，对安全生产、安全管理制度的落实情况进行全面检查和整改。

(4) 加大安全生产的培训力度，各级人员必须经过相关的安全培训，经考试合格后方可上岗。

3.2.4 立杆触电伤亡事故

1. 事故经过

某通信工程公司承接某地光缆线路工程，工程规模为 8 芯 20km 架空光缆，新立杆 378 根。该公司将工程中立杆、布放拉线、钢绞线、8 芯架空光缆等工作量以 2500 元/杆每公里分包给个人王某。随后，王某又以 2000 元/杆每公里转包给农民张某。

施工当天凌晨 5 点左右，张某安排民工李某带领 8 名民工在现场施工，该地区有 10kV 高压变压器设施，原设计路由在变压器后面 12m 处立杆，李某在安排施工时，没有按设计路由施工，而是在变压器前高压线正下方 1.5m 处栽杆。由于杆长 7 m，高压线离地面高度 6.1m，7 点 30 分左右在立第二根杆子时，杆顶接触高压线，发生了 3 死 2 伤的伤亡事故。

2. 事故原因分析

(1) 工程承包单位违章分包工程，由于经济利益的驱动又造成工程被二次转包，是造成事故发生的主要原因。

(2) 施工人员未按设计路由施工，是造成此次伤亡事故的直接原因。

3. 防止发生同类事故的措施

(1) 公司领导安全生产意识淡薄，对工程分包管理不当。公司应通报事故情况，公布对责任者的处理意见，对公司下一步安全生产工作提出具体明确的要求。

(2) 认真吸取事故教训，举一反三，认真清查公司内违章分包工程的情况，采取有力措施，杜绝此类事件的再次发生。

(3) 工程施工必须坚持科学的态度，严格按设计施工。对全体职工进行安全出产的教育，落实责任，消除事故隐患。

3.3 直埋线路工程质量安全事故案例分析

3.3.1 某直埋光缆线路工程接头衰耗超标事故

1. 事故经过

南方×通信公司×年 9 月 25 日承揽了北方某地电信运营商 180km 直埋光缆线路工

程，开工日期为10月1日，完工日期为12月底，部分材料由建设单位提供。项目经理部安排三个施工处，工程如期开工。

10月15日第一施工处安排人员开始光缆接续，接续人员曾在南方某工地光缆接续时采用不监测方式，仍能达到满意的接续效果，故本次工程接续过程中没有实施监测，待全线接续完毕，全程测试发现许多接头衰耗超标。在处理问题时，因气候变冷熔接机工作不稳定，切割刀也出现切割断面不平整现象，有的纤芯多次接续总是不合格。接续人员不适应北方寒冷气候，单薄帐篷不能抵御寒气，操作失误增多，处理问题缓慢。

2. 原因分析

施工单位接续人员凭在南方某工地偶然成功的个例，应用到本工地，不考虑时间、地域、环境的因素，采用不正确的操作方法，是造成质量问题的主要原因。

质量事故出现后，项目经理部又没有针对北方气候寒冷的特点制订出合理的处理方案。致使在返工过程中人员和设备又出现问题，造成问题处理缓慢。

3. 防止发生同类事故的措施：

(1) 公司应当加强技术培训，使职工学会各种仪表、设备使用方法的同时，还要了解各种仪表、工具、设备的工作环境要求，提高工作技能。经常进行有针对性的培训教育，不断提高员工的整体素质。

(2) 要求各工程项目经理部在施工前必须根据工程特点，从人、机、料、法、环等方面详细列出工程的质量控制点，制定有针对性的质量控制措施并严格执行。

3.3.2 挖断光缆造成中断通信的事故

1. 事故经过

某项目经理部承包了南方某运营商的直埋光缆线路工程，工程开工时正逢酷暑天气。项目经理部为了保证工期，在施工前期坚持全天候作业，致使部分施工人员中暑。发生中暑事故后，项目部临时决定12点到15点休息。为了完成任务，项目部决定增加人力，在当地农民中选出一部分人进行挖沟工作。由于当地农民的工资是按完成的土方量给付的，因此农民为了多挣钱就尽量加快挖沟速度，结果在与原有的其他运营商的光缆交越时，不小心把原有光缆挖断。光缆被挖断后，挖沟人员没有及时上报，直到运营商查找到光缆故障时才发现，最终造成长达5h的通信中断事故。

2. 原因分析

(1) 项目经理部的安全控制工作未考虑施工现场的具体环境状况，没有对施工现场的环境状况进行具体分析，没有辨识和评价施工现场的危险源，从而使得部分施工人员在施工过程中发生中暑。

(2) 临时使用当地农民挖沟时，项目部没有对其进行安全教育，当地农民并不知道挖断光缆的严重性，因此没有这一方面的安全意识；另外，临时雇用来到的农民工的责任心也不强，挖掘作业时没有考虑到这种简单工作中的危险源，因此造成挖断光缆致使通信中断的严重安全事故。

(3) 使用当地农民挖沟，现场负责人没有进行技术交底，没有告诉操作者光缆交越处的具体地点以及交越处的开挖方法，也没有技术人员或安全管理人员在场指导，这是造成本次事故的管理原因。

(4) 挖断光缆后又没有应急预案，从而造成通信中断时间延长，事故扩大。

3. 防止发生同类事故的措施：

(1) 公司应要求各项目部在施工前详细了解施工现场实际环境情况，在此基础上组织项目部专职安全员、技术负责人及相关负责人采用科学的方法辨识各种危险源，并对辨识出的危险源进行风险评价，确定哪些危险源属于重大危险源，并对此制订出控制措施及应急预案，严格按照方案实施。

(2) 项目部制订计划应科学合理。当需要增加人力资源时，一定要进行岗前安全技术培训，并针对工程特点进行必要的技术交底工作。

(3) 重点地段施工时，安全管理人员一定要到场监督指导。

3.4 设备安装工程质量安全事故案例分析

3.4.1 某传输设备工程2M通道经常出现误码

1. 事故经过

某通信施工企业以包工包部分材料方式承揽了某省的二级干线传输设备安装工程。在A站本机测试中，发现有很多2M电路不通，测试人员检查后发现都是因为假焊造成的，于是把不通的电路重新焊接了一遍，继续进行测试，指标符合要求。但在全程测试时，又出现由A站到其他局站的电路还有很多24h误码测试不合格现象，而其他站之间的误码测试都没问题；测试人员发现还是由于假焊导致接触不良造成的，因此又把有误码的电路重新焊接后再挂表，结果没有问题。工程初验测试也顺利通过，但在试运行期间，网管经常发现A站电路仍有误码现象。

2. 事故原因分析

事故发生后，建设单位组织相关部门进行调查分析，确认产生误码的原因仍然是由于A站2M连接器假焊造成的。初验时虽然没问题，但假焊的接头经过一段时间后，由于逐渐氧化造成接触不良，从而产生误码。建设单位随即要求施工单位按合同对A站2M电缆的连接器焊接返工并赔偿一定的经济损失。施工单位在返工的同时，在内部也组织了调查组对质量问题进行了调查分析得出以下结论：

(1) 施工队施工时所使用的焊接人员以前没有焊接过头子，也没有经过上岗培训，队长交代任务后只是简单地做了示范就让其进行焊接工作；因此操作人员焊接技术不过关是造成本次质量事故的直接原因。

(2) 施工队长责任心不强，质量意识淡薄，用人不当也是造成质量事故的主要原因之一。

(3) 测试人员在两次发现问题后，没有给予充分重视，没有把所有的头子都重新焊接一遍，也没有向项目部反映，这也是造成质量事故的原因之一。

(4) 项目部虽然有质量计划和质量控制措施，但没有认真贯彻执行，没有落实“三检”制度，说明项目经理和质检员质量意识不够、责任心不强，这是造成质量事故的根本管理原因。

(5) 公司领导层督促贯彻岗前培训制度不力，强调重视质量不够，也应对此次质量事故负领导责任。

通过调查分析，公司对参与此工程的操作人员到主管生产的副经理的相关人员都给予了相应的处罚。

3. 防止发生同类事故的措施

(1) 在公司通报本次事故以及造成的损失，让每位员工都认识到质量的重要性。

(2) 公司应健全培训制度，严格岗前培训制度；经常进行有针对性的技术和管理培训教育，不断提高员工的整体素质。

(3) 公司应加强“三检”制度贯彻落实的监督和管理工作。经常深入工地现场检查“三检”制度的落实情况，并不断改进质量管理措施。

(4) 各项目部要从组织上加强质量监督工作；严格工序管理，严格执行“三检”制度，把问题消灭在生产过程中，确保不留隐患。

3.4.2 操作失误酿成中断通信的事故

1. 事故经过

2000 年 10 月 11 日某省通信工程公司第二分公司在某市进行程控交换设备扩容工程。上午 10 点 10 分在布放电源柜的直流电源线时，由于原有电源线塞得很满，新布放的线很难穿过，施工人员就小心翼翼地把要放的新电源线固定在一把长螺丝刀上，并用绝缘胶带将长螺丝刀的裸露的金属部分包好，然后很快就把新电源线穿好。这时施工人员发现要接新电源线的接线柱与相邻的接线柱缝隙太小且有点歪，于是用螺丝刀去“撬了一下”，万万没想到由于用力过猛突然滑脱，使得螺丝刀上的绝缘层被电源接线柱碰破，而螺丝刀戳到了机壳上，致使 48V 电源短路，中断了交换机的电源，使得 1 万门的交换机瘫痪。等值班人员换上保险送上电，恢复数据重新运行交换机，时间已过去了 13min。

2. 事故原因分析

此次事故造成的后果很严重：整座城市的电话中断了 13min，给当地电信局造成了无法挽回的损失。相关单位对事故进行了调查分析：

(1) 工程项目负责人严重失职，在工程管理上严重失误，对交换机扩容工程的风险性估计不足，是造成事故的主要原因，应负主要责任。

(2) 施工人员虽然针对带电作业采取了防范措施，但是缺乏经验，对其操作的重要性、危险性估计不足，麻痹大意，操作失误是造成事故的直接原因。

(3) 工程项目负责人在施工方案中没有针对扩容工程的特点制定相应的技术措施，预防措施及应急预案。致使事故发生后措手不及延误了时间，这是使得事故更加严重的技术原因。

3. 事故教训

(1) 应挑选具有独立管理交换机的扩容工程、经验丰富的技术管理人员担当项目负责人。在进行施工作业前应认真分析交换机扩容工程中带电操作的危险性。

(2) 施工人员应认真学习交换机扩容工程的操作规程，对相关人员应进行岗前专业培训，应使其认识到操作失误的严重性。

4. 防止发生同类事故的措施

(1) 选派责任心强、经验丰富的人员担任扩容工程项目的负责人，并针对工程的特点制订多套风险应急预案。加强对全体员工的风险意识教育，增强和提高应对突发事故的应变能力。

(2) 工程中的关键工序要选派有经验的、胆大心细的技术人员作业。对于工程中的确有危险、难度很大的关键工序不要盲目蛮干，可会同建设单位、设计单位、监理单位修改施工方案，规避或减小风险。

(3) 对于确实不能规避风险的施工工序，应选择适合的时间段施工，并制订周密的施工方案、预防措施，万一发生事故尽量减少损失。

3.4.3 汇流排短路事故

1. 事故概况经过

某施工队在某市话分局进行通信电源施工时，某施工人员蹬着梯子进行汇流排的接头，接头是用螺栓拧固，该施工人员拧完最后一个螺栓后随手将活动扳手放到了两根平行的铜排上面。后来发现自己的扳手没有了，也没有再仔细寻找。各项安装工作完成后进行通电时，刚一加电就听到一声巨响，冒了一个火球，活动扳手被焊在了汇流排上，汇流排也被电流打掉了一块，汇流排短路了。

2. 事故原因分析

(1) 违反操作规程。拧完螺栓后应将扳手放在腰间的钳套内，不能随意乱放，更不应放在两根汇流排上。如果是带电作业，这样一放，很可能会造成人员伤亡和设备损坏的重大事故。

(2) 不良习惯。事故发生后找该施工人员谈话时了解到，施工时工具放在哪里方便顺手就放在哪里，养成了习惯，总觉得在工具袋里装进拿出太麻烦。要求活动扳手应用绝缘胶带缠绕，他也没有做绝缘处理。

(3) 通电前没有认真检查和清理工具，也没有进行严格的绝缘测试。

3. 防止同类事故的措施：

经常放任自流、管理松懈，违反操作规程使得部分施工人员养成了不良习惯。总是不拘小节，必然会酿成事故。所以要对全体员工认真地进行一次培训教育，制定整改措施。

(1) 制定完善的安全生产管理制度和安全技术防范措施。

(2) 要经常检查安全生产管理制度和安全技术防范措施是否全部执行到位。

(3) 要建立并完善安全管理组织机构和人员配备，经常检查，发现有违反操作规程的要及时处理，立即纠正。

(4) 经常进行有针对性的培训教育，不断提高员工的整体素质。

3.5 通信、广电近年通报的安全事故

3.5.1 中国移动随州分公司“3·28”及湖北方兴通信有限公司“5·29”较大安全事故

2010年10月21日工业和信息化部以［工信部通函［2010］514号］文件形式，向各省、自治区、直辖市通信管理局和中国电信集团公司、中国移动通信集团公司、中国联合网络通信集团有限公司及各相关单位通报了两起通信建设安全生产事故处理情况：近期，接连发生两起通信建设工程安全生产事故，造成人员伤亡，给国家财产和人民群众的生命安全造成了较大损失，给通信行业发展带来负面影响，暴露出通信工程施工中存在违章作业、安全措施不到位等突出问题。收到事故报告后，部领导立即做出重要批示“要求坚持“四不放过”的方针，查清原因，通报全行业，坚决把不按规程办事和层层转包的趋势遏制住，杜绝事故的重复发生”。目前，依照法律法规规定的权限和程序，事故发生地人民政府已批复了对两起事故责任认定和处理意见。为进一步加强通信建设工程安全管理，杜绝安全生产事故的再次发生，现将有关情况通报如下：

1. 事故的基本情况

(1) 中国移动随州分公司“3·28”较大安全事故

3月28日，施工单位浙江鸿顺实业有限公司现场施工人员在安装湖北随州移动分公司的一座移动基站发射塔时，由于铁塔塔基底座12个螺栓和螺母有11个不配套，导致其中11个螺母安装不上，为赶工程进度，3名施工人员在铁塔底座没有固定、现场无监理人员和安全管理人员的情况下，仍然坚持上塔作业，当铁塔安装到25m左右，因铁塔的底座螺栓固定不到位、拉绳的拉力及作业人员的作用力等因素导致铁塔重心偏离，铁塔往拉绳方向倾倒，在塔上作业的3人随塔倾倒摔下被砸死，在塔下拉绳的1人也被倒下的铁塔砸死。造成直接经济损失90万元。

(2) 湖北方兴通信有限公司“5·29”较大安全事故

5月29日18时许，施工单位湖北方兴通信有限公司1名施工人员在武汉市视频监控系统项目(建设单位为中国联通武汉市分公司)“光谷长城坐标城”工地的一个信息网络人井内，进行光缆布放施工时发生晕倒，下井施救的3名工友因施救不当造成死亡。造成直接经济损失约145万元。

2. 事故的主要原因和性质认定

(1) 中国移动随州分公司“3·28”较大安全事故

湖北省随州市人民政府批复的对事故发生认定的直接原因为：铁塔安装严重违规操作。间接原因认定为：1. 施工方浙江鸿顺实业有限公司违反《中华人民共和国安全生产法》的规定，在登高架设作业中没有配备专职安全生产管理人员对施工现场进行安全管理，未对施工人员进行岗前安全培训；2. 监理单位北京诚公通信工程监理股份有限公司第三分公司，在施工方未按程序及时通知的情况下，也未及时派监理人员到现场进行工程监理。

事故性质认定：该事故是因铁塔安装严重违规操作、施工现场安全监理不到位、作业人员缺乏基本的安全意识而造成的物体打击类较大安全责任事故。

(2) 湖北方兴通信有限公司“5·29”较大安全事故

湖北省武汉市省人民政府批复的对事故发生认定的直接原因为：作业人员安全意识薄弱，在进入地下有限空间作业前，未进行检测，未佩带防护用品，施救人员盲目下井施救，最终均因缺氧昏倒在井内污水里，造成事故伤亡扩大，酿成较大事故。间接原因：1)湖北方兴通信有限公司对有限空间作业现场的安全管理不到位；2)作业人员安全培训教育不到位；3)湖北方兴通信有限公司对施工人员及施工现场的安全管理不到位；4)河南省通信建设监理有限公司对井下有限空间作业的安全监理工作不到位；5)中国联通武汉市分公司对施工单位的施工现场安全生产检查不到位。

事故性质认定：该事故是一起施工人员违章下井作业，井上人员盲目施救，企业安全生产规章制度落实不力，安全管理工作不到位而造成的较大责任事故。

两起安全事故的发生暴露出通信建设工程安全生产形势严峻。一是工程建设各方主体安全生产责任不落实，安全生产措施不得力；二是施工现场安全生产管理不到位，专职安全员不到岗，施工作业人员违规违章操作行为严重；三是企业安全培训教育未全覆盖，一线施工人员缺乏基本安全生产意识，安全防护和救援常识严重缺乏；四是监理单位未严格履行监理责任，现场安全管理不到位，对施工企业的习惯性违章作业没有采取制止措施；

五是建设单位对施工方和监理方未按规定严格要求，未尽到对施工、监理单位安全生产工作的检查、协调责任。

3. 相关处理意见

(1) 相关部门的处理意见

湖北省随州市人民政府批复的对中国移动随州分公司“3·28”较大安全事故调查处理意见是：对浙江鸿顺实业有限公司依法给予经济处罚，责令该企业所有在随州建设项目停工整顿；对该公司法定代表人依法给予年收入40%的经济处罚；对该公司主管安全的综合部经理，建议相关部门给予行政降职处分；对该公司塔桅部安全生产第一责任人塔桅部经理，建议相关部门给撤销塔桅部经理职务的处分。对北京诚公通信工程监理股份有限公司第三分公司依法给予经济处罚，并责令该企业所有在随州建设项目进行停工整顿，对作为该分公司湖北移动工程项目负责人的副总经理依法给年收入40%的经济处罚，建议有关部门给予行政记大过处分；对作为该项目主要安全负责人的项目经理，建议相关部门给予行政降职处分。要求中国移动随州分公司所有在建工程立即停工整顿，认真吸取事故教训，写出自查整改报告。

湖北武汉市人民政府批复的对湖北方兴通信有限公司“5·29”较大安全事故处理意见是：给予湖北方兴通信有限公司经济处罚20万元；对该项目的项目经理建议给予开除处分；对法人代表处以上一年收入40%的罚款，并作出深刻书面检查。对河南省通信建设监理有限公司现场监理员建议给予行政记过处分。对中国联通武汉市分公司负责该项目的项目经理建议给予行政警告处分。

(2) 我部处理意见

为深刻吸取两起事故的教训，我部决定对中国移动随州分公司、中国联通武汉市分公司、浙江鸿顺实业有限公司、湖北方兴通信有限公司、北京诚公通信工程监理股份有限公司、河南通信建设监理有限公司在行业内通报批评。同时，要求事故责任单位认真落实当地政府部门的处理意见，在企业内部对相关责任人做出严肃处理，并将有关处理和整改情况于11月10日前上报我部(通信发展司)和所在省通信管理局。

4. 下一步工作要求

全行业要进一步增强安全生产意识，扎扎实实地做好防范工作，杜绝安全生产事故的再次发生，确保通信建设工程安全生产，提出要求如下：

(1) 提高认识，加强管理

各电信企业及参与通信工程建设的设计、施工、监理等企业要认真吸取事故教训。安全生产关系到人民群众的生命安全，要切实提高对安全生产管理工作的认识，坚持以人为本，牢固树立安全生产“责任重于泰山”的意识。各单位要全面贯彻国家有关安全生产的法律法规和我部的相关规定，正确认识安全生产与建设速度、建设成本的关系，深刻反思本单位工程建设安全生产方面存在的突出问题，排除各种安全生产隐患。

(2) 健全监督机制，严格落实企业主体责任制

企业是安全生产的责任主体，各单位要认真落实《通信建设工程安全生产管理规定》(工信部［2008］111号)，狠抓安全生产责任制的落实。一是要把建设工程安全生产责任制落实到人，明确各环节、各部门和相关人员的责任，将安全生产管理情况与责任人的业绩考核挂钩，逐级负责、逐层落实；二是要加强施工现场管理，彻底消除薄弱环节、安全

生产事故易发环节的隐患，杜绝违反通信工程建设标准、违反安全操作规程的行为；三是在工程建设过程中，建设单位、工程总承包单位要加强工程的管理，防止因无资质参与工程建设、资质挂靠、层层转包等违规行为造成安全生产管理漏洞，同时要加强施工现场安全生产检查。

(3) 深入开展检查，排除安全生产隐患

各单位要按照《国务院关于进一步加强企业安全生产工作的通知》(国发［2010］23号)和《关于集中开展严厉打击通信建设领域非法违法行为专项行动的通知》(工信通函［2010］391号)的要求，认真开展在建工程安全生产检查，对通信工程建设中所有隐患进行全面排查，边检查、边整改、边总结，以检查促整改，对检查工作进行及时总结，切实把《通信建设工程安全生产操作规范》落到实处

(4) 保障安全生产资金投入，强化施工现场人员培训

施工企业应加大安全生产资金投入，保障安全生产费专款专用。必须配备安全生产工具用具和防护用品，及时更新安全生产装备，降低安全风险；要加强施工人员安全生产教育培训，增强施工人员自我安全防护意识，企业教育培训覆盖面应达到100%；对登高人员、井下作业人员、电工等特殊工种要经过专门培训，做到特种作业人员持证上岗；要加倍重视施工现场农民工的安全教育培训工作，针对农民工安全意识淡薄、流动性大的特点，保证施工人员按照操作规范进行施工作业。

(5) 坚持“四不放过”原则，建立企业安全生产事故个人责任追究制

各单位要认真吸取这两起安全事故的教训，要按照事故原因没查清不放过、责任人员没处理不放过、整改措施没落实不放过、有关人员没受到教育不放过的“四不放过”原则，一查到底、紧盯不放。建立企业内部安全生产事故个人责任追究制，对违法违规建设、不履行基本建设程序、不执行强制性标准导致安全事故的，按照相关规定对责任人进行处罚，做到警钟长鸣，有效防范安全生产事故的发生，确保通信建设工程安全生产。

3.5.2 晋州市广播电视发射塔折断事故

1. 背景

2009年7月23日19时，晋州市遭遇大风袭击，瞬间最大风力达9级，未交付使用的晋州市广播电视发射塔在大风中轰然折断，造成巨大经济损失和恶劣社会影响。2010年4月，石家庄市长安区法院依法对相关涉案人员进行了判决。

晋州倒塔事件主要涉案经过：2007年7月，晋州市决定新建广播电视发射塔，由广电局具体组织实施。河北农民薛某与税务干部李某说服了河北通讯设备厂同意他们以该厂名义来承揽该工程，二人采取伪造某设计院图纸专用章、找两家公司陪标并找人冒充陪标公司员工等手段顺利中标。中标后，薛李二人隐瞒真实标价，诱使河北通讯设备厂自愿放弃承包，转由他们个人承接。之后二人又用伪造的通讯设备厂合同章，与广电局签订了合同。

广电局领导明知他们不是河北通讯设备厂的法人代表，却没有要求提供法人授权委托书，也未与该厂核实，更有甚者，当他们借故提出“在总合同下再签两份分合同”的不合理要求时，广电局竟同意与之签订了三份不同价款的合同，使得李、薛能够在其后的订货和施工中用低价合同继续欺瞒，压低造价以谋取利益，为工程质量留下隐患。事后广电局领导收受了薛李二人的金钱感谢。此外广电局还在明知某监理公司没有电视塔施工监理资

质情况下，仍主动要求与之签订了监理合同。

施工中，薛李二人使用假章与建筑公司签订塔基施工合同，随后用拼凑的无资质人员进行施工，导致基础部分完工后被检测为不合格，重新施工，严重延误了工期。在铁塔56m以上安装过程中，薛李二人将主柱角钢的尺寸由图纸规定的90×8调换成90×6型号时，监理人员提出质疑后，李薛二人仅凭伪造的一份所谓河北通讯设备厂说明搪塞过去。据事后调查组认定，该电视发射塔生产安装的施工质量较差，焊缝及螺栓连接质量不符合规范要求，大部分表面存在夹渣、气孔、锈蚀现象，部分焊缝等级未达到Ⅱ级要求。

监理对铁塔安装施工过程中使用不合格图纸，从材料加工到现场安装均雇用无资质人员进行，甚至在关键部位偷工减料等问题陆续发出了15份监理通知，但这仍未引起广电局领导足够的重视。因为重做塔基础耽误工期，广电局与薛某李某签订补充协议，将竣工日期延后5个半月，同时将发射塔抗风、抗震标准降低到10min平均风速19.0m/s，瞬时风速24.0m/s，地震烈度7度。

在2009年4月15日的一场8级风中，铁塔56m至101m处构柱角钢出现屈曲变形，在同年7月23日的一场9级风中，铁塔从56m处折断，事故终于爆发。

2. 分析

(1) 招投标步骤：实际投标人李某、薛某采用弄虚作假、串标、伪造单位印章、行贿等手段非法获得承包，招标方广电局领导玩忽职守、受贿，使投标方承揽工程得逞，并同意签订不同造价的合同，给事故的发生埋下种子。

(2) 施工步骤：实际承包人李某、薛某采用欺瞒手段，压低采购成本，偷工减料，雇佣无资质人员进行生产施工，在被现场监理指出问题后造假蒙混过关。建设单位广电局领导则违章安排无资质单位担任监理，擅自降低发射塔抗风、抗震标准，对施工暴露的问题监管不力。该工程施工塔基础第一次施工完毕后检测为不合格，后重新施工，也说明施工中相关方未遵循隐蔽工程要随工验收，每道工序合格后才能进入下一道工序的原则。

4 注册建造师相关制度介绍

4.1 通信与广电工程注册建造师执业工程范围解读

目前我国工程建设的各个领域内，施工企业以及建设单位、设计单位、监理单位、质量监督单位和有关管理部门，均按专业对工程项目进行运作和管理。不同类型、不同性质的建设工程项目，有着各自的专业性和技术特点，对施工项目负责人的专业要求有很大不同。为了适应各类工程项目对建造师专业技术的不同要求，也与现行建设工程管理体制相衔接，充分发挥各有关专业部门的作用，建造师实行分专业管理。

1. 建造师分级

建造师分为两个级别，一级建造师的专业分为建筑工程、公路工程、铁路工程、民航机场工程、港口与航道工程、水利水电工程、矿业工程、机电工程、市政公用工程、通信与广电工程 10 个。二级建造师的专业分为房屋建筑工程、公路工程、水利水电工程、矿业工程、机电工程、市政公用工程 6 个。通信与广电工程专业不设二级建造师。

2. 执业工程范围

通信与广电执业工程范围包括：通信线路、微波通信、传输设备、交换、卫星地球站、移动通信基站、数据通信及计算机网络、本地网、接入网、通信管道、通信电源、综合布线、信息化、电视中心、广播中心、中短波发射台、调频、电视发射台、有线电视、卫星接收站等。

(1) 通信线路工程：通信线路是指在各种传输设备之间、交换设备之间以及交换设备与终端设备之间，传输话音、数据及图像等通信信息的有线介质。目前的通信线路一般有电缆和光缆。通信线路工程是指完成采用直埋、架空、水下、管道等敷设方式敷设的通信线路的设计、施工、管理及协调等工作的工程。

(2) 微波通信工程：微波通信是指使用波长在 0.1 毫米至 1 米之间的电磁波——微波作为介质进行信号传递。微波通信工程是指完成微波通信设备的组网设计、设备安装、缆线布放、设备调测及交工验收等一系列工作的工程。

(3) 传输设备工程：传输设备是指长途通信中使用的 PDH 设备、SDH 设备、WDM 设备及其他相关设备。传输设备工程是指完成传输设备的组网设计、设备安装、缆线布放、设备调测及交工验收等工作量的工程。

(4) 交换工程：交换设备是指通信局(站)内能够完成在不同用户之间进行话音、数据及图像等信息传递的设备。交换工程是指完成通信局(站)内交换设备的组网设计、设备安装、缆线布放、设备调测及工程验收等工作量的工程。

(5) 卫星地球站工程：卫星地球站是指卫星信号发送和接收的地面装置及其相关配套设备，一般包括地球上行站和地面接收站两部分。卫星地球站工程是指完成卫星地球站的设计、设备安装、缆线布放、设备调测及工程验收等工作量的工程。

(6) 移动通信基站工程：移动通信基站是指在一定的无线电覆盖区域中，通过移动通信交换中心与移动电话终端之间进行信息传递的无线电收发信设备。移动通信基站工程是指完成移动通信基站的组网设计、设备安装、缆线布放、设备调测及工程验收等工作量的工程。

(7) 数据通信及计算机网络工程：数据通信是指通过传输信道将数据终端与计算机联结起来，从而实现不同地点数据终端的软、硬件和信息资源的共享。它是通信技术和计算机技术相结合而产生的一种通信方式。根据两地间传输信息的传输媒体不同，可以分为有线数据通信与无线数据通信。计算机网络是指将地理位置不同的具有独立功能的多台计算机及其外部设备，通过通信线路连接起来，在网络操作系统、网络管理软件及网络通信协议的管理和协调下，实现资源共享和信息传递的计算机系统。简单地说，计算机网络就是通过电缆、电话线或无线通信将两台以上的计算机互连起来的集合。数据通信及计算机网络工程是指完成数据通信网络及计算机网络的组网设计、设备安装、缆线布放、设备调测及工程验收等工作量的工程。

(8) 本地网工程：本地网是指在一个长途编号区内、由若干端局(或端局与汇接局)、局间中继线、长市中继线及端局用户线所组成的自动电话网，它又称为本地电话网。它的主要特点是在一个长途编号区内只有一个本地网，同一个本地网的用户之间呼叫只需拨本地电话号码，而呼叫本地网以外的用户则需要按长途程序拨号。本地网工程也可按专业分为线路敷设和设备安装。线路工程是指完成本地网通信线路的设计以及通信线路的施工、工程管理与协调等工作量的工程；设备安装工程是指本地网设备的组网设计、设备安装、缆线布放、设备调测及工程验收等工作量的工程。

(9) 接入网工程：接入网是指本地交换机与用户终端之间的连接部分，它通常包括用户线传输系统、复用设备、交叉连接设备或用户/网络终端设备。接入网的接入方式包括铜线(普通电话线)接入、光纤接入、光纤同轴电缆(有线电视电缆)混合接入、无线接入和以太网接入等几种方式。接入网工程是指完成接入网的组网设计、设备安装、设备调测、线路施工、工程管理与协调等工作量的工程。

(10) 通信管道工程：通信管道是通信用光(电)缆地下敷设的路径，一般可以由水泥管块、塑料管或钢管等铺设建成。在通信管道中间建有人(手)孔。通信管道工程是指完成通信管道的设计、通信管道的铺设、人(手)孔的建设、工程管理与协调等工作量的工程。

(11) 通信电源工程：通信电源是通信设备的电力来源，它包括地网、交流配电设备、直流配电设备、蓄电池、电缆、监控设备等。通信电源工程是指完成通信电源设备的组网设计、设备安装、缆线布放、设备调测及工程验收等工作量的工程。

(12) 综合布线工程：综合布线是指针对计算机与通信配线系统而建设的一种模块化的、灵活性极高的建筑物内及建筑群之间的信息传输通道，通过它可以使建筑物内的话音设备、数据设备、交换设备及各种控制设备与信息管理系统连接起来，实现资源共享；同时它也可以使这些设备与外部通信网络相连，与外部网络交换信息。综合布线由不同系列和规格的部件组成，其中不仅包括建筑物内部的各种设备和线路，还包括建筑物的外部网络或电信线路的连接点与应用系统设备之间的所有线缆及相关的连接部件。

综合布线工程是指完成建筑物外部连接点至其内部各种设备之间、建筑物内部各种设备及其彼此之间连接线的组网设计、设备安装、缆线布放、各种测试及工程验收的全部工作量的工程。

(13) 信息化工程：信息化工程是指透过全面开放的应用服务体系对传统体系进行应用模式和管理模式的改造的工程。

(14) 电视中心工程：电视中心是能自制节目、播出节目，并具有录播、直播、微波及卫星传送和接收等全部功能或部分功能的电视台。电视中心工程是指完成电视中心的设计、设备安装、缆线布放、设备调测及工程验收等工作量的工程。

(15) 广播中心工程：广播中心是能自制节目、播出节目，并具有录播、直播、微波及卫星传送和接收等全部功能或部分功能的广播电台。广播中心工程是指完成广播中心的设计、设备安装、缆线布放、设备调测及工程验收等工作量的工程。

(16) 中波、短波广播发射台工程：中波、短波广播发射台是用无线电发送设备将声音节目播送出去的场所，其装有一部或若干部发射机及附属设备和天线。中波广播发射台工作于中波波段，短波广播发射台工作于短波波段。中波、短波广播发射台工程是指完成中波、短波广播发射台的设计、设备安装、缆线布放、设备调测及工程验收等工作量的工程。

(17) 电视、调频广播发射台工程：电视、调频广播发射台是用无线电发送设备将声音和图像节目播送出去的场所，其装有一部或若干部发射机及附属设备和天线。调频广播发射台工作于米波波段，电视发射台工作于米波和分米波波段。电视、调频广播发射台工程是指完电视、调频广播发射台的设计、设备安装、缆线布放、设备调测及工程验收等工作量的工程。

(18) 有线电视工程：有线电视是采用缆线传输电视节目的一种技术手段。有线电视工程是指完有线电视设备安装、缆线布放、设备调测及工程验收等工作量的工程。

(19) 广播电视卫星地球站工程：广播电视卫星地球站是向卫星发送广播电视信号供卫星转发器向地面播出，同时接收来自卫星的广播电视信号的场所。广播电视卫星地球站工程是指完成广播电视卫星地球站的设计、设备安装、缆线布放、设备调测及工程验收等工作量的工程。

4.2 通信与广电工程注册建造师执业工程规模标准解读

建市［2003］86号文中明确了“大、中型工程项目施工的项目经理必须由取得建造师注册证书的人员担任”，2007年7月4日，中华人民共和国建设部印发了《注册建造师执业工程规模标准》(试行)建市［2007］171号。

1. 工程规模的划分

通信与广电专业建造师执业工程规模的划分，既不同于施工企业资质等级标准，也不同于通信工程类别划分标准，而是根据行业意见，采用专业和单项工程合同额/规模、单项工程合同额和结构形式划分。

通信与广电大中型工程项目负责人必须由本专业一级注册建造师担任。

2. 工程规模标准

(1) 通信线路工程

大型：跨省通信线路工程或投资3000万元及以上。

中型：省内通信线路工程且投资在1000万～3000万元内。

小型：投资小于1000万元。

(2) 微波通信工程

大型：跨省微波通信工程或投资2000万元及以上。

中型：省内微波通信工程且投资在800万～2000万元内。

小型：投资小于800万元。

(3) 传输设备工程

大型：跨省传输设备工程或投资3000万元及以上。

中型：省内传输设备工程且投资在1000万～3000万元内。

小型：投资小于1000万元。

(4) 交换工程(设备安装)

大型：5万门及以上。

中型：1万门及以上～5万门以下。

小型：1万门以下。

(5) 卫星地球站工程

大型：天线口径12m及以上(含上下行)；500个及以上VSAT。

中型：天线口径6～12m(含上下行)；500个以下VSAT。

小型：天线口径6m以下卫星单收站。

(6) 移动通信基站工程

大型：50个及以上基站。

中型：20个及以上～50个以下基站。

小型：20个以下基站。

(7) 数据通信及计算机网络工程

大型：跨省数据通信及计算机网络工程或投资1200万元及以上。

中型：省内数据通信及计算机网络工程且投资在600万～1200万元内。

小型：投资小于600万元的项目。

(8) 本地网工程

大型：单项工程投资额1200万元及以上。

中型：单项工程投资额300万～1200万元以内。

小型：单项工程投资额300万元以下。

(9) 接入网工程

中型：单项工程投资额300万元及以上。

小型：单项工程投资额300万元以下。

(10) 通信管道工程

中型：单项工程合同额200万元及以上。

小型：单项工程合同额200万元以下。

(11) 通信电源工程

中型：综合通信局电源系统。

小型：配套电源工程。

(12) 电视中心工程

大型：自制节目2套及以上。

中型：自制节目1套。

(13) 广播中心工程

大型：自制节目4套及以上。

中型：自制节目2～3套。

小型：自制节目1套。

(14) 中短波发射台工程

大型：单机发射功率100kW及以上。

中型：单机发射功率50～100kW以内。

小型：单机发射功率50kW以下。

(15) 调频、电视发射台工程

大型：单机发射功率5kW及以上。

中型：单机发射功率1～5kW以内。

小型：单机发射功率1kW以下。

(16) 有线电视工程

大型：用户终端3万户及以上。

中型：用户终端1万户～3万户以内。

小型：用户终端1万户以下。

(17) 卫星接收站工程

大型：接收广播电视节目50套及以上。

中型：接收广播电视节目30套～50套以内。

小型：接收广播电视节目30套以下。

(18) 其他广电工程

大型：单项工程合同额2000万元及以上。

中型：单项工程合同额1000万～2000万元以内。

小型：单项工程合同额1000万元以下。

4.3 通信与广电工程注册建造师工程执业签章文件解读

《注册建造师管理规定》(中华人民共和国建设部令第153号)依据《建筑法》、《行政许可法》、《建设工程质量管理条例》等法律、行政法规制定，对建造师注册、执业、继续教育、法律责任作出了明确规定："建设工程施工活动中形成的有关工程施工管理文件，应当由注册建造师签字并加盖执业印章"，"施工单位签署质量合格的文件上，必须有注册建造师的签字盖章"，建造师应"在本人执业活动中形成的文件上签字并加盖执业印章"，"保证执业成果的质量，并承担相应责任"。

建市［2008］48号发布的《注册建造师执业管理办法》中规定，担任建设工程施工项目负责人的注册建造师在执业过程中，应当及时、独立完成建设工程施工管理文件签章并承担相应责任。

1. 签章文件目录

建设部发布了《注册建造师施工管理签章文件目录》(试行)(建市［2008］42号)通信与广电工程施工管理签章文件目录见表4.3-1。

通信与广电工程施工管理签章文件目录 **表 4.3-1**

序号	工程类别	文件类别	文件名称	代码
1	通信工程	施工组织管理	项目管理实施计划或施工组织设计报审表	CL101
			主要施工管理人员配备表	CL102
			主要施工方案报批表	CL103
			特殊或特种作业人员资格审核表	CL104
			工程开工报审表 开工报告	CL105-1 CL105-2
			单项工程开工报审表 单项工程开工报告	CL105-1 CL105-2
			工程延期申请	CL106
			工程暂停施工申请 工程恢复施工申请 工程竣工交验申请	CL107-1 CL107-2 CL107-3
			与其他工程参与单位来往的重要函件(工作联系单)	CL108
			工程保险委托书	CL109
			工程验收报告	CL110
			竣工资料移交清单	CL111
		施工进度管理	总进度计划报审表	CL201
			单项工程进度计划报审表	CL202
			工程月(周、日)报	CL203
		合同管理	工程分包合同	CL301
			劳务分包合同	CL302
			材料采购总计划表	CL303
			工程设备采购总计划表	CL304
			工程设备(材料)招标书 工程设备(材料)供货单位确认书	CL305-1 CL305-2
			工余料清单	CL306
			合同变更申请报告	CL307
		质量管理	重大质量事故报告	CL401
			工程质量保证书	CL402
		安全管理	工程项目安全生产责任书	CL501
			分包安全管理协议书	CL502
			施工安全技术措施及安全事故应急预案	CL503
			施工现场安全事故上报表 施工现场安全事故处理报告	CL504-1 CL504-2
		现场环保文明施工管理	施工环境保护措施及管理方案	CL601

续表

序号	工程类别	文件类别	文 件 名 称	代码
1	通信工程	成本费用管理	工程款支付申请表	CL701
			工程变更费用报审表	CL702
			工程费用索赔申请表	CL703
			竣工结算申报表	CL704
			工程保险(人身、设备、运输等)申报表	CL705
			工程结算审计表(法律纠纷事务申诉用)	CL706
2	广电工程	施工组织管理	项目管理实施计划或施工组织设计报审表	CL101
			主要施工管理人员配备表	CL102
			主要施工方案报批表	CL103
			特殊或特种作业人员资格审核表	CL104
			工程开工报审表 开工报告	CL105-1 CL105-2
			工程延期申请	CL106
			工程暂停施工申请 工程恢复施工申请 工程竣工交验申请	CL107-1 CL107-2 CL107-3
			与其他工程参与单位来往的重要函件(工作联系单)	CL108
			工程保险委托书	CL109
			工程验收报告	CL110
			竣工资料移交清单	CL111
		施工进度管理	总进度计划报审表	CL201
			单项工程进度计划报审表	CL202
			工程月(周、日)报	CL203
		合同管理	工程分包合同	CL301
			劳务分包合同	CL302
			材料采购总计划表	CL303
			工程设备采购总计划表	CL304
			工程设备(材料)招标书 工程设备(材料)供货单位确认书	CL305-1 CL305-2
			工余料清单	CL306
			合同变更申请报告	CL307
		质量管理	重大质量事故报告	CL401
			工程质量保证书	CL402
		安全管理	工程项目安全生产责任书	CL501
			分包安全管理协议书	CL502
			施工安全技术措施及安全事故应急预案	CL503
			施工现场安全事故上报表 施工现场安全事故处理报告	CL504-1 CL504-2

续表

序号	工程类别	文件类别	文件名称	代码
2	广电工程	现场环保文明施工管理	施工环境保护措施及管理方案	CL601
		成本费用管理	工程款支付申请表	CL701
			工程变更费用报审表	CL702
			工程费用索赔申请表	CL703
			竣工结算申报表	CL704
			工程保险(人身、设备、运输等)申报表	CL705
			工程结算审计表(法律纠纷事务申诉用)	CL706

2. 签章文件类别及格式

施工项目负责人是公司在合同项目上的全权委托代理人，代表公司处理执行合同中的一切重大事宜：合同的实施、变更调整，对执行合同负主要责任；在公司授权的范围内，负责与业主洽谈工程项目的有关问题，签署相应文件；负责与协作单位、租赁单位、供应单位洽谈，签署协作、租赁和供货合同；并负责协调项目内协作单位之间的关系；负责组织编制施工组织设计、进行网络控制计划、成本控制计划、质量安全技术措施和工程预决算；全面负责项目安全生产工作。

(1) 签章文件类别的设置考虑了执业活动中涉及的施工管理相关内容，包括：施工组织管理、施工进度管理、合同管理、质量管理、安全管理、现场环境文明施工管理、成本费用管理。

签章文件名称及具体内容设置则考虑了行业工程管理现有模式、相关法律法规要求、施工监理要求、与相关方有关的需要负相应责任的文件、现行的文件格式等方面的内容。

(2) 表中“代码”的字母及数字，根据统一规定，各项的含义如下：

1)“代码”C—代表“建造师”。

2)“代码”L—代表“通信与广电工程”专业。

3) 数字1～7分别代表文件类别，即项目管理的各项内容，具体含义为：

1—施工组织管理。

2—施工进度管理。

3—合同管理。

4—质量管理。

5—安全管理。

6—现场环保文明施工管理。

7—成本费用管理。

4) 数字01～12为各类文件目录的顺序号

3. 签章文件说明

(1) 签章文件填写的一般要求

1) 填写的签章文件的内容应真实、可靠，禁止没有根据的编造。

2）各类注册建造师施工管理签章文件表格中所涉及的建设单位、监理单位、施工单位及其他各类单位的名称均应填写全称。

3）签章文件中的工程名称应与施工合同(或设计文件)中的工程名称一致。

4）此套签章文件中的每一页均需要由负责本工程施工的通信与广电专业注册建造师在相应位置签字、盖章。

5）此套签章文件均应由施工单位留底存档或登记向其他单位的发文日期，以便于查询。

(2) 签章文件名称解释

1）施工组织管理文件

① CL101 施工组织设计(项目实施计划)报审表：用于施工单位将已编制并经本单位相关负责人审核批准的×××工程施工组织设计(或项目实施计划)向监理(建设)单位报审。报送时应附相应的施工组织设计。

② CL102 主要施工管理人员配备报审表：用于施工单位项目部向监理单位(或建设单位)报送工程管理人员配备情况。如施工合同或监理单位(或建设单位)要求施工单位在工程开工前报送主要施工管理人员配备情况，施工单位项目部应按本表的内容要求报送。本表所涉及的主要施工管理人员有项目经理及项目经理部的技术负责人、材料主管人员、财务主管人员、主要带班人员等。具体人员构成可视工程规模及项目经理部的工程管理模式确定

③ CL103 主要施工方案报批表：用于工程中重要过程的施工方案的报批，如割接工作施工方案、截流工作施工方案、光缆接续工作施工方案、光缆跨越×××水库施工方案等等。施工方案应对工程中的难点、重点进行分析，制定详细的操作步骤，并同时制定安全施工的措施和应急预案。施工方案应经过本项目部的上级主管单位批准以后，以附件的形式附在此报批表的后面，并把施工方案的名称填写在本表中，由监理单位审批后使用。

④ CL104 特殊或特种作业人员资格审核表：用于监理单位对施工单位从事高空作业、电工作业、电焊作业等特种作业的人员资格的审核。特种或特殊作业人员资格的统计应另外制表，以附件的形式附在本表后面。特种或特殊作业人员资格统计表应包括人员姓名、所从事的工种、拟从事的工作、证书编号、证书取证日期、证书有效期等内容。

⑤ CL105-1 工程开工报审表：用于施工单位向监理单位报送工程开工申请表。能够证明施工现场具备开工条件的证明资料应以附件的形式附在本表后面。

⑥ CL105-2 开工报告：用于施工单位向建设单位、监理单位、本单位的工程主管部门等各级工程管理单位(或部门)通报施工现场已具备开工条件，并且可以开工。开工报告应主送建设单位，抄送工程其他参与单位。

⑦ CL106 工程延期申请：用于各种原因导致的工程不能按期完工情况下，施工单位向监理单位提出工程延期申请。工程延期的依据(或原因)、工期的计算依据及计算方法、相关的证明文件均以附件的形式附在本表的后面。

⑧ CL107-1 工程暂停施工申请：用于各种原因导致的工程不能继续施工的情况下，施工单位向监理单位提出的工程暂停施工申请。应写明已完成的工作量及其保护方法、恢复施工的条件。

⑨ CL107-2 工程恢复施工申请：用于施工现场具备施工条件时，施工单位向监理单位提出工程恢复施工申请。施工单位应将施工现场勘察的情况、具备恢复施工的理由、自己恢复施工的准备情况编写成报告，作为附件附于本表后面。

⑩ CL107-3 工程竣工交验申请：用于施工单位完成施工合同中规定的全部工作量时，向监理单位提出工程验收请求。施工单位应针对所建工程编写竣工报告，向监理单位描述本工程已完工程量的数量及其质量情况，并按照施工合同的要求确认本工程已经完工。竣工报告应以附件的形式附于本表后面。工程的竣工资料、竣工结算书应看作工程竣工的证明文件，以附件的形式附于本表后面。

⑪ CL108 工作联系单：是施工单位在施工过程中与工程相关单位联系工作时的文字确认函件，它主要用于施工单位与建设单位、监理单位、设计单位、材料厂商以及工程中需要交涉问题的其他相关部门之间的工作联系。施工单位在与相关单位联系事项时，所提出见解的依据应以附件的形式附于本表后面。

⑫ CL109 工程保险委托书(报审表)：用于施工单位按照施工合同的约定请建设单位或监理单位审核办理的工程施工期工程一切险是否满足施工合同的要求。相关工程保险委托书复印件应以附件的形式附于本表的后面。

⑬ CL110 工程验收报告：用于由工程相关单位组建的验收小组对工程满足施工合同要求情况的评定。由验收小组全体成员签字后即生效。

⑭ CL111 竣工资料移交清单：用于施工单位向建设单位相关部门移交竣工资料。施工单位向建设单位移交竣工资料的名称、数量应详细地写清楚。建设单位相关部门在收到竣工资料以后，应认真检查竣工资料的内容、数量、制作质量等情况，在确认上述情况满足本单位制作要求、存档要求的基础上，应及时向施工单位递交本表的回执——竣工资料接收清单，其中应注明所接收的竣工文件名称、数量、接收时间、接收人、对文件的制作意见等内容。

2）施工进度管理文件

① CL201 总进度计划报审表：用于在总承包工程或由多个单项工程组成的通信建设工程项目中，施工单位在开工前向监理单位报送完成该项目的总进度计划，并请其审核。总进度计划应以附件的形式附于本表的后面，包括总进度计划说明、总进度计划的横道图或网络图、计划完成的工程量、为了按照此进度计划施工而配备的施工资源等内容。

② CL202 单项工程进度计划报审表：用于施工单位向监理单位报送所编写单项工程的进度计划，并请其审核。

③ CL203 工程月(周、日)报：用于施工单位向监理单位报送工程月报或周报、日报，并请其审核。在建设单位按照工程进度向施工单位拨付工程进度款时，监理单位对施工单位工程进度的审核意见是建设单位拨付工程进度款的依据。

3）施工合同管理文件

① CL301 工程分包报审表：用于施工单位作为总承包单位，按照合同要求将所承包的部分或全部施工任务分包给其他施工单位(分包单位)时，请监理单位审核自己所选定的分包单位的施工资质和施工能力。总承包单位所选定的分包单位的资质、以往工程的业绩等证明材料应以附件的形式附于本表后面。

② CL302 劳务分包报审表：用于施工单位请监理单位审核自己所选定的劳务分包单位的施工资质和施工能力。劳务分包单位的施工资质和施工能力等证明材料应以附件的形式附于本表后面。

③ CL303 材料采购总计划(报审)表：用于施工单位请监理单位审核所编制的工程材料采购总计划。施工单位所编制的工程材料采购总计划应以附件的形式附于本表后面；应附拟采购材料的厂商的营业执照、资质证书、产品生产合格证等文件。

④ CL304 工程设备采购总计划(报审)表：用于施工单位请监理单位审核所编制的工程设备采购总计划。施工单位所编制的工程设备采购总计划应以附件的形式附于本表后面；应附拟采购设备的厂商的营业执照、资质证书、产品生产合格证等文件。

⑤ CL305-1 工程设备(材料)招标书：用于施工单位按照施工合同要求组织工程设备(材料)招标，向潜在投标人发布招标书。工程设备(材料)的供货要求应以附件的形式附于本表后面。

⑥ CL305-2 工程设备(材料)供货单位确认书：用于施工单位通过招标确定工程设备(材料)供货商后，请供货商确认为本工程供货。施工单位应将工程设备(材料)采购规格书及其他相关要求以附件的形式附于本表后面，请供货商确认。

⑦ CL306 工余料清单报审表：用于在包工不包料或包工包部分材料的工程中，施工单位完成所承包工程的全部工程量后，请监理单位对工程剩余材料的数量及质量进行审查、核对。工余料清单应以附件的形式附于本表后面，应满足：剩余材料的数量＝所领材料的数量－已用材料的数量。对于质量有缺陷的剩余材料，应单独列清单。

⑧ CL307 合同变更申请报告：用于施工合同发生变更时，施工单位向监理单位或建设单位提出变更的申请。根据施工合同的约定及工程的具体特点，确定本表报送建设单位还是监理单位。应在本表中写明合同变更的原因。合同变更的详细内容应以附件的形式附于本表后面。如涉及费用变更，变更费用的详细计算过程及计算依据也应在附件中列明。

4) 施工质量管理文件

① CL401 质量事故报告单：用于施工单位在施工过程中发生质量事故后，向监理单位报送质量事故报告。本表中应准确写明质量事故发生的时间、地点和质量事故的种类。应分析质量事故产生的原因、事故的性质、造成的损失，并说明启动的应急预案以及对事故的初步处理意见。本表应抄送工程相关单位。

② CL402 工程质量保证书：是施工单位为了落实施工合同的要求，保证工程质量，而向建设单位及监理单位报送的工程质量保证书的封面。主要用于担任施工项目负责人的注册建造师在封面上签章，以表明已对该工程质量保证书确认。

5) 施工安全管理文件

① CL501 工程项目安全生产责任书：是施工单位为了落实施工合同的要求，保证安全施工，而向建设单位及监理单位报送的工程项目安全生产责任书的封面。主要用于担任施工项目负责人的注册建造师在封面上签章，以表明已对该工程项目安全生产责任书确认。

② CL502 分包安全管理协议书：用于施工单位与分包单位之间签订安全管理协议。施工单位与分包单位签订的安全管理协议应填写在本表内。分包安全管理协议的内容应包

括施工人员安全及工程物资的安全、工程涉及的工(机)具和设备的安全等方面。安全管理协议应包括安全管理要求和安全管理措施的内容。

③ CL503 施工安全技术措施及安全事故应急预案：用于施工单位编写施工安全技术措施及安全事故应急预案。施工安全技术措施及安全事故应急预案应由施工单位负责工程施工的项目部编制；由担任施工项目负责人的注册建造师审核并签章；由施工单位的主管领导批准。

④ CL504-1 施工现场安全事故上报表：用于在施工过程中发生安全事故时，施工单位向相关部门通报安全事故的情况。本表中应准确写明安全事故发生的时间、地点，应分析安全事故产生的原因、事故的性质、造成的损失，并说明启动的应急预案以及对事故的初步处理意见。本表应抄送工程相关单位。

⑤ CL504-2 施工现场安全事故处理报告：用于施工现场发生安全事故以后，承包单位向工程各参与单位通报安全事故的具体情况及安全事故的处理方案，并谋求各工程参与单位对此安全处理方案认可。工程安全事故详细报告及其处理方案应以附件的形式附于本表后面。

6）施工现场环保文明施工管理文件

CL601 施工环境保护措施及管理方案：用于施工单位编写的施工环境保护措施及管理方案。施工环境保护措施及管理方案应由施工单位负责工程施工的项目部编制；由担任施工项目负责人的注册建造师审核并签章；由施工单位的主管领导批准。

7）施工成本费用管理文件

① CL701 工程款支付报告：用于施工单位向建设单位或通过监理单位向建设单位索要工程款。施工单位向建设单位索要工程预付款、工程进度款、工程结算款以及工程履约保函、押金等费用，均可填写本表。施工单位应将合同支付条件要求的文件、已完工程量清单、工程变更支付报表、工程验收单及其他相关证明文件以附件的形式附于本表后面。

② CL702 工程变更费用报告：用于施工单位获取监理单位对工程费用变更的认可。工程变更的项目名称、原设计中的工程量数量及单价和总价、变更后的工程量数量及单价和总价均应详细、准确地填写在本表中。如果施工单位还有其他相关的证明材料，也可以附件的形式附于本表后面，此时应在本表中注明附件的名称。

③ CL703 工程费用索赔申请表：用于施工单位向建设单位或通过监理单位向建设单位进行工程索赔。应将索赔的依据、索赔的金额准确填写在本表中。索赔的理由和索赔费用的计算公式可以填写在本表中，也可以随同相关的证明文件一起以附件的形式附于本表后面。

④ CL704 竣工结算申报表：用于施工单位同建设单位或通过监理单位向建设单位结算工程费用。工程结算表应以附件的形式附于本表后面。

⑤ CL705 工程保险(人身、设备、运输等)申报表：用于施工单位按照施工合同的约定请建设单位或监理单位审核办理的工程保险是否满足施工合同的要求。施工单位办理的相关工程保险复印件应以附件的形式附于本表的后面。

⑥ CL706 工程结算审计表：用于施工单位项目经理部完成所承担的工程项目施工以后，向审计部门报送工程结算审计文件。工程财务结算报告应以附件的形式附于本表后面。

CL101

通信与广电工程
施工组织设计(项目实施计划)报审表

工程名称：×××通信设备安装工程　　　　编号：×××

<table>
<tr><td>致：×××工程监理咨询有限公司(监理单位)
我方已根据施工合同的有关规定完成了×××通信设备安装工程的施工组织设计，并经我单位技术负责人审查批准，请予以审查。
附：×××通信设备安装工程施工组织设计(项目实施计划)

施工单位(章)：×××通信工程公司　　　　施工项目负责人(签章)：×××
××××年××月××日　　　　××××年××月××日</td></tr>
<tr><td>专业监理工程师审查意见：
1. 施工组织设计中缺少对重大危险源的安全控制措施；
2. 从事电源施工的人员无特种作业上岗证。
请将上述内容补充、整改后再将施工组织设计报监理单位审核。

专业监理工程师(签章)：×××
××××年××月××日</td></tr>
<tr><td>总监理工程师审核意见：
请按监理单位审批意见予以修改或补充。

项目监理单位(章)：×××工程监理咨询有限公司　　　　总监理工程师(签章)：×××
××××年××月××日　　　　××××年××月××日</td></tr>
</table>

CL201

通信与广电工程

总进度计划报审表

工程名称：×××通信设备安装工程　　　　编号：×××

致：×××工程监理咨询有限公司(监理单位) 现报上×××通信设备安装工程施工总体施工进度计划，请予以审查和批准。 附：×××通信设备安装工程施工总进度计划(说明、图表、工程量、资源配备等)壹套； 其他(无)。 施工单位(章)：×××通信工程公司××项目部　　施工项目负责人(签章)：××× ××××年××月××日　　××××年××月××日
专业监理工程师审查意见： 施工单位报送的总进度计划的总工期满足施工合同的工期要求，总进度计划的前后工序搭接关系合理，资源种类及配置数量能够满足进度要求，同意施工单位按此总进度计划进行施工。 专业监理工程师(签章)：××× ××××年××月××日
总监理工程师审核意见： 同意施工单位按此总进度计划进行施工。 项目监理单位(章)：×××工程监理咨询有限公司　　总监理工程师(签章)：××× ××××年××月××日　　××××年××月××日

(本表一式四份。送监理、建设、承包等单位各存一份。)

CL301

通信与广电工程
工程分包报审表

工程名称：×××通信设备安装工程　　　　编号：×××

致：×××工程监理咨询有限公司(监理单位)

经考察，我方认为拟选择的×××通信工程有限公司(分包单位)具有承担下列工程的施工资质和施工能力，可以保证本工程项目按合同的规定进行施工。分包后，我方仍承担总包单位的全部责任。请予以审查和批准。

分包工程名称(部位)	工程数量	拟分包工程合同额	分包工程占全部工程%
×××省	×个机房	××××××元	××%
合计		××××××元	××%

附：

1. 分包单位资质材料；
2. 分包单位业绩材料。

施工单位(章)：×××通信工程公司××项目部　　施工项目负责人(签章)：×××
××××年××月××日　　××××年××月××日

专业监理工程师审查意见：

经审查，×××通信工程公司××项目部提供的分包方的资料真实，分包工作满足合同的要求，同意施工单位将此部分工作量分包给×××通信工程有限公司完成。

专业监理工程师(签章)：×××
××××年××月××日

总监理工程师审查意见：

同意×××通信工程公司××项目部按照合同规定将此部分工作量分包给×××通信工程有限公司完成。

项目监理单位(章)：×××工程监理咨询有限公司　　总监理工程师(签章)：×××
××××年××月××日　　××××年××月××日

CL402

通信与广电工程

编号：×××

×××通信设备安装工程

质 量 保 证 书

施工项目负责人

（建造师签章）×××

××××年××月××日

CL504-1

通信与广电工程
施工现场安全事故上报表

工程名称：×××通信设备安装工程　　　　编号：×××

致：×××工程监理咨询有限公司(监理单位)

××××年××月××日××时××分，在××××部位发生网管系统告警的(安全)事故，报告如下：

1. 原因：(初步调查结果或现场情况报告)

在敷设本次工程×××机架至×××机架之间的尾纤时，尾纤槽内原有尾纤被尾纤槽盖板挤压，因此出现网管系统告警。

2. 性质或类型：

过失性安全事故。

3. 造成损失：

由于被挤压的光纤为在用光纤，此光纤被挤压，使得××路电路中断×分钟。

4. 应急措施：

维护人员通知施工人员迅速查找故障点，及时排除故障。

5. 初步处理意见：

对施工人员加强安全教育，精心施工，避免类似问题再次发生。

承包单位(章)：×××通信工程公司××项目部　　施工项目负责人(签章)：×××

××××年××月××日　　××××年××月××日

抄送：

××省通信工程质量监督站

中国××有限公司××分公司

×××通信工程公司

监理签收：

监理工程师(签章)：×××

××××年××月××日

(本表一式六份。监理签收后，送监理单位、建设、设计、质监等单位各存一份。重大事故按《工程建设重大事故报告和调查程序规定》进行。)

CL601

通信与广电工程

编号：×××

×××通信设备安装　工程

施工环境保护措施及管理方案

编制：×××

审核：建造师签章

批准：×××

×××通信工程公司××项目部

××××年××月

CL702

通信与广电工程
工程变更费用报告

工程名称：×××通信设备安装工程　　　　　　　　编号：×××

致：×××工程监理咨询有限公司(监理单位)

依据《工程变更单》××××年××月××日第×××号的变更，申请费用如下表，请审核。

项目名称	原设计			变更后			工程款增(＋)减(－)
	工程量	单价	合计	工程量	单价	合计	
×××	×××	×××	×××	×××	×××	×××	×××

施工单位(章)：×××通信工程公司××项目部　　　　施工项目负责人(签章)：×××

××××年××月××日　　　　××××年××月××日

专业监理工程师审查意见：

经核实，施工单位提出的费用变更申请数据准确，计算合理，同意施工单位提出的工程费用变更申请。

专业监理工程师(签章)：×××

××××年××月××日

总监理工程师审核意见：

同意施工单位提出的工程费用变更申请。

项目监理单位(章)：×××工程监理咨询有限公司　　　　总监理工程师(签章)：×××

××××年××月××日　　　　××××年××月××日

(本表一式四份。送监理、建设、承包等单位各存一份。)

5 通信与广电工程法律法规与标准规范

5.1 机房环境要求及工程建设环境保护相关标准

5.1.1 《通信中心机房环境条件要求》要点解读

《通信中心机房环境条件要求》(YD/T 1821—2008)规定了通信中心机房的温度、相对湿度、洁净度、静电干扰、噪声、电磁场干扰、防雷接地、照明、安全、集中监控管理与检测方法等要求，适用于通信中心机房以及其他辅助机房的设计和使用时对环境条件的要求。

1. 通信机房分类

通信中心机房范围定为国内一类、二类、三类通信机房，见表 5.1-1。

各类通信机房及设备设置所在地　　表 5.1-1

一类通信机房	二类通信机房	三类通信机房
DC1、DC2 长途交换机；骨干/省内转接点；骨干/省内智能网 SCP；一二级干线传输枢纽；骨干/省内骨干数据设备；国际网设备；省际网设备；省网网路设备；全国(CMNET)数据业务骨干网；全国集中建设承担全网或区域性业务的业务系统；光传送网一级干线设备；动力机房	汇接局；关口局； 本地智能网 SCP； 本地传输网骨干节点； 本地数据骨干节点； IDC 机房；VIP 基站； 服务于重要用户(要害部门)的交换设备、传输设备；数据通信设备的通信机房；动力机房	市话端局通信机房； 城域网汇聚层数据机房及所属动力机房；长途传输中继站、* 普通基站、* 边际网基站、* 网优基站

注：1. 处于分界不清的通信机房或设备处于交集所在地机房，建议按上一类机房环境要求执行；
2. * 号项对环境要求严格地按本标准执行；对环境要求比较宽松的可按《中小型电信机房环境要求》(YD/T 1712—2007)执行；
3. 对于一类机房中不属重要的动力机房可按下二、三类环境要求执行。

2. 温度与相对湿度要求

(1) 通信机房的温度、相对湿度及温度变化率可根据通信设备自身的技术要求及对环境的不同要求而确定。

通信机房内的温度划分为三类：一类通信机房为 10～26℃；二类通信机房为 10～28℃；三类通信机房为 10～30℃。

通信机房内的相对湿度划分为三类：一类通信机房为 40%～70%；二类通信机房为 20%～80%(温度≤28℃，不得凝露)；三类通信机房为 20%～85%(温度≤30℃，不得凝露)。

通信机房内的温度的变化率应<5℃/h(不得凝露)。

(2) 对室温变化范围有特殊要求的通信机房，其参数见表 5.1-2。

特殊通信机房温度、相对湿度要求　　表 5.1-2

机房类别	温度(℃)	相对湿度(%)
IDC 机房	20～25	40～70
蓄电池室	15～30	20～80
发电机组机房、变配电机房	5～40	——

注：机房的温湿度系指在地面上 2m 和设备前方 0.4m 处测量的数值。

(3) 对于需要配置专用空调的机房，应具备制冷、滤尘、温(湿)度自动控制功能和低湿告警功能。其温(湿)度传感器应安装在回风口。

专用空调应能连续工作，设计时要考虑有备用。送风方式宜采用如下形式：

1) 不设活动地板时，风帽上送风，空调正面下侧回风方式；风道上送风，空调正面下侧回风方式，风道的高度应满足工艺设备提出的要求。

2) 设有活动地板，地板下送风，空调顶部上回风或吊顶回风方式，建议对散热量大的机房，尽可能采用上走线方式；但对于采用下走线，应防止空调送风通道被堵塞，并要有防止冷凝水滴漏的措施。

3) 采用悬吊安装的空调设备时，空调设备和风管出口不应安装在通信设备上方。

空调送风要畅通。对于空调器采用下送风、上回风，其活动地板下面离地面应有400～500mm的空间，并且活动地板下布放线缆要设走线缆槽，防止空调送风通道的堵塞。对于空调器采用下送风时容易结露，为了防止结露可在送风口加静压箱或在下层楼的顶部加不燃型保温材料。

当机房空调的加湿和除湿度仍达不到湿度要求时，应采取辅助加湿除湿措施。如，安装滤尘加湿机或除湿机。

3. 洁净度、新风量要求

(1) 通信机房内的灰尘粒子不能是导电的、铁磁性的和腐蚀性的粒子，其浓度可分为三级：

一级：直径大于0.5μm的灰尘粒子浓度≤350粒/升；直径大于5μm的灰尘粒子浓度≤3.0粒/升。

二级：直径大于0.5μm的灰尘粒子浓度≤3500粒/升；直径大于5μm的灰尘粒子浓度≤30粒/升。

三级：直径大于0.5μm的灰尘粒子浓度≤18000粒/升；直径大于5μm的灰尘粒子浓度≤300粒/升。

(2) 各类通信机房内灰尘粒子浓度要求见表5.1-3。

各类通信机房内灰尘粒子浓度要求 **表5.1-3**

机房类别	灰尘粒子浓度	机房类别	灰尘粒子浓度
一类通信机房	二级	蓄电池室	三级
二类通信机房	二级	变配电机房	三级
三类通信机房	三级	发电机组机房	——
IDC机房	一级		

(3) 对通信设备有腐蚀性的气体和对人身有害的气体以及易燃易爆的气体，应防止流入通信机房。通信机房在选址时，应注意选择通信机房附近无散发有害气体的工业企业，具体机房位置选择应考虑离停车场、铁路或高速公路、机场、化学工厂有危险区域、掩埋式垃圾处理场、军火库、核电站的危险区域、高压变电站等有一定距离。蓄电池放出的有害气体应排出室外。

(4) 对需要达到二级及二级以上洁净度及灰尘粒子浓度要求的通信机房，在机房设计时应不设窗或少设窗，有窗时要采取严密防尘措施；机房的门缝应严密，墙壁、地板、顶棚等凡与空气接触的表面应做到不起尘。

(5) 对有人值守的机房必须保证机房内有足够新风量(以同时工作的最多工作人员计算，每人新鲜空气量不小于 $30m^3/h$)。

4. 防静电要求

(1) 对地静电电压值要求：程控机房及控制室、数字传输机房、IDC 等重要机房。机房内地板、工作台、通信设备、操作人员等对地静电电压绝对值应不小于 200V。

(2) 地面防静电要求：通信机房敷设防静电地板时，防静电地板应符合《防静电活动地板通用规范》(SJ/T 10796—2001)规定的技术要求。其表面电阻和系统电阻值均为：$1\times10^5\Omega\sim1\times10^9\Omega$。

(3) 墙壁和顶棚防静电要求：墙壁和顶棚表面应光滑平整，减少积尘。允许采用具有防静电性能的材料。

(4) 工作台、椅、终端台防静电要求：机房内的工作台、椅、终端台应是防静电的。台面静电泄漏的系统电阻及表面电阻均为：$1\times10^5\Omega\sim1\times10^9\Omega$。

(5) 防静电操作应遵守以下要求：

1) 进入有防静电要求的通信机房前应穿好符合《防静电服》(GB 12014—2009)和《个体防护装备职业鞋》(GB 21446—2007)要求的防静电服与鞋，不得在机房内直接更衣、梳理。

2) 机架(或印刷电路板组件)上套的防静电罩，待机架安装在固定位置连接好静电地线后，方可拆封。

3) 在机架上插拔印刷电路板组件或连接电缆线时，应戴防静电手腕带。手腕带接地插入机架上防静电塞孔内，腕带和手腕皮肤应可靠接触。腕带的泄漏电阻值应在：$1\times10^5\Omega\sim1\times10^7\Omega$ 范围内。

4) 备用印刷电路板组件和维护用的元器件必须在机架上或防静电屏蔽柜(袋)内存放。

5) 机房内的图纸、文件、资料、书籍等必须存放在防静电屏蔽柜(袋)内，使用时，需远离静电敏感器件。

6) 外来人员(包括外来参观人员和管理人员)进入机房必须穿防静电服和防静电鞋，在未经允许或未戴防静电腕带的情况下，不得触摸和插拔印刷电路板组件，也不得触摸其他元器件、备用件等。

5. 防噪声要求

(1) 通信机房的控制室及值班室的噪声不大于 62dB。

(2) 减少机房内部的设备噪声，应选择噪声小的通信设备，可从根本上降低机房内噪声。

(3) 专用空调应选择噪声小的空调。

(4) 通信局(站)建设选择地址时，应远离发生振动力较强、噪声较大的地区，以减少外部环境噪声对通信机房的影响。

(5) 对一些重要通信机房，建议采用消噪器。

(6) 对油机发电机组在运转过程中产生振动和噪声的要求：一般应单独建造油机发电机室，并采取减振、隔声措施，不得干扰其他通信机房。对城市区域内的最大影响不超过《声环境质量标准》(GB 3096—2008)中的规定值要求并见表 5.1-4。

城市区域环境噪声要求 表 5.1-4

类别	区　域	昼间(dB)	夜间(dB)
0	疗养区、高级别墅和宾馆区	50	40
1	居住、文教机关区	55	45
2	居住、商业、工业混杂区	60	50
3	工业区	65	55
4	交通干线道路两侧	70	55

注：所测量点选在离任一建筑物的距离不小于1m，传声器距地面的垂直距离不小于1.2m。

6. 电磁场干扰环境要求

按照《计算机场地通用规范》(GB/T 2887—2011)要求：机房内无线电干扰场强，在频率范围0.15～1000MHz时不大于126dB。机房内磁场干扰场强不大于800A/m(相当于10Oe)。

7. 防雷接地要求

各类通信机房防雷接地设计应按照《通信局(站)防雷与接地工程设计规范》(YD 5098—2005)中规定执行。通信局(站)防雷系统的技术要求与检测方法应按《通信局(站)在用防雷系统的技术要求和检测方法》(YD/T 1429—2006)中相关要求执行。各类通信局(站)联合接地装置的接地电阻值应符合《通信局(站)电源系统总技术要求》(YD/T 1051—2010)中8.3条要求，具体内容见表5.1-5。

各类局站接地电阻值 表 5.1-5

通信局站名称	接地电阻(Ω)
综合楼、国际电信局、汇接局、万门以上程控交换局、2000线以上长话局	<1
2000门以上10000门以下的程控交换局、2000线以下长话局	<3
2000门以下程控交换局、光缆端点、载波增音站、卫星地球站、微波枢纽站	<5
微波中继站、光缆中继站	<10
数据局、移动基站(无线基站)农村接入网(当土电阻率大时可到20Ω)	<10
微波无源中继站(当土电阻率大时可到30Ω)	<20
电力电缆与架空电力线接口处防雷接地(适合大地电阻率<100Ω·m)	<10
电力电缆与架空电力线接口处防雷接地(适合大地电阻率100～500Ω·m)	<15
电力电缆与架空电力线接口处防雷接地(适合大地电阻率501～1000Ω·m)	<20

注：1. 表中电、磁强度是频率范围为0.15～500MHz时的要求。

2. 表5.1-5中的接地电阻要求按《通信局(站)电源系统总技术要求》(YD/T 1051—2010)的修订而更新。

通信局(站)(枢纽大楼)和天线应有性能良好的避雷装置，避雷装置的地线与设备、电源的地线按联合接地的要求进行连接。室外避雷装置的地线应在室外单独直接与地网连接，不要进入机房。光纤加强芯和铠装层应就近良好接地；机架内光纤加强芯应设独立保护接地线排并良好接地。通信局(站)室内接地、通信铁塔及天馈线的接地按《通信局(站)在用防雷系统的技术要求和检测方法》(YD/T 1429—2006)中5.4.4、5.4.6的规定执行。通信局(站)进局电缆雷电防护按《通信局(站)在用防雷系统的技术要求和检测方法》(YD/T 1429—2006)中5.5的规定执行。

为了防止雷电损坏机房内通信设备，不论是用户线或中继线引入机房内时，均应通过保安器与局(站)内设备连接，保安器应可靠接地。

机房内交流供电系统的高压引入线，高、低压配电柜，调压器，UPS，油机控制屏设备均应安装避雷器。一个交流供电系统中应考虑三级以上避雷措施。直流供电系统应安装浪涌抑制器，并应符合《通信局(站)在用防雷系统的技术要求和检测方法》(YD/T 1429—2006)中5.6.2条的规定。基站内应在交流引入侧安装浪涌抑制器，其雷击告警应通过转换接点纳入到集中监控系统中。集中监控系统本身设备也应采用防雷装置。

8. 照明要求

机房以电气照明为主，避免阳光直射入机房内和设备表面上。

(1) 通信机房照明一般要求有三种：

1) 正常照明：由市电供电的照明系统。

2) 保证照明：由机房内备用电源(油机发电机)供电的照明系统。

3) 事故照明：在正常照明电源中断而备用电源尚未供电时，暂时由蓄电池供电的照明系统。

(2) 各类通信机房的照明标准值要求见表5.1-6。

各机房照明标准 **表5.1-6**

机房类别		参考平面及其高度	照度标准值(LX)	备注
一类机房		0.75m水平面	500	
二类机房		0.75m水平面	500	
三类机房		0.75m水平面	300	
对特殊机房照明要求	IDC机房	0.75m水平面	500	
	蓄电池室	地面	200	
	发电机机房	地面	100	
	风机、空调机房	地面	100	

9. 安全要求

(1) 防火安全一般要求

1) 通信机房不准使用木板、纤维板、宝丽板、塑料板、聚氨乙烯泡沫塑料等易燃材料装修。对于已使用易燃材料装修的机房应拆除或采用防火涂料进行防火处理，提高耐火等级。

2) 机房的吊顶、隔墙、空调通风管道、门帘、窗帘等均应采用不燃烧的材料制作。对于新建机房只考虑设备工艺要求，不设吊顶、地面无特殊要求不采用防静电活动地板。

3) 通信机房内的文具柜、工作台、桌、椅、梯子等必须用不易燃烧材料制作。

4) 空调通风管道穿越机房隔墙、楼底时，与垂直总风管交接的水平管道上应设防火阀门。

5) 光电缆通过楼板或墙体时，缆线与楼板、墙体的缝隙均采用不燃烧材料封堵。楼内线缆井、管道井应在每层楼板处用不燃烧材料(耐火等级不低于1.5h)防火分隔。

6) 通信机房内严禁吸烟、严禁使用各种炉具、电热器具。禁止存放和使用易燃易爆物品，不准用汽油等擦地板。

7）严格明火管理。明火作业(如：电、气焊接，喷灯，烤漆，搪锡，熬炼等)要经主管部门批准、核发《动火证件》并制定安全防范措施。

（2）防水、防潮安全一般要求

1）机房内应无明显积水、水浸。

2）通信机房内不应采用水喷淋消防系统。

3）机房内不应有任何水管穿越。

4）机房的地板、顶棚、墙壁不得有明显潮湿发霉和结露、滴水。

5）机房加湿要确保安全。

（3）电气防火要求

1）电气设备、供电线路应由专职电工按照规范安装。通信机房禁止乱拉临时电源线，必须使用拖地的临时线，要采用双护套线。

2）通信机房所有电源线应采用铜芯阻燃电缆，其载流量应与负荷相适应，不准超负荷运行。

3）机房内走线宜采用上布线方式，电源线与信号线应分别敷设。如必须并行敷设时，电源线应穿金属管或采用铠装线。电源线、信号线不得穿越或穿入空调通风管道。

4）通信机房的各类电源保险丝必须使用符合规定的保险丝，严禁使用铜、铁、铝线代替保险丝。

5）电池室、油机房的储油间应采用防爆型灯具，安装排风设备，电源开关应设在室外。

6）所有配线架要干净整洁，无蜘蛛网、无尘土，电缆沟内的线缆整齐，无积水杂物。

7）长期使用的不间断电源(UPS)，应对其发热情况进行检查，避免发生火灾并加强防火措施。

8）通信机房内使用的电力电缆，应是阻燃电缆。

（4）消防设施要求

1）根据不同部位合理配置消防器材，机房及楼道内应配置手提式灭火器或移动式灭火器、防毒面具。

2）通信机房内消防设施要保持完好并定期检查，无封堵、圈占、压盖情况。

3）机房消防通道要有疏散指示，通道内不得堆积杂物和易燃物品，不得封堵消防疏散通道，以利发生火灾时安全疏散人员。

4）早期发现和通报火灾，防止和减少火灾危害，重要通信机房应设早期火灾自动报警系统。

5）在通信机房建筑中，下列机房应设固定式气体灭火系统：

① 国际电信局、大区中心、省中心的长途程控交换机房。

② 10000 路及以上的地区中心长途程控交换机房。

③ 20000 线及以上的市话汇接局程控交换机房。

④ 60000 门及以上的市话端局程控交换机房。

（5）防盗要求

1）通信中心机房应根据条件建设视频监控系统，实时监视重要设备运行情况及主要出入口人员情况；并对视频信息进行存储，便于日后查询。

2）通信中心机房应根据条件建设智能门禁系统；实现人员分区、分级授权管理，加强防盗技术措施。

3）对于重要远端模块局、VIP 基站应跟随集中监控系统的建设或单独建设设备被盗告警系统。

10. 无人值守机房环境与安全

1）无人值守机房的温度、湿度、洁净度、防静电、接地与防雷的要求应符合本标准中的有关规定。

2）无人值守机房应具有良好的防御自然灾害的能力。应具有抗雷击、抗地震、防强电进入、防火、防水、防盗、防小动物入侵等可靠的隔离或防护措施。

3）无人值守机房的门应防盗、防撬、耐冲砸。

4）无人值守机房的防火安全应符合本标准中有关规定。

5）无人站内通信设备除监控本身的告警信号外，应具备对环境的遥控、遥测功能，能收集站内的环境告警信息，并备有专门的辅助通道将告警信息传送到相应的维护中心或主管部门。如果通信设备无环境监测功能，则必须另配监控设备，并与专用的告警通道连接。

6）无人值守机房应根据重要性建设被盗告警系统。

11. 集中监控管理

1）通信机房的环境应设置集中监控管理系统或纳入相关设备监控中心进行监视管理。

2）通信机房的温湿度及报警信息应传送到集中监控管理中心及相关设备维护中心，进行双重监视。

3）通信机房的灭火器材要落实专人管理，安放在固定位置，机房维护人员应会正确使用灭火装置。

4）凡有条件的局站机房应设置环境安全集中监控管理中心。

12. 检测方法

（1）通信机房环境与安全日常检查项目

1）通信机房的温度、相对湿度。

2）通信机房及设备的清洁。

3）空调过滤器(网)除尘或换。

4）防静电工作台、地面、椅及腕带的电阻检查(防静电工作台、地面、椅及腕带的电阻检测按《通信机房静电防护通则》（YD/T 754—1995)中附录 A 进行)。

5）避雷装置的检查(雷雨季节前)。

6）地线检查及接地电阻检测。

7）感烟、感温探测器及灭火自动报警装置检查。

8）固定气体灭火装置检及可燃气体报警器检查。

（2）机房环境检测方法

1）温度检测

① 测试设备：水银温度计/电子温度计等。

② 测试点分布如图 5.1-1 所示。

③ 机房温度的检测应在设备正常运行 1h 以后进行。

④ 测点选择高度应离地面 2m，距设备周围 0.4m 以外处，并应避开出、回风口处进行。

⑤ 每个测点数据均为房间的实测温度，各点应符合本规范相关要求。

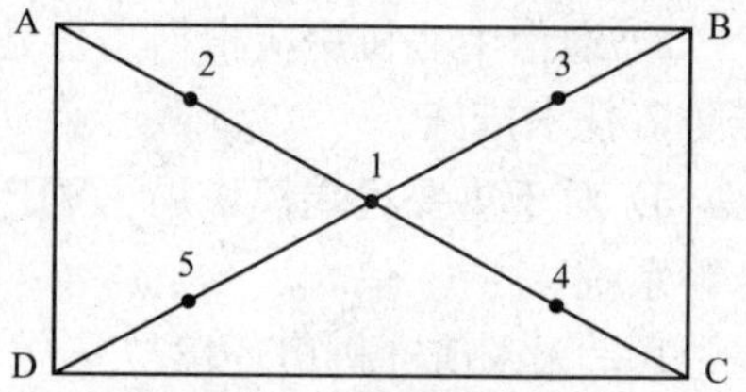

图 5.1-1　测点分布图

注：测点位置 2、3、4、5 均应选在 A～1、B～1、C～1、D～1 中心点附近。

2）湿度检测

① 测试设备：普通干湿球温度计/电子湿度计/自动毛发湿度计等。

② 测试点分布可按图 5.1-1 所示，测试方法按所选仪器的说明书进行测试。

③ 测试数据应符合要求。

3)洁净度检测

① 测试设备：洁净环境检测仪/尘埃粒子计数器。

② 测试点分布可按图 5.1-1 所示，并按 $50m^2$ 布置 5 个测点。每增加 20～$50m^2$，增加 3～5 个测试点。

③ 按所选仪器的说明书进行计数器的净化，将净化后仪表放置在需要进行检测的位置启动计数器即可。通常检测位置也可以是机房空调的通气口附近(可检测机房空调的除尘指标是否符合要求)、机房门窗附近(可检测门窗的防尘措施是否严密)及机房人员关心的设备附近(检测主要设备环境指标)。

④ 每个测试点连续三次测试，取其平均值为该点的实测数值，其值应符合要求。

4）防静电检测

① 测试设备：表面电阻测试仪/接地电阻测试仪/静电测试仪等。

② 检测方法按《通信机房静电防护通则》(YD/T 754—1995)中规定进行。

③ 测试数据应符合本规范相关要求。

5）噪声检测

① 测试设备：声级计/环境噪声自动监测仪。

② 在机房中心处进行测量或在主设备正面 1m、设备的二分之一高度处进行测量(要求测试现场的被测噪声——本底噪声≥10dB)；若测量值与背景值差值小于 10dB(A)，按表 5.1-7 进行修正。

噪声修正值　　　　**表 5.1-7**

差值 3	4～6	7～9
修正值 −3	−2	−1

③ 测量的稳定值为该机房的噪声值，应符合要求。

④ 对城市区域环境噪声的测量按《声环境质量标准》(GB 3096—2008)中方法进行，其值应符合本规范相关要求。

6）电磁场干扰检测

按照《计算机场地通用规范》(GB/T 2887—2011)中 5.8 条进行检测，其结果应符合本规范相关要求。

7）防雷接地检测

① 测试设备：接地电阻测量仪/其他。

② 根据选用仪器的要求，按《通信局(站)在用防雷系统的技术要求和检测方法》(YD/T 1429—2006)中相关规定进行测试。

③ 目测通信机房的防雷接地装置，应符合本规范相关要求。

8) 照明度检测

① 测试设备：照度计/其他。

② 在机房内距离墙面 1m(小面积房间为 0.5m)，距地面 0.75m 的假定工作面上进行测试或在实际工作台面上进行测试。

③ 测试点可选择 3～5 点，大面积机房可多选择几点进行测试。

④ 各测试点数据即为实际照明度，应符合本规范相关要求。

9) 安全和机房环境监控管理检查

用目测及查资料(记录)办法检查通信机房的电气防火设施、消防设施和机房环境与安全监控管理等应符合本规范相关的要求。

5.1.2 《中小型电信机房环境要求》要点解读

《中小型电信机房环境要求》(YD/T 1712—2007)规定了中小型电信机房的温湿度、气压、洁净度、机械和电磁环境要求，适用于：接入网机房、远端模块局、小区电信机房、小型卫星地面站、无线基站、小型交换局等。

1. 环境要求

(1) 温湿度、气压条件要求见表 5.1-8。

(2) 洁净度条件要求见表 5.1-9。

(3) 机械条件要求见表 5.1-10。

温湿度、气压条件要求 **表 5.1-8**

环境参数	单位	允许值
低温	℃	≥-5
高温	℃	≤+45
高相对湿度	%	≤90
低气压	kPa	≥70
高气压	kPa	≤106

洁 净 度 条 件 **表 5.1-9**

环境参数	单位	允许值
尘(漂浮)	mg/m^3	≤0.1
尘(沉积)	$mg/(m^2 \cdot d)$	≤360

机 械 条 件 **表 5.1-10**

环境参数	单位	允许值
正弦稳态振动位移	mm	1.5(2～9Hz)
正弦稳态振动加速度	m/s^2	5(9～200Hz)

(4) 电磁环境要求如下：

1）电场磁场强度：

工频磁场：50Hz，≤3A/m(rms)。

射频电磁场：0.009～2000MHz 范围内≤3V/m。

2）静电电压绝对值小于 200V，静电保护接地电阻不大于 10Ω。

2. 机房建设的建议

(1) 机房选址建议

通信机房选址不宜在温度高、有灰尘、有有害气体、易爆及电压不稳的环境中；应避开经常有大振动的地方。因此，在进行工程设计时，综合考虑水文、地质、地震、电力、交通等因素，选择符合通信设备工程环境设计要求的地址。

机房选址的具体建议如下：

1）远离污染源，冶炼厂、煤矿属于重污染源；化工、橡胶、电镀属于中等污染源；食品、皮革加工厂属于轻污染源。如果无法避开这些污染源，则机房一定选在污染源的常年上风向，采用防护措施，如提高机房密封性等。

2）机房用于空气交换的采风口远离城市污水管的出气口、大型化粪池和污水处理池，并且保持机房处于正压状态，避免腐蚀性气体进入机房，腐蚀元器件和电路板。

3）机房要避开工业锅炉和采暖锅炉。

4）机房最好位于二楼以上的楼层，如无法满足，则机房的安装地面应该比当地历史记录的最高洪水水位高 600mm 以上。

5）机房应避免选在禽畜饲养场附近，如无法避开，则应选建于禽畜饲养场的常年上风向。

6）避免在距离海边或盐湖边 3.7km 之内建设机房，如无法避免，则应该建设密闭机房，空调降温，并且不可取盐渍土为建筑材料。否则，就一定要选择满足恶劣环境防护的设备。

7）机房不能选址在过去的禽畜饲养用房，也不能选用过去曾存放化肥的化肥仓库。

8）机房不宜选在尘土飞扬的路边或砂石厂，如无法避免，则门窗一定要背离污染源。

(2) 机房的建筑建议

机房的建筑要求应满足表 5.1-11。

机房的建筑要求 **表 5.1-11**

项目	指　标
墙面处理	不宜刷易粉化的涂料
给排水要求	给水管、排水管、雨水管不宜穿越机房，消防栓不宜设在机房内，应设在明显而又易于取用的走廊内或楼梯间附近
空调安装位置	空调安装位置应避免空调出风直接吹向设备
其他要求	机房内应避免真菌、霉菌等微生物的繁殖，防止啮齿类动物(如老鼠)的存在

(3) 湿度和温度的建议

为保证设备始终具有良好的工作状态，在机房内需维持一定的湿度、温度。可根据各地气候条件，设置季节性空调装置。

(4) 机房洁净度建议

1）室内灰尘落在机体上，可造成静电吸附，使金属接插件或金属接点接触不良，不但会影响设备寿命，而且易造成设备故障。

2）为达到机房无爆炸性、导电性、导磁性及腐蚀性尘埃，机房可采取如下措施。

① 注意机房的密闭性。

② 地面、墙面、顶棚面采用不起尘的材料。

③ 定期打扫机房、清洗防尘网。

④ 安装设备的地方与机房门分隔。

（5）腐蚀性气体条件建议

机房除防尘外，还应防止有害气体的侵蚀，如 SO_2、H_2S、NH_3 等，可采取如下措施：

① 机房尽量避免建在腐蚀性气体浓度较高的地区，如化工厂等附近；

② 机房入风口应背对污染源。

（6）电磁环境条件建议

机房远离大功率的广播发射机，如 200m 范围内无大功率的广播发射机。

5.1.3 《通信工程建设环境保护技术暂行规定》要点解读

《通信工程建设环境保护技术暂行规定》（YD 5039—2009）规定了通信建设工程电磁辐射保护、生态环境保护、噪声控制和废旧物品回收及处置的技术要求，适用于新建通信工程项目，改建、扩建项目可参照执行。对于产生环境污染的通信工程项目，建设单位必须把环境保护工作纳入建设计划，并执行“三同时制度”，即与主体工程同时设计、同时施工、同时投产使用。

1. 电磁辐射保护

（1）电磁辐射限值

1）无线通信局（站）通过天线发射的电磁辐射防护限值，应符合《电磁辐射防护规定》（GB 8702—1988）的相关要求。

2）单项无线通信系统通过天线发射电磁波的电磁辐射评估限值应满足下列要求：

对于国家环保局负责审批的大型项目，可取场强防护限值的 $\frac{1}{\sqrt{2}}$ 或功率密度防护限值的 1/2；对于其他项目，可取场强防护限值的 $\frac{1}{\sqrt{5}}$ 或功率密度防护限值的 1/5。

3）不同电信业务经营者、不同频段或不同制式的无线通信局（站）应按不同的单项考虑。

4）无线通信局（站）内的微波（300～300GHz）和超短波（30～300MHz）通信设备正常工作时，各工作位置值机操作人员所处环境和区域的电磁辐射安全限值，应符合《微波和超短波通信设备辐射安全要求》（GB 12638—1990）的相关规定。

（2）电磁辐射强度计算

1）无线通信局（站）产生的电磁辐射强度，宜按以下基本步骤进行预测计算：

① 了解电磁辐射体的位置、发射频率和发射功率等信息。

② 确定电磁辐射体是否可免于管理，是否需要做电磁辐射影响评估。

③ 如果需要评估，应先明确电磁辐射防护限值、评估限值和评估范围。

④ 进行电磁辐射强度预测计算或现场测量，划定公众辐射安全区、职业辐射安全区和电磁辐射超标区边界。

2）下列电磁辐射可免于管理：

① 输出功率小于或等于 15W 的移动式无线通信设备(如陆上、海上移动通信设备以及步话机等)。

② 向没有屏蔽的空间辐射、且等效辐射功率小于表 5.1-12 中数值的辐射体。

可豁免的电磁辐射体的等效辐射功率　　**表 5.1-12**

频率范围(MHz)	等效辐射功率(W)	频率范围(MHz)	等效辐射功率(W)
0.1～3	300	3～30000	100

3）对于不满足上述要求的电磁辐射体，其电磁辐射计算范围可按下列要求确定：

① 大中型固定卫星地球站上行站：以天线为中心，在天线辐射主瓣方向、半功率角内 500m；

② 干线微波站：以天线为中心，在天线辐射主瓣方向、半功率角内 100m；

③ 移动通信基站(含站内微波传输设备)：定向发射天线以发射天线为中心，在天线辐射主瓣方向、半功率角内 50m；全向发射天线以发射天线为中心，半径 50m 范围内。

④ 在电磁辐射计算范围内，应对人体可能暴露在电磁辐射下的场所，特别是电磁辐射敏感建筑物进行评估，评估后应划分三个区域：公众辐射安全区、职业辐射安全区和电磁辐射超标区。

4）对于单项无线通信系统，对观测点处产生的电磁辐射强度进行预测计算。

5）对于多个单项无线通信系统，对观测点处产生的电磁辐射强度应分别进行预测计算。

6）在预测计算电磁辐射强度有困难或计算的数值接近限值时，可进行实地测试或模拟类比测量，测量方法应符合《辐射环境保护管理导则—电磁辐射检测仪器和方法》(HJ/T 10.2—1996) 的要求。移动通信基站的测量方法应符合《移动通信基站电磁辐射环境监测方法》的要求。

7）在无线通信局(站)的电磁辐射预测计算时，应考虑以下几个方面内容：

① 通信设备的发射功率按网络设计的最大值考虑。

② 天线输入功率应为通信设备发射功率减去馈线、合路器等器件的损耗。

③ 对于卫星地球站上行站、微波站和宽带无线接入站，其天线具有很强的方向性，应重点考虑垂直和水平方向性参数。

④ 对于移动通信基站，应考虑天线垂直和水平方向性影响；在没有天线方向性参数的情况下，预测计算时按最大方向考虑。

⑤ 单项无线通信系统有多个载频，应考虑多个载频的共同影响。

⑥ 计算观测点的综合电磁辐射是否超标，应考虑背景电磁辐射的影响。

(3) 电磁辐射防护措施

1）对于电磁辐射超过限值的区域，可采取调整无线通信局(站)站址的措施：

① 移动通信基站选址宜避开电磁辐射敏感建筑物。在无法避开时，移动通信基站的发射天线水平方向 30m 范围内，不应有高于发射天线的电磁敏感建筑物。

② 在居民楼上设立移动通信基站，天线应尽可能建在楼顶较高的构筑物上(如楼梯间)或专设的天线塔上。

③ 在移动通信基站选址时，应避开电磁环境背景值超标的地区。超标区域较大无法避开时，应向环境主管部门提出申请进行协调。

④ 卫星地球站的站址应保证天线工作范围避开人口密集的城镇和村庄，天线正前方应地势开阔，天线前方净空区内不应有建筑物。

2) 对于电磁辐射超过限值的区域，可采取以下调整设备技术参数的措施：

① 调整设备的发射功率。

② 调整天线的型号。

③ 调整天线的高度。

④ 调整天线的俯仰角。

⑤ 调整天线的水平方向角。

3) 对于电磁辐射超过限值的区域，可采取以下加强现场管理的措施：

① 可设置栅栏、警告标志、标线或上锁等，控制人员进入超标区域。

② 在职业辐射安全区，应严格限制公众进入，在该区域不应设置长久的工作场所。

③ 工作人员必须进入电磁辐射超标区域时，可采取暂时降低发射功率、控制暴露时间、穿防护服装等措施；还应定期检查无线通信设施，发现隐患时及时采取措施。

2. 生态环境保护

1) 通信局(站)选址和通信线路路由选取应尽量减少占用耕地、林地和草地。

2) 选择通信线路路由时，应尽量减少对沙化土地、水土流失地区、饮用水源保护区和其他生态敏感区与脆弱区的影响。

3) 通信线路建设中应注意保护沿线植被，尽量减少林木砍伐和对天然植被的破坏。在地表植被难以自然恢复的生态脆弱区，施工前应将作业面的自然植被与表土层一起整块移走，并妥善养护，施工后再移回原处。

4) 严禁在崩塌滑坡危险区、泥石流易发区和易导致自然景观破坏的区域采石、采砂、取土。

5) 工程建设中废弃的砂、石、土必须运至规定的专门存放地堆放，不得向江河、湖泊、水库和专门存放地以外的沟渠倾倒；工程竣工后，取土场、开挖面和废弃的砂、石、土存放地的裸露土地，应植树种草，防止水土流失。

6) 在山区、丘陵区、风沙区敷设的埋地管道、线缆，应根据实际情况采取有效的水土保持措施，以防止水土流失。

7) 通信设施不得危害国家和地方保护动物的栖息、繁衍；在建设期也应采取措施减少对相关野生动物的影响。

8) 通信工程建设中不得砍伐或危害国家重点保护的野生植物。未经主管部门批准，严禁砍伐名胜古迹和革命纪念地的林木。

9) 在工程建设中发现地下文物，应立即报告当地文化行政管理部门。

10) 在文物保护单位的保护范围内不得进行与保护文物无关的建设工程。如有特殊需要，必须经原公布(文物保护单位)的人民政府和上一级文化行政主管部门同意。

11) 在文物保护单位周围的建设控制地带内的建设工程，不得破坏文物保护单位的环境风貌。其设计方案应征得文化行政管理部门同意。

12）在风景区、景区公路旁、繁华市区以及主要交通干道两侧兴建的通信设施，应在形态、线形、色彩等要素上与环境相协调，不得严重影响景观。

13）通信工程中严禁使用持久性有机污染物做杀虫剂。

14）在饮用水源保护区、江河湖泊沿岸及野生动物保护区不得使用化学杀虫剂。

15）在项目施工期，为施工人员搭建的临时生活设施宜避免占用耕地，产生的生活污水和生活垃圾不得随意排放或丢弃，应按环保部门要求妥善处置。

16）建设跨河、穿河、穿堤的管道、缆线等工程设施，应符合防洪标准、岸线规划、航运要求，不得危害堤防安全、影响河势稳定、妨碍行洪畅通；工程建设方案应经有关水行政主管部门审查同意。

17）在蓄洪区内建设的电信设施和管道，建设单位应制定相应的防洪避洪方案，在蓄滞洪区内建造的房屋应采用平顶式结构。建设项目投入使用时，防洪工程设施应经水行政主管部门验收。

18）建设施工中，应采取喷水、覆盖等有效措施控制扬尘，并防止临时堆放的土方、砂石被雨水冲走，造成水土流失破坏环境。

19）敷设海底缆线时，应注意保护珊瑚礁、滨海湿地、海岛、海湾、入海河口、重要渔业水域等海洋生态系统，以及珍稀、濒危海洋生物、海洋自然历史遗迹和自然景观。

20）通信局(站)使用的柴油发电机、油汽轮机的废气排放应符合环境要求。

21）通信工程建设中应优先采用环保的施工工艺和材料，不得使用不符合环保标准的工艺、材料。

22）通信设备的清洗，应使用对人体无毒无害溶剂，且不得含有全氯氟烃、全溴氟烃、四氯化碳等消耗臭氧层的物质(ODS)。

23）在城市集中供热管网覆盖地区，不得新建燃煤锅炉；在大气污染防治重点城市的无供热管网覆盖地区应使用天然气、电或其他清洁能源替代燃煤锅炉。

3. 噪声控制

1）通信建设项目在城市市区范围内向周围生活环境排放的建筑施工噪声，应符合《建筑施工场界噪声限值》(GB 12523—1990)的规定，并符合当地环保部门的相关要求。

2）位于城市范围内和乡村居民区的通信设施，向周围环境排放噪声，应符合《声环境质量标准》(GB 3096—2008)的相关规定，按下表 5.1-13 执行。

城市 5 类环境噪声标准值　等效声级 Leq［dB(A)］　　表 5.1-13

类别	昼间	夜间	适用区域
0	50	40	适用于疗养区、高级别墅区、高级宾馆区
1	55	45	适用于居住、文教机关为主的区域(乡村居住区参照)
2	60	50	适用于居住、商业、工业混杂区
3	65	55	适用于工业区
4	70	60	适用于交通干线两侧区域

注：1. 位于城郊和乡村的疗养区、高级别墅区、高级宾馆区，按严于 0 类标准 5dB 执行。

2. 夜间突发噪声不得超过相应标准值 15dB。

3. 必须保持防治环境噪声污染的设施正常使用；拆除或闲置环境噪声污染防治设施应报环境保护行政主管部门批准。

4. 废旧物品回收及处置

1）通信工程建设单位和施工单位应采取措施，防止或减少固体废物对环境的污染。施工单位应及时清运施工过程中产生的固体废弃物，并按照环境卫生行政主管部门的规定进行利用或处置。

2）依法被列入强制回收目录的产品和包装物，应按照国家有关规定由产品的生产、销售或进口企业对该产品和包装物进行回收，使用单位应做好及时督促、协助收集和临时贮存、保管。

3）严禁向江河、湖泊、运河、渠道、水库及其最高水位线以下的滩地和岸坡倾倒、堆放固体废弃物。

4）废旧电池、废矿物油、含汞废日光灯管等毒性大，不宜用通用方法进行管理和处置的特殊危险废物，应与生活垃圾分类收集、妥善贮存、安全处置。

5）应使用低耗、高能、低污染的电池产品，限制含镉、铅等有害元素的电池在有关通信工程中的使用。通信终端产品应使用氢镍电池、锂离子电池等可充电电池替代镉镍电池；不得使用汞含量大于0.0001%的锌锰及碱性锌锰电池和糊式电池等一次性电池。

6）通信用锂离子电池、废旧通信记录媒体、废旧通信网络设备和废旧电信终端设备的回收处理，应执行国家通信产品环境相关标准。

7）废铅酸蓄电池的包装、运输、储存及回收，应执行国家通信产品环保相关标准。

5.2 通信基础设施共建共享要求

5.2.1 《关于推进电信基础设施共建共享的紧急通知》

关于推进电信基础设施共建共享的紧急通知

工信部联通［2008］235号

各省、自治区、直辖市通信管理局；中国电信、中国移动、中国联合网络通信有限公司筹备组：

为了深入贯彻落实科学发展观以及建设资源节约型、环境友好型社会的要求，节约土地、能源和原材料的消耗，保护自然环境和景观，减少电信重复建设，提高电信基础设施利用率，针对当前电信重组和即将启动的新一轮网络建设的实际情况，工业和信息化部、国务院国资委决定大力推进电信基础设施共建共享。现将有关事项通知如下：

一、目标原则

推进电信基础设施共建共享工作，将作为今后一段时期电信行业改革和发展的一项重点。各级基础电信企业、电信监管机构和相关单位要高度重视、统一思想、提高认识，实行“一把手负责制”，动员一切可使用资源，全力推进相关工作。按照“企业自律、政府监管，突出重点、以点带面，安全可靠、合理负担，有利竞争、促进发展”的原则，通过全行业共同努力，实现以下目标：杜绝同地点新建铁塔、同路由新建杆路现象；实现新增铁塔、杆路的共建；其他电信基础设施共建共享比例逐年提高。

二、组织领导

成立以工业和信息化部、国务院国资委领导以及各基础电信企业(重组后的中国电信、中国移动、中国联通，以下同)集团主要负责人参加的全国电信基础设施共建共享领导小组(以下简称领导小组)，负责指导协调全国电信基础设施共建共享工作，决定有关重大事项。领导小组下设办公室，工业和信息化部、国务院国资委相关司局和基础电信企业集团相关部门参加，领导小组办公室负责拟订全国性的有关政策和指导标准，协调有关具体事项。

各省(区、市)通信管理局组织成立省级共建共享协调机构(简称省协调机构)，可要求电信企业省(区、市)公司参加，也可邀请当地政府相关管理部门和专家参加。省协调机构负责提出省内共建共享有关要求，协调和决定省内有关事项。

三、具体要求

(一) 已有铁塔、杆路必须共享

已有铁塔、杆路必须开放共享，不具备共享条件的应采取技术改造、扩建等方式进行共享。已有铁塔、杆路的拥有方在接到共享申请后，应在10个工作日内回复，不能共享的应说明具体原因。禁止在已有铁塔同地点新建铁塔，禁止在已有杆路同路由新建杆路。确因特殊原因需在同地点、同路由新建铁塔、杆路的，应经过省协调机构同意。

(二) 新建铁塔、杆路必须共建

拟新建铁塔、杆路的基础电信企业必须告知其他基础电信企业，其他基础电信企业应在10个工作日内提出可提供已有设施共享或开展联合建设的需求，实施共享或共建。其他基础电信企业未提出共建需求的，3年内不得在同地点、同路由新建。

(三) 其他基站设施和传输线路具备条件的应共建共享

新建其他基站设施(包括基站的铁塔等支撑设施、天面、机房、室内分布系统、基站专用的传输线路、电源等其他配套设施，以下同)和传输线路(包括管道、杆路、光缆，以下同)具备条件的应联合建设；已有基站设施和传输线路具备条件的应向其他基础电信企业开放共享。

(四) 禁止租用第三方设施时签订排他性协议

基础电信企业租用第三方站址、机房等各种设施，不得签订排他性协议以阻止其他基础电信企业的进入，已签订的应立即纠正。

四、考核机制

(一) 处罚

以下行为一经查明，工业和信息化部、国务院国资委或授权省(区、市)通信管理局将进行严肃处理，根据情节严重程度可建议其上级单位对相关责任人进行处分。对因此被撤、免职人员，三年内不得任用。

——未经省协调机构同意，在同地点新建铁塔或者在同路由新建杆路；

——已有铁塔、杆路具备共享条件而拒绝开放共享；

——应进行联合建设而擅自独立新建铁塔、杆路；

——租用第三方设施签订排他性协议；

——报送虚假信息。

(二) 考核

对基础电信企业新建基站设施、传输线路的共建情况以及已有基站设施、传输线路的共享情况实施监督考核。由国务院国资委逐步建立考核目标，将考核目标完成情况纳入业绩考核体系。基础电信企业集团也要将共建共享考核结果纳入企业业绩考核体系，使共建共享推进情况与单位及主要负责人的利益直接挂钩。

领导小组将对各省(区、市)公司共建共享情况，定期向社会公布。对成效显著的予以表彰，对阻碍共建共享的予以通报，并将有关情况报送国务院和有关部门。

各基础电信企业集团和各省(区、市)通信管理局要定期将共建共享情况报领导小组办公室。各省(区、市)通信管理局要按附件要求定期报送数据，各省(区、市)公司应按照当地通信管理局的要求提供相关信息。

五、保障措施

(一) 狠抓贯彻落实。省(区、市)通信管理局要根据本地实际情况进一步细化有关要求。各基础电信企业集团要立即转发本意见，并提出贯彻落实的具体要求，特别是要明确考核办法，切实落实“一把手负责制”，将责任落实到人。企业集团间要共同签署合作框架协议，明确共建共享涉及建设、维护、价格、安全等方面的原则。省(区、市)公司间也要进一步签署有关具体合作协议。

(二) 争端解决机制。企业在共建共享过程中发生争议可采取以下方式解决：协议委托第三方机构进行评估或仲裁；申请省协调机构协调或裁定；省协调机构对难以裁定的可报领导小组裁定。

(三) 价格确定原则。企业间协商以及有关机构协调、裁定共建共享费用主要依据以下原则：租用价格应以成本为基础，附加一定的收益；共建费用应按成本进行分摊；已有政府指导价等相关规定的从其规定。

(四) 建设维护协议。企业间应通过签订协议明确分工和责任，具体建设、维护可采取首先提出方牵头、最大需求方牵头、分片负责、委托第三方等多种模式。

(五) 建立基础数据库。省(区、市)通信管理局逐步建立电信基础设施资源数据库，并对基础电信企业开放，以利于企业间开展共建共享，同时也对企业以往报送信息进行验证。

(六) 其他鼓励政策。工业和信息化部、国务院国资委将联合有关部门和地方政府逐步建立完善鼓励其他电信基础设施共建共享，以及与其他公共基础设施共建共享的有关政策措施。

六、有关说明

(一) 本通知有关要求自 2008 年 10 月 1 日起执行。

(二) 参考标准：本通知中铁塔一般指自高 10 米以上的铁塔(包括铁塔附属的机房、传输和电力引接等设施)，不包括桅杆；同地点新建铁塔指在聚居区内已有铁塔 500 米直线范围内、非聚居区已有铁塔 3 公里直线范围内新建铁塔；同路由新建杆路指在聚居区内已有杆路同一道路、非聚居区已有杆路 500 米范围内同路由方向新建杆路。各省协调机构可按基站覆盖范围、城乡情况、地理环境等进行调整。

(三) 本通知有关要求适用于境内(不含港澳台)相关电信基础设施的共建共享。

电信基础设施共建共享是电信行业贯彻落实科学发展观、建设两型社会、履行社会责任的具体体现，各单位要全力推进各项工作，务求取得实效，为实践有中国特色的电信改革发展之路做出贡献。

工业和信息化部

国务院国有资产监督管理委员会

二〇〇八年九月二十八日

5.2.2 《关于加强铁路沿线通信基础设施共建共享的通知》

关于加强铁路沿线通信基础设施共建共享的通知

工信部联通［2010］99号

各省、自治区、直辖市通信管理局、无线电管理机构；各铁路局、各铁路公司（筹备组）；中国电信集团公司、中国移动通信集团公司、中国联合网络通信集团有限公司：

按照科学发展观和建设资源节约型、环境友好型社会的要求，为加快铁路沿线通信网络建设、满足公用通信及铁路专用通信的需要，减少铁路沿线通信基础设施重复建设，根据《中华人民共和国电信条例》、《铁路运输安全保护条例》等有关法律法规以及《关于推进电信基础设施共建共享的紧急通知》（工信部联通［2008］235号）有关规定，经工业和信息化部、铁道部研究，共同推进铁路沿线通信基础设施共建共享。现将有关要求通知如下，请遵照执行：

一、共建共享的原则。各铁路相关单位、各基础电信企业（包括中国电信集团公司、中国移动通信集团公司、中国联合网络通信集团有限公司，以下同）要按照“依法合规、市场运作、统筹规划、合作建设、资源共享、安全可靠”的原则，充分利用既有资源，发挥各自资源优势，推进铁路沿线通信基础设施的共建共享。

二、共建共享的范围。共建共享是指铁路相关单位和基础电信企业双方共同建设和共用通信基础设施，实现资源的合理利用。具体范围包括：铁路沿线（包括铁路用地以及沿线车站、通信站、列车车厢等）内的管道（含地下管道、桥梁上管道及悬挂设施、隧道内管道或壁挂设施等）、通信杆路、光缆、电缆（含漏泄同轴电缆，以下同）、微波、通信铁塔、房屋（用于安装通信设备）、基站天面、电力、电源、防雷保护接地装置及其他通信设备等。

三、共建共享的方式。各铁路相关单位、各基础电信企业要按照铁路专用通信和铁路沿线公用通信的需求统筹规划通信基础设施，依法协商开展共建共享。因客观不具备共建条件，需要共享已有通信基础设施的，可协商采取相互购买、置换、租用等多种方式。其中，基础电信企业确需使用铁路相关单位通信槽道、管孔、光缆、光纤、电缆、带宽、波长等网络元素的，铁路相关单位应以非盈利为目的、按照非经营性原则提供使用，基础电信企业将网络元素出租、出售给铁路相关单位的，也应相应给予一定优惠，具体由双方协商确定。

四、加强共建共享的合作。各铁路相关单位、各基础电信企业要保证旅客和铁路沿线人民群众获得公用通信服务，各铁路相关单位要为各基础电信企业进入铁路沿线进行通信基础设施建设、提供电信服务提供便利，并保证各基础电信企业平等进入和共建共享。各铁路相关单位和各基础电信企业对相互提出的共建共享需求要及时响应，抓紧落实，保证工程进度和业务使用的需求。

五、加强合作设施的建设管理。各相关单位要明确合作设施工程建设的职责分工，合作设施设在铁路线路安全保护区内的，要按照铁路工程和通信工程有关建设管理规定，选择具备相应设计施工资质的单位承担工程设计、施工工作。建设工程要严格遵守安全生产的有关管理规定，不得危及铁路运输安全。

六、加强对铁路无线电频率的管理和保护。各铁路相关单位、各基础电信企业在无线通信设施共建共享时，应充分考虑和论证各无线电通信系统的电磁兼容性，避免对铁路无线指挥调度、信号控制等专用系统产生有害干扰，确保铁路无线电频率的使用安全。各无线电管理机构要与铁路相关单位、基础电信企业建立、健全相关无线电干扰协调机制，及时查处和协调解决铁路沿线各通信系统间的无线电干扰，确保铁路沿线各无线电通信系统正常运行。

七、加强合作设施的维护管理。各相关单位要明确维护单位和维护职责，对于需要进入铁路隧道、桥梁、车站等安全保护区域进行维护保养和检修的，必须遵守铁路有关安全管理规定；对于重要的通信设施要加强管理保证通信安全。

八、加强投资和财务管理。对于铁路沿线共建的设施，要做好投资管理，确保参与各方设施产权清晰；对于依法出租、出售机房、基站天面、铁塔、杆路、电源等通信配套设施的价格，应按照成本加一定收益(收益不超过成本的10%)的原则协商确定，国家已有相关规定的按规定执行。

九、加强组织协调。工业和信息化部与铁道部，各铁路局与当地通信管理局要建立沟通协调机制，明确合作工作的协调部门和联系人，及时沟通有关建设计划和共建共享的需求，并对企业间具体合作进行指导和协调。

各铁路相关单位和各基础电信企业要进一步提高认识，从服务经济社会发展、服务民生的高度认真加以落实。各相关单位要及时转发本通知，并可根据实际情况进一步签订有关合作协议。

5.3 通信建设工程造价管理

5.3.1 《通信建设工程概算、预算编制办法》要点解读

1. 通信建设工程概、预算编制办法的适用范围

工信部规［2008］75号文规定通信建设工程概、预算编制办法适用于通信建设项目新建和扩建工程的概、预算编制；改建工程可参照使用。通信建设项目涉及土建工程、铁塔安装工程时，应按各地区有关部门编制的土建、铁塔安装工程的相关标准编制概算、预算。

2. 概、预算的编制原则和编制依据

(1) 通信工程概算、预算应包括从筹建到竣工验收所需的全部费用，其具体内容、计算方法、计算规则应依据工信部发布的现行通信建设工程定额及其他有关计价依据进行编制。

(2) 编制通信工程概算、预算，必须由具有通信建设相关资质的单位编制；编制、审核及通信工程造价相关工作的人员必须持有工信部颁发的《通信建设工程概预算人员资格证书》。

(3) 通信工程概算、预算的编制，应按相应的设计阶段进行。当建设项目采用两阶段设计时，初步设计阶段编制设计概算，施工图设计阶段编制施工图预算。采用一阶段设计时，应编制施工图预算，并计列预备费、建设期利息等费用。建设项目按三阶段设计时，在技术设计阶段编制修正概算。

(4) 一个通信建设项目如果有几个设计单位共同设计时，总体设计单位应负责统一概算、预算的编制原则，并汇总建设项目的总概算。分设计单位负责本设计单位所承担的单项工程概算、预算的编制。

(5) 通信建设工程概算、预算应按单项工程编制。单项工程项目划分见表5.3-1。

通信建设单项工程项目划分表 表5.3-1

专业类别	单项工程名称	备注
通信线路工程	1. ××光、电缆线路工程 2. ××水底光、电缆工程(包括水线房建筑及设备安装) 3. ××用户线路工程(包括主干及配线光、电缆、交接及配线设备、集线器、杆路等) 4. ××综合布线系统工程	进局及中继光(电)缆工程可按每个城市作为一个单项工程
通信管道建设工程	通信管道建设工程	
通信传输设备安装工程	1. ××数字复用设备及光、电设备安装工程 2. ××中继设备、光放设备安装工程	
微波通信设备安装工程	××微波通信设备安装工程(包括天线、馈线)	
卫星通信设备安装工程	××地球站通信设备安装工程(包括天线、馈线)	
移动通信设备安装工程	1. ××移动控制中心设备安装工程 2. 基站设备安装工程(包括天线、馈线) 3. 分布系统设备安装工程	
通信交换设备安装工程	××通信交换设备安装工程	
数据通信设备安装工程	××数据通信设备安装工程	
供电设备安装工程	××电源设备安装工程(包括专用高压供电线路工程)	

(6) 设计概算是初步设计文件的重要组成部分。编制设计概算应在投资估算的范围内进行。施工图预算是施工图设计文件的重要组成部分。编制施工图预算应在批准的设计概算范围内进行。

(7) 设计概算的编制依据有:

1) 批准的可行性研究报告。

2) 初步设计图纸及相关资料。

3) 国家相关管理部门发布的有关法律、法规、标准规范。

4)《通信建设工程预算定额》(目前通信工程用预算定额代替概算定额编制概算)、《通信建设工程费用定额》、《通信建设工程施工机械、仪表台班费用定额》及其有关文件。

5) 建设项目所在地政府发布的土地征用和赔补费等有关规定。

6) 有关合同、协议等。

7) 引进设备安装工程还应依据国家和相关部门批准的引进设备工程项目订货合同、细目及价格,以及国外有关技术经济资料和相关文件等。

(8) 施工图预算的编制依据有:

1) 批准的初步设计概算及有关文件。

2) 施工图、标准图、通用图及其编制说明。

3) 国家相关管理部门发布的有关法律、法规、标准规范。

4)《通信建设工程预算定额》、《通信建设工程费用定额》、《通信建设工程施工机械、仪表台班费用定额》及其有关文件。

5) 建设项目所在地政府发布的土地征用和赔补费用等有关规定。

6) 有关合同、协议等。

7) 引进设备安装工程还应依据国家和相关部门批准的引进设备工程项目订货合同、

细目及价格，以及国外有关技术经济资料和相关文件等。

(9) 引进设备安装工程的概算、预算(指引进器材的费用)，除必须编制引进国的设备价款外，还应按引进设备的到岸价的外币折算成人民币的价格。引进设备安装工程的概算、预算应用两种货币表现形式，其外币表现形式可用美元或引进国货币。

(10) 引进设备安装工程的概算、预算除应包括通信建设工程概、预算编制办法和费用定额规定的费用外，还应包括关税、增值税、工商统一税、海关监管费、外贸手续费、银行财务费和国家规定应计取的其他费用，其计取标准和办法应参照国家或相关部门的有关规定。

3. 概、预算文件的组成

(1) 概、预算文件主要由编制说明及概、预算表格两部分组成。

(2) 概、预算说明应包括：

1) 工程概况及概、预算总价值。

2) 编制依据及采用的取费标准和计算方法的说明。

3) 工程技术经济指标分析。

(3) 概、预算表格包括：

1) 建设项目总概、预算表(汇总表)。

2) 工程概、预算总表(表一)。

3) 建筑安装工程费用概、预算表(表二)。

4) 建筑安装工程量概、预算表(表三)甲。

5) 建筑安装工程机械使用费概、预算表(表三)乙。

6) 建筑安装工程仪器仪表使用费概、预算表(表三)丙。

7) 国内器材概预算表(表四)甲；引进器材概、预算表(表四)乙。

8) 工程建设其他费概、预算表(表五)甲。

9) 引进设备工程建设其他费用概、预算表(表五)乙。

4. 概、预算的编制程序

(1) 收集资料，熟悉图纸。

(2) 计算工程量。

(3) 套用定额，选用价格。

(4) 计算各项费用。

(5) 复核。

(6) 写编制说明。

(7) 审核出版。

5.3.2 《通信建设工程费用定额》要点解读

1. 通信工程总费用构成及内容

通信工程总费用构成及内容按建设部财政部建标［2003］206 号文件的规定做了调整。

(1) 单项工程总费用由工程费、工程建设其他费、预备费和建设期利息组成。

(2) 工程费由建筑安装工程费和设备、工器具购置费组成。

(3) 建筑安装工程费由直接费、间接费、利润和税金组成。

(4) 直接费由直接工程费和措施费组成。

具体费用项目的组成如图 5.3-1 所示。

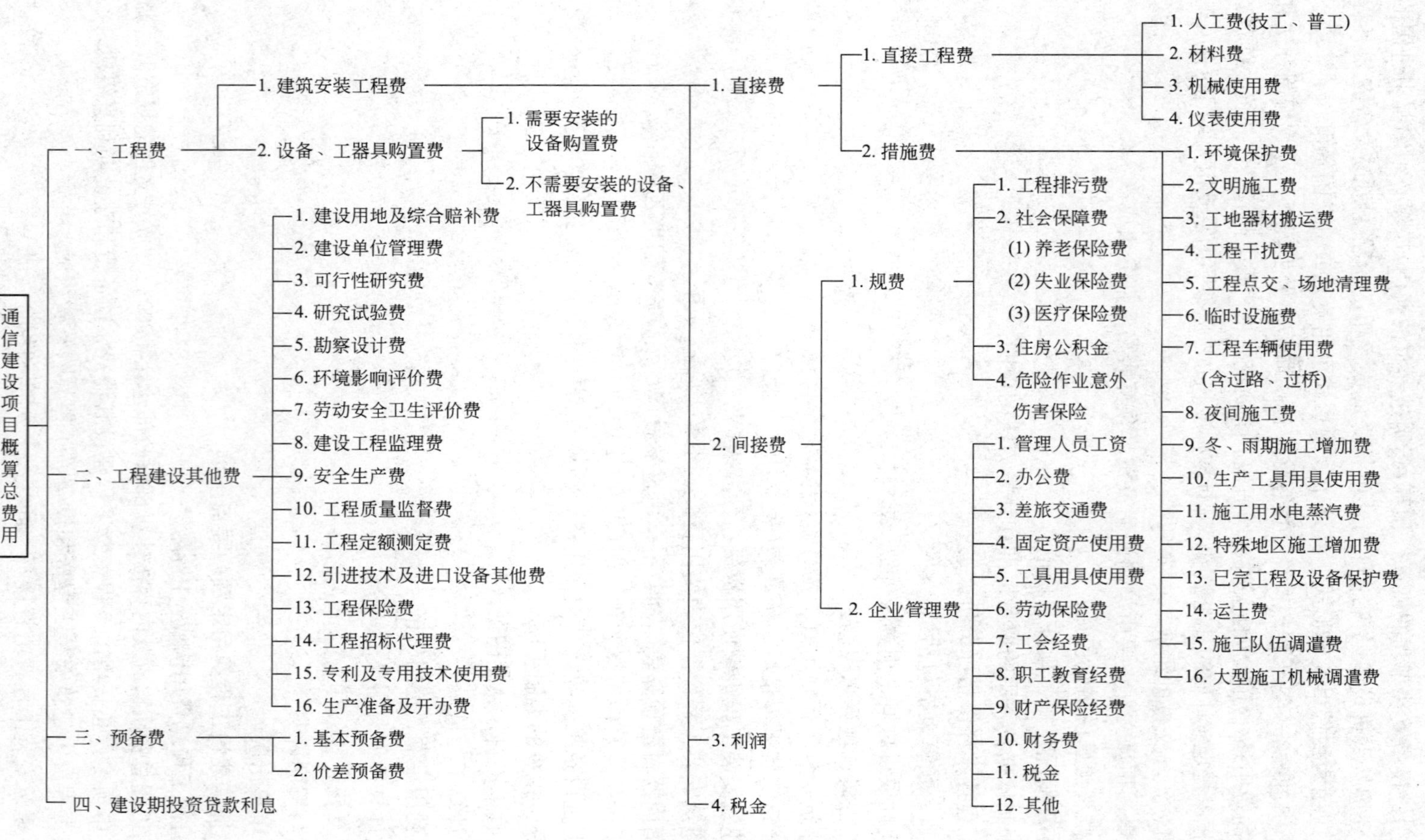

图 5.3-1 通信建设单项工程总费用组成

2. 直接费

直接费由直接工程费、措施费构成。

(1) 直接工程费

直接工程费是指施工过程耗用的构成工程实体和有助于工程实体形成的各项费用，其构成包括：

1) 人工费：指直接从事建筑安装施工的生产人员开支的各项费用(包括基本工资、工资性补贴、辅助工资、职工福利费、劳动保护费等)。

2) 材料费：指在施工过程中，实体消耗的原材料、辅助材料、构配件、零件、半成品的费用和周转性材料摊销，以及采购材料所发生的费用总和。其内容包括材料原价、材料运杂费、运输保险费、采购及保管费、采购代理服务费和辅助材料费。

3) 机械使用费：指在施工中使用机械作业所发生的机械使用费以及机械安拆费。其内容包括折旧费、大修理费、经常修理费、安拆费、人工费、燃料动力费、养路费及车船使用税。

4) 仪表使用费：指施工作业所发生的属于固定资产的仪表使用费。内容包括折旧费、经常修理费、年检费及人工费。

(2) 措施费

措施费是指为完成工程项目施工，发生于该工程前和施工过程中非工程实体项目的费用。其构成包括：

1) 环境保护费：指施工现场为达到环境部门要求所需要的各项费用。此费用只限于无线通信设备安装工程、通信线路工程、通信管道工程中计取。

2) 文明施工费：指施工现场文明施工所需要的各项费用。各通信专业工程均计取此项费用。环境保护费和文明施工费都属于不可竞争的费用，在投标报价时不得打折。

3) 工地器材搬运费：指由工地仓库(或指定地点)至施工现场转运器材而发生的费用。通信设备安装工程、通信线路工程、通信管道工程均计取此项费用。

4) 工程干扰费：通信线路工程、通信管道工程由于受市政管理、交通管制、人流密集、输配电设施等影响工效的补偿费用。通信线路工程、通信管道工程中受干扰的地区以及移动通信基站设备安装工程计取此项费用。综合布线工程不计取此费用。

5) 工程点交、场地清理费：指按规定编制竣工图及资料、工程点交、施工场地清理等发生的费用。各通信专业工程均计取此项费用。

6) 临时设施费：指施工企业为进行工程施工所必须设置的生活和生产用的临时建筑物、构筑物和其他临时设施的费用等。临时设施费用包括：临时设施的租用或搭设、维修、拆除费或摊销费。各通信专业工程均计取此项费用。

7) 工程车辆使用费：指工程施工中接送施工人员、生活用车等(含过路、过桥)的费用。各通信专业工程均计取此项费用。

8) 夜间施工增加费：指因夜间施工所发生的夜间补助费、夜间施工降效、夜间施工照明设备摊销及照明用电等费用。通信设备安装工程、通信线路工程(城区部分)以及通信管道工程均计取此项费用。

9) 冬、雨期施工增加费：指在冬、雨期施工时所采取的防冻、保温、防雨等安全措施及工效降低所增加的费用。此项费用用于无线通信设备安装工程(室外部分)、通信线路工程(除综合布线工程)以及通信管道工程。不分施工所处季节，这些工程均应计取此项费用。

10）生产工具用具使用费：指施工所需的不属于固定资产的工具、用具等的购置、摊销、维修费。各通信专业工程均计取此项费用。生产用车包括在机械使用费和工地器材搬运费中。

11）施工用水电蒸汽费：指施工生产过程中使用水、电、蒸汽所发生的费用。工程中依据施工工艺要求计取此项费用。

12）特殊地区施工增加费：指在原始森林地区、海拔2000m以上高原地区、化工区、核污染区、沙漠地区、山区无人值守站等特殊地区施工所需增加的费用。

13）已完工程及设备保护费：指竣工验收前，对已完工程及设备进行保护所需的费用。

14）运土费：指直埋光(电)缆、管道工程施工，需从远离施工地点取土及必须向外倒运出土方所发生的费用。

15）施工队伍调遣费：指因建设工程的需要，应支付施工队伍的调遣费用。其内容包括调遣人员的差旅费、调遣期间的工资、施工工具与用具等的运费。

16）大型施工机械调遣费：指大型施工机械调遣所发生的运输费用。

3. 间接费

间接费由规费和企业管理费构成。

(1) 规费

指政府和有关部门规定必须缴纳的费用(简称规费)。包括：

1）工程排污费：指施工现场按规定缴纳的工程排污费。

2）社会保障费：包括养老保险费、失业保险费、医疗保险费。

3）住房公积金：指企业按照规定标准为职工缴纳的住房公积金。

4）危险作业意外伤害保险：指企业为从事危险作业的建筑安装施工人员支付的意外伤害保险费。

规费属于不可竞争的费用，此项费用在投标报价时不得打折。

(2) 企业管理费

企业管理费是指施工企业为组织施工生产、经营活动所发生的费用。包括管理人员工资、办公费、差旅交通费、固定资产使用费、工具用具使用费、劳动保险费、工会经费、职工教育经费、财产保险费、财务费、税金等。

4. 利润

利润是指施工企业完成所承包工程获得的盈利。有的企业为了中标，可以放弃这项费用。

5. 税金

指按国家税法规定应计入安装工程造价的营业税、城市维护建设税和教育费附加。税金为建筑安装工程费的3.41%。

6. 设备、工具购置费

设备、工具购置费是指根据设计提出的设备(包括必须的备品、备件)、仪表、工(器)具清单，按设备原价、采购及保管费、运杂费、运输保险费和采购代理服务费计算的费用。

设备、工具购置费由需要安装的设备购置费和不需要安装的设备购置费组成。

7. 工程建设其他费

工程建设其他费是指应在建设项目的建设投资中开支的固定资产其他费用、无形资产费用和其他资产费用。其内容包括：

(1) 建设用地及综合赔补费：建设用地及综合赔补费是指按照《中华人民共和国土地法》等规定，建设项目征用土地或租用土地应支付土地征用及迁移补偿费、耕地占用税、租地费用、场地租用费等赔补费用。

此费用由设计单位根据地方政府规定，并结合工程勘测具体情况计列。

(2) 建设单位管理费：建设单位管理费是指建设单位发生的管理性质的开支。包括：差旅交通费、工具用具使用费、固定资产使用费、必要的办公及生活用品购置费、必要的通信设备及交通工具购置费、零星固定资产购置费、招募生产工人费、技术图书资料费、业务招待费、设计审查费、合同契约公证费、法律顾问费、咨询费、完工清理费、竣工验收费、印花税和其他管理性质开支。

如果成立筹建机构，建设单位管理费还应包括筹建人员工资类开支。此项费用参照国家有关规定计取。

(3) 可行性研究费：可行性研究费是指在建设项目前期工作中，编制和评估项目建议书(或预可行性研究报告)、可行性研究报告所需的费用。此项费用参照国家有关规定计取。

(4) 研究试验费：研究试验费是指为本建设项目提供或验证设计数据、资料等进行必要的研究试验及按照设计规定，在建设过程中必须进行的试验、验证所需的费用。此项费用不包括以下费用：

1) 应由科技三项费用(即新产品试制费、中间试验费和重要科学研究辅助费)开支的项目。

2) 应在建筑安装费用中列支的施工企业对材料、构件进行一般鉴定、检查所发生的费用及技术革新的研究试验费。

3) 应由勘察设计费或工程费开支的项目。

在普通和常见的工程中，一般不会发生该项费用。

(5) 勘察设计费：勘察设计费是指委托勘察设计单位进行工程水文地质勘察、工程设计所发生的各项费用。包括：工程勘察费、初步设计费、施工图设计费。

(6) 环境影响评价费：环境影响评价费是指按照《中华人民共和国环境保护法》、《中华人民共和国环境影响评价法》等规定，为全面、详细评价本建设项目对环境可能产生的污染或造成的重大影响所需的费用，包括编制环境影响报告书(含大纲)、环境影响报告表和评估环境影响报告书(含大纲)、评估环境影响报告表等所需的费用。

(7) 劳动安全卫生评价费：劳动安全卫生评价费是指按照劳动部10号令(1998年2月5日)《建设项目(工程)劳动安全卫生预评价管理办法》的规定，为预测和分析建设项目存在的职业危险、危害因素的种类和危险危害程度，并提出先进、科学、合理可行的劳动安全卫生技术和管理对策所需的费用。包括编制建设项目劳动安全卫生预评价大纲和劳动安全卫生预评价报告书以及为编制上述文件所进行的工程分析和环境现状调查等所需费用。

(8) 建设工程监理费：建设工程监理费是指建设单位委托工程监理单位实施工程监理的费用。

(9) 安全生产费：安全生产费是指施工企业按照国家有关规定和建筑施工安全标准，购置施工防护用具、落实安全施工措施以及改善安全生产条件所需要的各项费用。

安全生产费按建筑安装工程费的1%计取。此项费用属于不可竞争的费用，在投标报价时不得打折。

(10) 工程质量监督费：工程质量监督费是指工程质量监督机构对通信工程进行质量监督所发生的费用。

(11) 工程定额编制测定费：工程定额编制测定费是指建设单位发包工程按规定上缴工程造价(定额)管理部门的费用。

(12) 引进技术及进口设备其他费：引进技术及进口设备其他费的费用内容包括：

1) 引进项目图纸资料翻译复制费、备品备件测绘费。

2) 出国人员费用：包括买方人员出国设计联络、出国考察、联合设计、监造、培训等所发生的差旅费、生活费、制装费等。

3) 来华人员费用：包括卖方来华工程技术人员的现场办公费用、往返现场交通费用、工资、食宿费用、接待费用等。

4) 银行担保及承诺费：指引进项目由国内外金融机构出面承担风险和责任担保所发生的费用，以及支付贷款机构的承诺费用。

(13) 工程保险费：工程保险费是指建设项目在建设期间根据需要对建筑工程、安装工程及机器设备进行投保而发生的保险费用。保险的险种包括建筑安装工程一切险、引进设备财产和人身意外伤害险等。

(14) 工程招标代理费：工程招标代理费是指招标人委托代理机构编制招标文件、编制标底、审查投标人资格、组织投标人踏勘现场并答疑，组织开标、评标、定标以及提供招标前期咨询、协调合同的签订等业务所收取的费用。

(15) 专利及专用技术使用费：专利及专用技术使用费的费用内容包括：

1) 国外设计及技术资料费、引进有效专利、专有技术使用费和技术保密费。

2) 国内有效专利、专有技术使用费用。

3) 商标使用费、特许经营权费等。

对于此项费用，其计取规定如下：

1) 按专利使用许可协议和专有技术使用合同的规定计取。

2) 专有技术的界定应以省、部级鉴定机构的批准为依据。

3) 项目投资中只计取需要在建设期支付的专利及专有技术使用费。协议或合同规定在生产期支付的使用费应在成本中核算。

(16) 生产准备及开办费：生产准备开办费是指建设项目为保证正常生产(或营业、使用)而发生的人员培训费、提前进场费以及投产使用初期必备的生产生活用具、工器具等购置费用。内容包括：

1) 人员培训费及提前进厂费：自行组织培训或委托其他单位培训的人员工资、工资性补贴、职工福利费、差旅交通费、劳动保护费、学习资料费等；

2) 为保证初期正常生产、生活(或营业、使用)所必需的生产办公、生活家具用具购置费；

3）为保证初期正常生产（或营业、使用）必需的第一套不够固定资产标准的生产工具、器具、用具购置费（不包括备品备件费）。

生产准备及开办费指标由投资企业自行测算，此项费用应列入运营费。

对于工程建设其他费中的各项费用，工程质量监督费和工程定额测定费，目前已不再收取。其他费用如无说明，均按照国家相关规定计取。

8. 预备费

预备费是指在初步设计及概算中，难以预料的费用。预备费包括基本预备费和价差预备费。

基本预备费是指在批准的初步设计范围内，技术设计、施工图设计及施工过程中所增加的费用；设计变更等增加的费用；一般自然灾害造成的损失和预防自然灾害所发生的费用；在工程竣工验收时为鉴定工程质量，对隐蔽工程必须进行挖掘和修复费用。

价差预备费是指建设项目在建设期内设备、材料的差价。

多阶段设计的施工图预算不计取此项费用，在总预算中应列预备费余额。预备费不得承包使用。当需要动用此项费用时，由建设单位提出，报原概算批准部门审批。

9. 建设期利息

建设期利息是指建设项目贷款在建设期内发生并应计入固定资产的贷款利息等财务费用。建设期利息按银行当期利率计算。

5.3.3 通信工程工程量的计算原则

工程量是编制概、预算和工程量清单的基本依据，准确地统计、计算工程量是编制好概、预算文件和工程量清单的基础。编制初步设计概算、技术设计修正概算、施工图预算和工程量清单均需要计算工程量。

1. 工程量的计算规则

在编制初步设计概算、技术设计修正概算、施工图设计预算时，工程项目中工程量的计取、计量单位的取定以及有关系数的调整换算等，都应严格按照各专业预算定额的工程量计算规则确定。

对于工程量清单计价项目的工程量计算，应满足《通信建设工程量清单计价规范》（YD 5192—2009）的规定。

2. 工程量的计算依据

在编制初步设计概算、技术设计修正概算、施工图设计预算时，工程量计算的主要依据是设计图纸以及现行的概、预算定额和有关文件。在编制工程量清单时，除要按照上述计算依据计算工程量以外，还应按照《通信建设工程量清单计价规范》（YD 5192—2009）规定的项目名称、项目特征、工程内容和计算规则计算工程量。

3. 计量单位的取定要求

编制初步设计概算、技术设计修正概算和施工图预算时，计量单位的取定应和预算定额中的计量单位一致，否则无法套用预算定额。

对于按照工程量清单计价的工程项目，计量单位应与《通信建设工程量清单计价规范》（YD 5192—2009）规定的计量单位一致。

4. 工程量的计算方法

(1) 工程量计算的一般方法

无论是编制初步设计概算、技术设计修正概算、施工图设计预算，还是编制工程量清单，都应遵循以下要求计算工程量：

1) 计算工程量要按照图纸顺序由上而下，由左至右，依次进行统计，防止漏算、误算、重复计算，最后将同类项合并。

2) 通信系统中，每两个相邻系统之间的专业工程都有自己特定的分界点。工程量计算应以设计规定的所属范围和设计界线为准。

3) 工程量应以安装实际数量为准，所用材料数量不能作为安装工程量。

(2) 初步设计概算、技术设计修正概算、施工图设计预算中的工程量计算方法

1) 对于新建工程中的工程量计算应按照预算定额中规定的工程量计取；扩容工程中的工程量计算应以预算定额中规定的工程量为基数，再乘以预算定额中规定的扩建系数。

2) 对于处于高海拔地区及一些特殊施工环境的工程项目，计算工程量时，从图纸上统计的工程量还应乘以相应的人工系数。

(3) 工程量清单计价项目的工程量计算方法

对于采用工程量清单计价的项目，在计算工程量时，除应满足上述一般方法的要求以外，还应按照《通信建设工程量清单计价规范》(YD 5192—2009)中所明确的项目名称、项目特征、工程量计算规则和每个项目名称中规定的工程内容计算工程量。

5.3.4 《通信工程价款结算暂行办法》要点解读

1. 工程价款结算的基本原则

工程价款结算应按合同约定办理，合同未作约定或约定不明的，发、承包双方应依照下列规定与文件协商处理：

(1) 国家有关法律、法规和规章制度。

(2) 我部发布的工程造价计价标准、计价办法等有关规定。

(3) 建设项目的合同、补充协议、变更签证和现场签证，以及经发、承包人认可的其他有效文件。

(4) 其他可依据的材料。

2. 工程预付款

通信工程一般采用包工包料、包工不包料(或部分包料)两种形式。工程预付款方式如下：

(1) 采用包工包料方式时，工程预付款比例原则上不低于合同总价的10%，不高于合同总价的30%。设备及材料投资比例较高的，可按不高于合同总价的60%支付。

(2) 包工不包料(或部分包料)的工程，预付款应分别按通信管道、通信线路、通信设备工程合同总价的40%、30%、20%支付。

(3) 在具备施工条件的前提下，发包人应在双方签订合同后的一个月内或不迟于约定的开工日期前的7d内预付工程款。发包人不按约定预付，承包人应在预付时间到期后10d内向发包人发出要求预付的通知。发包人收到通知后仍不按要求预付时，承包人可在发出通知14d后停止施工。发包人应从约定应付之日起向承包人支付应付款的利息(利率按同期银行贷款利率计)，并承担违约责任。

(4) 预付的工程款必须在施工合同中约定抵扣方式，并在工程进度款中进行抵扣。

(5) 凡是没有签订合同或不具备施工条件的工程，发包人不得预付工程款，不得以预付款为名转移资金。

3. 工程进度价款的结算

(1) 工程进度款的支付数量及扣回

根据双方确定的工程计量结果，承包人向发包人提出支付工程进度款申请书之日起14d内，发包人应按不低于工程价款的60%，不高于工程价款的90%向承包人支付工程进度款。按约定时间发包人应扣回的预付款，可与工程进度款同期结算抵扣。

(2) 工程进度款的延期支付

发包人超过约定支付时限而不支付工程进度款，承包人应及时向发包人发出要求付款的通知。发包人收到承包人通知后仍不能按要求付款时，可与承包人协商签订延期付款协议，经承包人同意后可延期支付。协议应明确延期支付的时限，以及自工程计量结果确认后第15d起计算应付款的利息(利率按同期银行贷款利率计)。

(3) 对拒付工程进度款的责任认定

发包人不按合同约定支付工程进度款，双方又未达成延期付款协议，导致施工无法进行时，承包人可停止施工，由发包人承担违约责任。

4. 工程竣工价款的结算

工程初验后三个月内，双方应按照约定的工程合同价款、合同价款调整内容以及索赔事项，进行工程竣工结算。非施工原因造成不能竣工验收的工程，施工结算同样适用。

(1) 工程竣工结算的编审

工程竣工结算分为单项工程竣工结算和建设项目竣工总结算。

1) 单项工程竣工结算或建设项目竣工总结算由总(承)包人编制，发包人可直接进行审查；实行总承包的工程，由具体承包人编制，在总包人审查的基础上，发包人直接审查；政府投资项目，由同级财政部门审查。

2) 工程价款结算文件应包括工程价款结算编制说明和工程价款结算表格。工程价款编制说明的内容应包括：工程结算总价款，工程款结算的依据，因工程变更等使工程价款增减的主要原因。

3) 单项工程竣工结算或建设项目竣工总结算经发、承包人签字盖章后有效。

4) 承包人应在合同约定期限内完成项目竣工结算编制工作，未在规定期限内完成的且提不出正当理由延期的，发包人可依据合同约定提出索赔要求。

5) 发包人要求承包人完成合同以外的项目，承包人应在接受发包人要求的7d内就用工数量和单价、机械及仪表台班数量和单价、使用材料和金额等向发包人提出施工签证，发包人签证后施工。如发包人未签证，承包人施工后发生争议的，责任由承包人自负。

6) 由于建设单位的原因造成的停工，应根据双方(或监理)签证按实结算，停工损失由建设单位承担。计算办法为损失的人工工日×工日单价×(1+现场管理费率)，同时工期顺延。由承包商原因造成的停工、窝工，损失由承包商负担，工期不得顺延。

7) 索赔价款的结算：发承包双方未按合同约定履行自己的各项义务或发生错误，给另一方造成经济损失的，由受损失方按合同约定提出索赔，索赔金额按合同约定支付。

8) 设备、材料采购保管费应按以下方法处理：工程采用总承包或包工包料时，采购保管费由承包商全额收取；工程采用包工不包料时，采购保管费由承包商最多收取50%。

(2) 工程竣工结算的审查期限

1) 单项工程竣工后，承包人应在提交竣工验收报告的同时，向发包人递交竣工结算报告及完整的结算资料，发包人应按以下规定的时限进行核对(审查)并提出审查意见。

2) 工程竣工结算报告的审查时间：

① 500 万元以下的工程，应从接到竣工结算报告和完整的竣工结算资料之日起开始 20d 内完成审查。

② 500 万元至 2000 万元的工程，应从接到竣工结算报告和完整的竣工结算资料之日起开始 30d 内完成审查。

③ 2000 万元至 5000 万元的工程，应从接到竣工结算报告和完整的竣工结算资料之日起开始 45d 内完成审查。

④ 5000 万元以上的工程，应从接到竣工结算报告和完整的竣工结算资料之日起开始 60d 内完成审查。

3) 建设项目竣工总结算应在最后一个单项工程竣工结算审查确认后 15d 内汇总，送达发包人，发包人应在 30d 内审查完成。

(3) 工程竣工价款结算

1) 发包人收到承包人递交的竣工结算报告及完整的结算资料后，应按上述规定的期限(合同约定有期限的，从其约定)进行核实，给予确认或者提出修改意见。

发包人收到竣工结算报告及完整的结算资料后，在上述规定或合同约定期限内，对结算报告及资料没有提出意见，则视同认可。

承包人如未在规定时间内提供完整的工程竣工结算资料，经发包人书面通知到达 14d 内仍未提供或没有明确答复时，发包人有权根据已有资料进行审查，责任由承包人自负。

2) 根据双方确认的竣工结算报告，承包人向发包人申请支付工程竣工结算款。发包人应在收到申请后 15d 内支付结算款，到期没有支付的应承担违约责任。承包人可以催告发包人支付结算价款，如达成延期支付协议，发包人应按同期银行贷款利率支付拖欠工程价款的利息。如未达成延期支付协议，承包人可以申请通信行业主管部门协调解决，或依据法律程序解决。

3) 发包人应根据确认的竣工结算报告向承包人支付工程竣工结算价款，并保留 5%左右的工程质量保证(保修)金，待工程交付使用一年质保期到期后清算(合同另有约定的，从其约定)。

4) 质保期内如有返修，发生费用应在工程质量保证(保修)金内扣除。

5) 工程竣工后，发、承包双方应及时办理工程竣工结算。否则，工程不得交付使用，有关部门不予办理权属登记。

6) 凡实行监理的工程项目，工程价款结算过程中涉及监理工程师签证事项，应按工程监理合同约定执行。

5. 工程价款结算争议处理

(1) 发、承包人双方自行结算工程价款时，就竣工结算问题发生争议的，双方可按合同约定的争议或纠纷解决程序办理。

(2) 发包人对工程质量有异议的，已竣工验收或已竣工未验收但实际投入使用的工程，其质量争议按该工程保修合同执行；已竣工未验收也未投入使用的工程以及停工、停建工程的质量争议，应当就有争议的部分暂缓办理竣工结算。双方可就有争议的工程提请通信行业主管部门协调或申请仲裁，其余部分的竣工结算依照约定办理。

5.4 工程建设标准强制性条文(信息工程部分)要点解读

1. 通信网互联互通及基础设施共建共享的规定

(1) 通信设备入网及业务互通的规定

1) 工程设计中采用的设备应取得信息产业部电信设备入网许可证，未取得信息产业部颁发的电信设备入网许可证的设备不得在工程中使用。

2) 根据业务需求，电信业务经营者提供的各种业务应实现互通。互通时应参照相关规范的要求，在要求不明确时可进行协商保证业务的互通。

3) 各电信业务经营者的多媒体信息业务必须实现国内互联，互联应至少支持终端业务。

(2) 同步基准信号取得的规定

同步网中同步基准信号的传送时钟必须从高于或等于本级时钟的节点取得同步信号，严禁从低等级节点取得同步定时信号。当有必要从相同等级的节点取得同步信号时，必须保证在任何情况下不会形成定时环路。基于 SDH 传送的同步网，必须按 SDH 传送网的分层，从省际层、省内层、本地层单向逐层向下传送，严禁上级同步节点跟踪下层网络的同步信号。

(3) 利用 SDH 传送同步基准应遵从的原则规定

利用 SDH 传送同步基准应遵从以下原则：

1) 必须采用 SDH 线路码流传送同步基准信号，由上游的 SDH 复用设备的时钟经外同步口同步于通信楼内的 SSU，中途 SDH 网元均采用线路定时方式，下游的 SDH 复用设备从 STM-N 线路码流中直接恢复出同步信号，经 SDH 终端设备的外同步口供给该楼内的 SSU 作输入基准信号。

2) SDH 传送系统被同步的过程即是传送基准同步信号的过程，两者不可分割。被选作为基准同步信号载体的 SDH 系统的同步设计必须与同步网一致，SDH 系统的同步来源的选定以及同步定时方向等安排均应符合同步网的要求。

3) 用于传送同步基准的 SDH 系统同步设计，必须保证避免在各种故障情况下(包括传输线路中断、SSU 故障、GPS 系统失效等)出现定时环路现象或时钟倒挂现象，并设法减少网路基准参考倒换的影响。在实践中应针对具体工程的实际情况，对各 SDH 网元节点的同步方式、导出定时的方式，以及 SDH 系统内同步状态信息(SSM)的响应规则等做出具体的安排。

4) SDH 网元必须具有同步状态信息(SSM)功能。SDH 的网元时钟性能应符合 ITU-T G.813；定时功能和 SSM 功能应符合 ITU-T G.781。

5) SDH 传定时的网路模型和要求应符合本规范 3.3.2 条(《数字同步网工程设计规范》YD/T 5089—2005)。

6) 为保证 SDH 同步传送的质量及可靠性，在选择 SDH 系统时应考虑以下因素：

① 优先选择自愈能力强的 SDH 系统，先选环形系统，次选链型系统。

② 尽量选择传输距离短，中继节点少，可靠性高的 SDH 系统。

(4) 专用电话网接入公用电话网的规定

由机关、企业、事业单位或专业部门投资建设供自己内部使用的专用电话网(简称专用网)接入公用电话网(简称公用网)应符合下列规定：

1) 一个专用的本地网应就近和一个公用的本地网连接。

2) 专用网与公用网互通时，必须符合公用网统一的传输质量指标、信号方式、编号计划等相关的技术标准和规定。

3) 专用网接入公用网时的中继电路数量应根据涉及的话务量的大小和第 10.0.6 条规定中相关的呼损指标通过计算加以确定。

(5) 互联网网络安全的规定

1) 核心汇接节点之间必须设置 2 个或 2 个以上不同局向的中继电路，不同局向的中继电路必须由不同的传输系统开通。

2) 必须保证路由协议自身的安全性，在 OFPF、IS-IS、BGP 等协议中启用校验和认证功能，保证路由信息的完整性和已授权性。

3) 核心汇接节点设备必须实现主控板卡、交换板卡、电源模块、风扇模块等关键部件的冗余配置。

4) 软交换网内节点通过 IP 承载网互联。接入层中不可信任设备必须经 SAC 代理后接入软交换网。

5) SG 与其他电信业务经营者的七号信令网间，应按网间互联互通原则，通过关口局互通。

6) 软交换网应采取以下安全措施，保障软交换网的安全性：

① 防止合法用户超越权限地访问软交换网设备。

② 非法用户的 IP 包流入、流出软交换网设备所在局域网。

③ 非法用户对软交换网设备所需的 IP 承载网资源的大量占用，导致软交换网设备因无法使用 IP 承载网资源而退出服务。

④ 换网元设备之间的 IP 包的非法监听。

⑤ 病毒感染和扩散。

2. 通信网络及设施安全的规定

(1) 设施安全间距的规定

1) 通信管道与通道应避免与燃气管道、高压电力电缆在道路同侧建设，不可避免时，通信管道、通道与其他地下管线及建筑物间的最小净距，应符合表 5.4-1 的规定。

2) 直埋光(电)缆与其他建筑设施间的最小净距、硅芯塑料管道与其他地下管线或建筑物间的隔离距离应符合表 5.4-2 的规定，埋式电缆与其他地下设施间的净距不应小于表 5.4-2 的规定。

3) 架空线路与其他设施接近或交越时，杆路与其他设施的最小水平净距，应符合表 5.4-3的规定。

4) 架空光(电)缆在各种情况下架设的高度，应不低于表 5.4-4 的规定。

5) 架空光(电)缆交越其他电气设施的最小垂直净距，应不小于表 5.4-5 的规定。

6) 光(电)缆线路与强电线路平行、交越或与地下电气设备平行、交越时，其间隔距离应符合设计要求。

通信管道、通道和其他地下管线及建筑物间的最小净距表　　表 5.4-1

其他地下管线及建筑物名称		平行净距(m)	交叉净距(m)
已有建筑物		2.0	—
规划建筑物红线		1.5	—
给水管	d≤300mm	0.5	0.15
	300mm<d≤500mm	1.0	
	d>500mm	1.5	
污水、排水管		1.0	0.15
热力管		1.0	0.25
燃气管	压力≤300kPa(压力≤3kg/cm^2)	1.0	0.3
	300kPa<压力≤800kPa(3kg/cm^2 压力≤8kg/cm^2)	2.0	
电力电缆	35kV 以下	0.5	0.5
	≥35kV	2.0	
高压铁塔基础边	>35kV	2.5	—
通信电缆(或通信管道)		0.5	0.25
通信电杆、照明杆		0.5	—
绿化	乔木	1.5	—
	灌木	1.0	—
道路边石边缘		1.0	—
铁路钢轨(或坡脚)		2.0	—
沟渠(基础底)		—	0.5
涵洞(基础底)		—	0.25
电车轨底		—	1.0
铁路轨底		—	1.5

注：1. 主干排水管后铺设时，其施工沟边与管道间的水平净距不宜小于 1.5m。

2. 当管道在排水管下部穿越时，交叉净距不宜小于 0.4m，通信管道应做包封处理。包封长度自排水管道两侧各长 2m。

3. 在交越处 2m 范围内，燃气管不应做接合装置和附属设备；如上述情况不能避免时，通信管道应做包封处理。

4. 如电力电缆加保护管时，交叉净距可减至 0.15m。

直埋光(电)缆与其他建筑设施间的最小净距　　表 5.4-2

名　　称	平行时(m)	交越时(m)
通信管道边线(不包括人手孔)	0.75	0.25
非同沟的直埋通信光、电缆	0.5	0.25
埋式电力电缆(交流 35kV 以下)	0.5	0.5
埋式电力电缆(交流 35kV 及以上)	2.0	0.5
给水管(管径小于 300mm)	0.5	0.5
给水管(管径 300mm～500mm)	1.0	0.5

续表

名　称	平行时(m)	交越时(m)
给水管(管径大于500mm)	1.5	0.5
高压油管、天然气管	10.0	0.5
热力、排水管	1.0	0.5
燃气管(压力小于300kPa)	1.0	0.5
燃气管(压力300～1600kPa)	2.0	0.5
通信管道	0.75	0.25
其他通信线路	0.5	
排水沟	0.8	0.5
房屋建筑红线或基础	1.0	
树木(市内、村镇大树、果树、行道树)	0.75	
树木(市外大树)	2.0	
水井、坟墓	3.0	
粪坑、积肥池、沼气池、氨水池等	3.0	
架空杆路及拉线	1.5	

注：1. 直埋光缆采用钢管保护时，与水管、燃气管、输油管交越时的净距可降低为0.15m。
2. 对于杆路、拉线、孤立大树和高耸建筑，还应考虑防雷要求。
3. 大树指直径300mm及以上的树木。
4. 穿越埋深与光缆相近的各种地下管线时，光缆宜在管线下方通过。
5. 隔距达不到表5.4-2要求时，应采取保护措施。

杆路与其他设施的最小水平净距表　　表5.4-3

其他设施名称	最小水平净距(m)	备　注
消火栓	1.0	指消火栓与电杆距离
地下管、缆线	0.5～1.0	包括通信管、缆线与电杆间的距离
火车铁轨	地面杆高的4/3倍	—
人行道边石	0.5	—
地面上已有其他杆路	地面杆高的4/3	以较长标高为基准
市区树木	0.5	缆线到树干的水平距离
郊区树木	2.0	缆线到树干的水平距离
房屋建筑	2.0	缆线到房屋建筑的水平距离

注：在地域狭窄地段，拟建架空光缆与已有架空线路平行敷设时，若间距不能满足以上要求，可以杆路共享或改用其他方式敷设光缆线路，并满足隔距要求。

架空光(电)缆架设高度表　　表5.4-4

名　称	与线路方向平行时		与线路方向交越时	
	架设高度(m)	备注	架设高度(m)	备注
市内街道	4.5	最低缆线到地面	5.5	最低缆线到地面
市内里弄(胡同)	4.0	最低缆线到地面	5.0	最低缆线到地面

续表

名称	与线路方向平行时		与线路方向交越时	
	架设高度(m)	备注	架设高度(m)	备注
铁路	3.0	最低缆线到地面	7.5	最低缆线到轨面
公路	3.0	最低缆线到地面	5.5	最低缆线到路面
土路	3.0	最低缆线到地面	5.0	最低缆线到路面
房屋建筑物			0.6	最低缆线到屋脊
			1.5	最低缆线到房屋平顶
河流			1.0	最低缆线到最高水位时的船桅顶
市区树木			1.5	最低缆线到树枝的垂直距离
郊区树木			1.5	最低缆线到树枝的垂直距离
其他通信导线			0.6	一方最低缆线到另一方最高线条
与同杆已有缆线间隔	0.4	缆线到缆线		

架空光(电)缆交越其他电气设施的最小垂直净距表　　　　表 5.4-5

其他电气设备名称	最小垂直净距(m)		备注
	架空电力线路有防雷保护设备	架空电力线路无防雷保护设备	
10kV 以下电力线	2.0	4.0	最高缆线到电力线条
35kV 至 110kV 电力线(含 110kV)	3.0	5.0	最高缆线到电力线条
110kV 至 220kV 电力线(含 220kV)	4.0	6.0	最高缆线到电力线条
220kV 至 330kV 电力线(含 330kV)	5.0		最高缆线到电力线条
330kV 至 500kV 电力线(含 500kv)	8.5		最高缆线到电力线条
供电线接户线(注 1)	0.6		
霓虹灯及其铁架	1.6		
电气铁道及电车滑接线(注 2)	1.25		

注：1. 供电线为被覆线时，光(电)缆也可以在供电线上方交越。
2. 光(电)缆必须在上方交越时，跨越档两侧电杆及吊线安装应做加强保护装置。
3. 通信线应架设在电力线路的下方位置，应架设在电车滑接线的上方位置。

7) 所选择的海底光缆线路路由与其他海缆路由平行时，两条平行海缆之间的距离应不小于二海里(3.704km)，与其他设施的距离应符合国家的有关规定。

(2) 通信线路安全埋深的规定

1) 硅芯塑料管道，埋深应根据铺设地段的土质和环境条件等因素按表 5.4-6 要求分段确定，埋深应符合表 5.4-7 的规定。特殊困难地点可根据铺设硅芯塑料管道要求，提出方案，呈主管部门审定。

2) 通信管道的埋设深度(管顶至路面)不应低于表 5.4-8 的要求。当达不到要求时，应采用混凝土包封或钢管保护。

硅芯塑料管道铺设位置选择　　表 5.4-6

序号	铺设地段	塑料管道铺设位置
1	高等级公路	中间隔离带
		边沟
		路肩
		防护网内
2	一般公路	定型公路：边沟、路肩、边沟与公路用地边缘之间。也可离开公路铺设，但隔距不宜超过 200m
		非定型公路：离开公路，但隔距不宜超过 200m。避开公路升级、改道、取庄、扩宽和路边规划的影响
3	市区街道	人行道
		慢车道
		快车道
4	其他地段	地势较平坦、地质稳固、石方量较小
		便于机械设备运达

硅芯塑料管道埋深要求　　表 5.4-7

序号	铺设地段及土质	上层管道至路面埋深(m)
1	普通土、硬土	≥1.0
2	半石质(砂砾土、风化石等)	≥0.8
3	全石质、流砂	≥0.6
4	市郊、村镇	≥1.0
5	市区街道	≥0.8
6	穿越铁路(距路基面)、公路(距路面基底)	≥1.0
7	高等级公路中间隔离带及路肩	≥0.8
8	沟、渠、水塘	≥1.0
9	河流	同水底光缆埋深要求

注：1. 人工开槽的石质沟和公(铁)路石质边沟的埋深可减为 0.4m，并采用水泥砂浆封沟。硬路肩可减为 0.6m。
2. 管道沟沟底宽度通常应大于管群排列宽度每侧 100mm。
3. 在高速公路隔离带或路肩开挖管道沟，硅芯塑料管道的埋深及管群排列宽度，应考虑到路方安装防撞栏杆立柱时对塑料管的影响。
4. 硅芯管道在进入人(手)孔之前应下沉，曲率半径应满足要求，不得陡坡进入人(手)孔。

管顶至路面的最小深度　　表 5.4-8

类别	人行道下	车行道下	与电车轨道交越(从轨道底部算起)	与铁道交越(从轨道底部算起)
水泥管、塑料管	0.7	0.8	1.0	1.5
钢管	0.5	0.6	0.8	1.2

3）进入人孔处的管道基础顶部距人孔基础顶部不应小于 0.4m，管道顶部距人孔上覆底部不应小于 0.3m。

4）遇到下列情况时，通信管道埋设应作相应的调整或进行特殊设计：

① 城市规划对今后道路扩建、改建后路面高程有变动时。

② 与其他地下管线交越时的间距不符合表 5.4-1 的规定时。

③ 地下水位高度与冻土层深度对管道有影响时。

5）光缆埋深应符合表 5.4-9 的规定。

6）电杆洞深应符合表 5.4-10 规定，洞深允许偏差不大于 50mm。

7）各种拉线地锚坑深应符合表 5.4-11 的规定，允许偏差应小于 50mm。

8）水底光(电)缆埋深标准应符合表 5.4-12 要求。

光缆埋深标准　　**表 5.4-9**

敷设地段及土质		埋深(m)
普通土、硬土		≥1.2
砂砾土、半石质、风化石		≥1.0
全石质、流砂		≥0.8
市郊、村镇		≥1.2
市区人行道		≥1.0
公路边沟	石质(坚石、软石)	边沟设计深度以下 0.4
	其他土质	边沟设计深度以下 0.8
公路路肩		≥0.8
穿越铁路(距路基面)、公路(距路面基底)		≥1.2
沟渠、水塘		≥1.2
河流		按水底光缆要求

注：1. 边沟设计深度为公路或城建管理部门要求的深度。

2. 石质、半石质地段应在沟底和光缆上方各铺 100mm 厚的细土或沙土。此时光缆的埋深相应减少。

3. 上表中不包括冻土地带的埋深要求，其埋深在工程设计中应另行分析取定。

架空光(电)缆电杆洞洞深标准　　**表 5.4-10**

电杆类别	分类 / 洞深(m) / 杆长(m)	普通土	硬土	水田、湿地	石质
水泥电杆	6.0	1.2	1.0	1.3	0.8
	6.5	1.2	1.0	1.3	0.8
	7.0	1.3	1.2	1.4	1.0
	7.5	1.3	1.2	1.4	1.0
	8.0	1.5	1.4	1.6	1.2
	9.0	1.6	1.5	1.7	1.4
	10.0	1.7	1.6	1.7	1.6
	11.0	1.8	1.8	1.9	1.8
	12.0	2.1	2.0	2.2	2.0

续表

电杆类别	分类 洞深(m) 杆长(m)	普通土	硬土	水田、湿地	石质
木质电杆	6.0	1.2	1.0	1.3	0.8
	6.5	1.3	1.1	1.4	0.8
	7.0	1.4	1.2	1.5	0.9
	7.5	1.5	1.3	1.6	0.9
	8.0	1.5	1.3	1.6	1.0
	9.0	1.6	1.4	1.7	1.1
	10.0	1.7	1.5	1.8	1.1
	11.0	1.7	1.6	1.8	1.2
	12.0	1.8	1.6	2.0	1.2

注：1. 12m以上的特种电杆的洞深应按设计文件规定实施。

2. 表5.4-10适用于中、轻负荷区新建的通信线路。重负荷区的杆洞洞深应按本表规定值增加100～200mm。

(1) 坡上的洞深应符合图5.4-1要求。

(2) 杆洞深度应以永久性地面为计算起点。

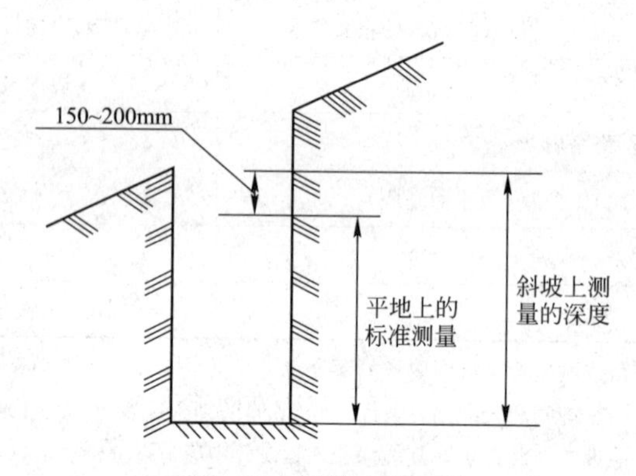

图5.4-1　斜坡上的杆洞

拉线地锚坑深　　表5.4-11

土质分类 坑深(m) 拉线程式	普通土	硬土	水田、湿地	石质
7/2.2mm	1.3	1.2	1.4	1.0
7/2.6mm	1.4	1.3	1.5	1.1
7/3.0mm	1.5	1.4	1.6	1.2
2×7/2.2mm	1.6	1.5	1.7	1.3
2×7/2.6mm	1.8	1.7	1.9	1.4
2×7/3.0mm	1.9	1.8	2.0	1.5
上2 V型×7/3.0mm 下1	2.1	2.0	2.3	1.7

水底光(电)缆埋深要求　　表 5.4-12

河床情况		埋深要求(m)
岸滩部分		1.2
水深小于 8m(年最低水位)的水域	河床不稳定，土质松软	1.5
	河床稳定、硬土	1.2
水深大于 8m(年最低水位)的水域：		自然掩埋
有疏浚规划的区域		在规划深度以下 1m
冲刷严重、极不稳定的区域		在变化幅度以下
石质和风化石河床		>0.5

(3) 通信线路安全的其他规定

1) 海底光缆登陆点处必须设置明显的海缆登陆标志。

2) 挖掘沟(坑)施工时，如发现有埋藏物，特别是文物、古墓等必须立即停止施工，并负责保护好现场，与有关部门联系；在未得到妥善解决之前，施工单位严禁在该地段内继续施工。

3) 新建杆路应首选水泥电杆，木杆或撑杆应采用注油杆或根部经防腐处理的木杆。

4) 电杆规格发布考虑设计安全系数 K，水泥杆 $K \geq 2.0$，注油木杆 $K \geq 2.2$。

5) 应保证光缆和河堤的安全，并严格符合相关堤防管理部门的技术要求。

(4) 电信生产楼安全的规定

1) 直辖市和省会城市的综合电信营业厅、展示厅不应设置在电信生产楼内。对于地(市)级城市的综合电信营业厅不宜设置在电信生产楼内。

2) 局址内禁止设置公众停车场。

3. 通信局(站)选址及节能的规定

(1) 环境安全要求

1) 局、站址应有安全环境，不应选择在生产及储存易燃、易爆物质的建筑物和堆积场附近。

2) 局、站址应避开断层、土坡边缘、古河道和有可能塌方、滑坡和有开采价值的地下矿藏或古遗迹遗址的地段；在不利地段应采取可靠措施。

3) 局、站址不应选择在易受洪水淹灌的地区。如无法避开时，可选在基地高程高于要求的计算洪水水位 0.5m 以上的地方，如仍达不到上述要求时，应按本规范(《电信专用房屋设计规范》YD/T 5003—2005)第 5.0.11 条规定执行。

4) 站址应有较好的卫生环境，不应选择在生产过程中散发有害气体、多烟雾、多粉尘和有害物质的工业企业附近。

(2) 通信安全保密、国防、人防、消防等要求

1) 局、站址选择时应满足通信安全保密、国防、人防、消防等要求。

2) 卫星通信地球站站址选择应有较安静的环境，避免在飞机场、火车站以及发生较大振动和较强噪声的工业企业附近设站。

(3) 电磁波辐射影响要求

在局、站址选择时应考虑对周围环境的防护对策。通过天线发射产生电磁波辐射的通信

工程项目选址对周围环境的影响应符合《电磁辐射防护规定》(GB 8702—1988)限值的要求。

(4) 环境干扰要求

1) 移动通信直放站站址应选择在人为噪声和其他无线电干扰环境较小的地方，不宜在大功率无线电发射台、大功率电视发射台、大功率雷达站和具有电焊设备、X光设备或生产强脉冲干扰的热合机、高频炉的企业附近设站，与其他移动通信系统局站距离较近或共用建筑物时应满足系统间干扰隔离的相关要求。

2) 地球站不应设在无线电发射台、变电站、电气化铁道以及具有电焊设备、X光设备等其他电气干扰源附近，地球站周围的电场强度应执行《工业、科学和医疗(ISM)射频设备　电磁骚扰特性　限值和测量方法》(GB 4824—2004)的规定。

(5) 与其他设施隔距的要求

1) 地球站天线波束与飞机航线(特别是起飞和降落航线)应避免交叉，地球站与机场边沿的距离不宜小于2km。

2) 高压输电线不应穿越地球站场地，距35kV及以上的高压电力线应大于100m。

(6) 通信卫星地球站对保证天线电气特性要求

地球站站址选择应保证天线前方的树木、烟囱、塔杆、建筑物、堆积物、金属物等不影响地球站天线的电气特性。

(7) 尽量共用已有站址的规定

选择基站站址时应尽量共用已有的站址，新建站址应采用和其他电信业务经营者联合建设的方式。

(8) 对通信局(站)节能的规定

严寒、寒冷地区通信局(站)的体形系数应小于或等于0.40。

4. 邮电建筑设计防火相关的规定

(1) 耐火等级相关的规定

1) 一类高层电信建筑的耐火等级应为一级，二类高层电信建筑以及单层、多层电信建筑的耐火等级均不应低于二级。裙房的耐火等级不应低于二级。电信建筑地下室的耐火等级应为一级。

2) 一级邮区中心局和省会二级邮区中心局的邮政生产用房耐火等级应为一级，其余邮政生产用房耐火等级不应低于二级。

(2) 防火分区相关的规定

1) 电信建筑防火分区的允许最大建筑面积不应超过表5.4-13的规定。

2) 邮政生产用房防火分区的允许最大建筑面积不应超过表5.4-14的规定。

每个防火分区的允许最大建筑面积　表5.4-13

建筑类别	每个防火分区建筑面积(m^2)
一、二类高层电信建筑	1500
单层、多层电信建筑	2500
电信建筑地下室	750

注：设有自动灭火系统的防火分区，其允许最大建筑面积可按本表增加一倍；当局部设置自动灭火系统时，增加面积可按该局部面积的一倍计算。

每个防火分区允许最大建筑面积　　表 5.4-14

建筑类别	耐火等级	每个防火分区允许最大建筑面积(m^2)
高层	一级	3000
	二级	2000
多层	一级	6000
	二级	4000
单层	一级	不限
	二级	8000

注：1. 设有自动灭火系统的防火分区，其允许最大建筑面积可按本表增加一倍。
2. 设有自动灭火系统的二级耐火等级建筑的屋顶金属承重构件和金属屋面可不做防火处理。

(3) 楼梯间相关的规定

1) 一类高层电信建筑与建筑高度超过 32m 的二类高层电信建筑均应设防烟楼梯间，其余电信建筑应设封闭楼梯间。

2) 邮政生产用房的疏散楼梯应采用封闭楼梯间，高度超过 32m 且每层人数超过 10 人时，应采用防烟楼梯间或室外楼梯。

(4) 孔洞封堵相关的规定

1) 电信建筑内的管道井、电缆井应在每层楼板处用相当于楼板耐火极限的不燃烧体做防火分隔，楼板或墙上的预留孔洞应用相当于该处楼板或墙体耐火极限的不燃烧材料临时封堵，电信电缆与动力电缆不应在同一井道内布放。

2) 电缆孔洞及管井应采用相同耐火极限的防火材料封堵。通信电缆不应与动力馈电线敷设在同一个走线孔洞(管井)内。

3) 电源线、信号线穿越上、下楼层或水平穿墙时，应预留“S”弯，孔洞应加装口框保护，完工后应用非延燃和绝缘板材料盖封洞口。

4) 邮政建筑内的管道井、电缆井应在每层楼板处采用相当于楼板耐火极限的不燃烧体分隔，楼板或墙上的预留孔洞应用相当于该处楼板或墙体耐火极限的不燃烧材料临时封堵。

(5) 机房墙体、地面和顶棚装修相关的规定

1) 电信机房的内墙及顶棚装修材料的燃烧性能等级应为 A 级，地面装修材料的燃烧性能等级不应低于 B1 级。

2) 机房室内装修材料应采用非延燃材料。不得使用木地板、木护墙及可燃窗帘。

3) 邮政建筑内墙及顶棚装修材料的燃烧性能等级应为 A 级，地面装修材料的燃烧性能等级不应低于 B1 级。

4) 新建电信机房不得安装吊顶和活动地板。

5) 移动通信应急车辆箱体内的装修应满足电信工艺的要求，满足《邮电建筑设计防火规定》(YD 5002—2005)的规定。

(6) 安全出口相关的规定

1) 开敞式电信机房内任何一点至最近的安全出口的直线距离不应大于 30m。

2) 邮政生产用房内任何一点至最近的安全出口的直线距离，单层不应大于 80m，多层不应大于 60m，高层不应大于 40m。

(7) 供电要求相关的规定

长途电信枢纽楼、省会级电信综合楼的消防用电设备应按一级负荷要求供电，并应由自备发电设备作为应急电源。其他电信建筑的消防用电设备应按该建筑的最高负荷等级要求供电。

(8) 配电线路敷设相关的规定

1) 电信建筑内的配电线路暗敷设时，应穿管并应敷设在不燃烧体结构内且保护层厚度不应小于30mm；明敷设时，应穿有防火保护的金属管或有防火保护的封闭式金属线槽；当采用阻燃或耐火电缆时，敷设在电缆井、电缆沟内可不采取防火保护措施；当采用矿物绝缘类不燃性电缆时可直接敷设。电信建筑内的动力、照明、控制等线路应采用阻燃铜芯电线(缆)。电信建筑内的消防配电线路，应采用耐火型或矿物绝缘类不燃性铜芯电线(缆)。消防报警等线路穿金属管时，可采用阻燃铜芯电线(缆)。

2) 通信电源机房内的导线应采用非延燃电缆。

(9) 自动报警系统、灭火系统和消防器材相关的规定

1) 电信建筑内除小于5m^2卫生间外，应设置火灾自动报警装置。

2) 一级邮区中心局和省会二级邮区中心局的生产车间应设安全监视和火灾应急广播。火灾应急广播可与生产调度广播合用，火灾时应能将生产调度广播自动切换到火灾应急广播。

3) 下列电信机房应设气体灭火系统：

① 国际局、省级中心及以上局的长途交换机房(包括控制室、信令转接点室)及移动汇接局交换机房。

② 10000路及以上地区中心的长途交换机房(包括控制室、信令转接点室)及移动汇接局交换机房。

③ 20000线及以上市话汇接局、关口局的交换机房(包括控制室、信令转接点室)及移动关口局交换机房。

④ 60000门及以上市内交换局的交换机房(包括控制室、信令转接点室)及移动本地网交换机房。

⑤ 为上述交换机房服务的传输机房及重要的数据机房等。

4) 电信建筑应按现行国家《建筑灭火器配置设计规范》(GB 50140—2005)的规定配置手提式或移动式灭火器。电信机房应按独立单元配置手提式或移动式灭火器。

5) 电视会议室、控制室、机房的消防应采用通信设备适用的灭火器，并满足《邮电建筑防火设计标准》(YD 5002—2005)的要求。

6) 机房内必须配备有效的灭火消防器材。凡要求设置的火灾自动报警系统和灭火系统，必须保持性能良好。机房内远程环境监测系统工作正常。

(10) 其他的规定

1) 机房内严禁存放易燃、易爆等危险物品。

2) 电信专用房屋工程的施工监理应检查电信专用房屋内火灾事故照明和疏散指示标志是否设置在醒目位置，指示标志是否清晰易懂。应检验通风与空气调节系统安装是否符合防火规范要求，重点检查防火阀是否关闭严密，防火阀检查孔位置是否设在便于操作的部位。保证电池室使用独立的通风设备，并采用防爆型排风机。

5. 通信工程抗震的规定

(1) 通信建筑抗震设防分类标准的规定

《通信建筑抗震设防分类标准》(YD 5054—2010)主要内容包括抗震设防类别、抗震设防分类标准两个方面。

我国是一个多地震国家，地震活动分布广、强度高、危害大，通信工程作为生命线不仅在平时要保证正常通信需要，还要在震时传递震情和灾情，它的畅通可以为加速救灾工作，稳定社会秩序发挥重要作用。通信建筑的安全可靠则是确保通信畅通的重要工作之一。因此，根据通信建筑在全国通信网中的作用和使用功能的重要性、经济性、通信建筑的规模、遭受地震破坏后对通信功能的影响和修复的难易程度，将通信建筑根据我国国情划分为特殊设防类(简称甲类)、重点设防类(简称乙类)和标准设防类(简称丙类)三个抗震设防类别。

1) 抗震设防区的所有通信建筑工程应确定其抗震设防类别。新建、改建、扩建的通信建筑工程，其抗震设防类别不应低于《通信建筑抗震设防分类标准》(YD 5054—2010)的规定。

2) 通信建筑工程应分为以下三个抗震设防类别：

① 特殊设防类，指使用上有特殊设施，涉及国家公共安全的重大通信建筑工程和地震时使用功能不能中断，可能发生严重次生灾害等特别重大灾害后果，需要进行特殊设防的通信建筑。简称甲类。

② 重点设防类，指地震时使用功能不能中断或需尽快恢复的通信建筑，以及地震时可能导致大量人员伤亡等重大灾害后果，需要提高设防标准的通信建筑。简称乙类。

③ 标准设防类，指除1、2款以外按标准要求进行设防的通信建筑。简称丙类。

3) 通信建筑的抗震设防类别，应符合表5.4-15的规定。

通信建筑抗震设防类别 **表5.4-15**

类别	建筑名称
特殊设防类(甲类)	国际出入口局、国际无线电台 国际卫星通信地球站 国际海缆登陆站
重点设防类(乙类)	省中心及省中心以上通信枢纽楼 长途传输干线局站 国内卫星通信地球站 本地网通信枢纽楼及通信生产楼 应急通信用房 承担特殊重要任务的通信局 客户服务中心
标准设防类(丙类)	甲、乙类以外的通信生产用房

4) 通信建筑的辅助生产用房，应与生产用房的抗震设防类别相同。

5) 各抗震设防类别通信建筑的抗震设防标准，应符合下列要求：

① 标准设防类，应按本地区抗震设防烈度确定其抗震措施和地震作用，达到在遭遇高于当地抗震设防烈度的预估罕遇地震影响时不致倒塌或发生危及生命安全的严重破坏的抗震设防目标。

② 重点设防类，应按高于本地区抗震设防烈度一度的要求加强其抗震措施；但抗震设防烈度为9度时应按比9度更高的要求采取抗震措施；地基基础的抗震措施，应符合有

关规定。同时，应按本地区抗震设防烈度确定其地震作用。对于划为重点设防类而规模很小的通信建筑，当改用抗震性能较好的材料且符合抗震设计规范对结构体系的要求时，允许按标准设防类设防。

③ 特殊设防类，应按高于本地区抗震设防烈度提高一度的要求加强其抗震措施；但抗震设防烈度为 9 度时应按比 9 度更高的要求采取抗震措施。同时，应按批准的地震安全性评价的结果且高于本地区抗震设防烈度的要求确定其地震作用。

6）安装在地面上的天线基础宜采用整体式钢筋混凝土结构，并宜按照一级基础考虑，对于一、二类地球站天线基础的设计地震烈度按当地地震烈度提高一度计算，对于 8 度以上地区不再提高。

(2) 电信设备安装抗震要求

1）架式电信设备顶部安装应采取由上梁、立柱、连固铁、列间撑铁、旁侧撑铁和斜撑组成的加固联结架。构件之间应按有关规定联结牢固，使之成为一个整体。

2）电信设备顶部应与列架上梁加固。对于 8 度及 8 度以上的抗震设防，必须用抗震夹板或螺栓加固。

3）电信设备底部应与地面加固。对于 8 度及 8 度以上的抗震设防，设备应与楼板可靠联结。螺栓的规格按《电信设备安装抗震设计规范》(YD 5059—2005)第 4.3.1 条的计算方法确定。

4）列架应通过连固铁及旁侧撑铁与柱进行加固，其加固件应加固在柱上，加固所用螺栓规格应按《电信设备安装抗震设计规范》(YD 5059—2005)第 4.3.1 条公式计算确定。

5）对于 8 度及 8 度以上的抗震设防，小型台式设备应安装在抗震组合柜内。抗震组合柜的安装加固按《电信设备安装抗震设计规范》(YD 5059—2005) 第 5.2.1 条执行。

6）6～9 度抗震设防时，自立式设备底部应与地面加固。其螺栓规格按《电信设备安装抗震设计规范》(YD 5059—2005)第 4.3.2 条公式计算确定。计算的螺栓直径超过 M12 时，设备顶部应采用联结构件支撑加固，联结构件及地面加固螺栓的规格按《电信设备安装抗震设计规范》(YD 5059—2005) 第 4.3.1 条计算确定。

7）铁架安装方式应采用列架结构，并通过连接件与建筑物主要受力构件连接成一个整体。

8）铁架的各相关构件之间应通过连接件牢固连接，使之成为一个整体，并应与建筑物地面、承重墙、楼顶板及房柱加固。

9）抗震设防烈度为 6 度及 6 度以上的机房，铁架安装应采取抗震加固措施。

10）8 度和 9 度抗震设防时，蓄电池组必须用钢抗震架(柜)安装，钢抗震架(柜)底部应与地面加固。加固用的螺栓规格应符合表 5.4-16 和表 5.4-17 的要求。

双层双列蓄电池组螺栓规格　　表 5.4-16

设防烈度	8 度			9 度		
楼层	上层	下层	一层	上层	下层	一层
蓄电池容量(Ah)	≤200			≤200		
规格	≥M10	≥M10	≥M10	≥M12	≥M12	≥M10

注：上层指建筑物地上楼层的上半部分，下层指建筑物地上楼层的下半部分。单层房屋按表 5.4-16 中一层考虑。

蓄电池组螺栓规格 **表 5.4-17**

<table>
<tr><td>设防烈度</td><td colspan="3">8 度</td><td colspan="3">9 度</td></tr>
<tr><td>楼层</td><td>上层</td><td>下层</td><td>一层</td><td>上层</td><td>下层</td><td>一层</td></tr>
<tr><td>蓄电池容量(Ah)</td><td rowspan="12">M12</td><td rowspan="12">M10</td><td rowspan="12">M8</td><td rowspan="6">M12</td><td rowspan="6">M10</td><td rowspan="6">M10</td></tr>
<tr><td>300</td></tr>
<tr><td>400</td></tr>
<tr><td>500</td></tr>
<tr><td>600</td></tr>
<tr><td>700</td></tr>
<tr><td>800</td><td rowspan="5">M12</td><td rowspan="5">M12</td><td rowspan="5">M10</td></tr>
<tr><td>900</td></tr>
<tr><td>1000</td></tr>
<tr><td>1200</td></tr>
<tr><td>1400</td></tr>
<tr><td>1600</td><td rowspan="7">M14</td><td rowspan="7">M14</td><td rowspan="7">M12</td></tr>
<tr><td>1800</td><td rowspan="6">M14</td><td rowspan="6">M12</td><td rowspan="6">M10</td></tr>
<tr><td>2000</td></tr>
<tr><td>2400</td></tr>
<tr><td>2600</td></tr>
<tr><td>2800</td></tr>
<tr><td>3000</td></tr>
</table>

注：上层指建筑物地上楼层的上半部分，下层指建筑物地上楼层的下半部分。单层房屋按表 5.4-17 中一层考虑。

11）在抗震设防地区，母线与蓄电池输出端必须采用母线软连接条进行连接。穿过同层房屋抗震缝的母线两侧，也必须采用母线软连接条连接。软连接两侧的母线应与对应的墙壁用绝缘支撑架固定。

12）微波站的馈线采用硬波导时，应在以下几处使用软波导：

① 在机房内，馈线的分路系统与矩形波导馈线的连接处；波导馈线有上、下或左、右的移位处。

② 在圆波导长馈线系统中，天线与圆波导馈线的连接处。

③ 在极化分离器与矩形波导的连接处。

(3) 电信设备抗地震性能检测

1）在我国抗震设防烈度 7 度以上(含 7 度)地区公用电信网上使用的交换、传输、移动基站、通信电源等主要电信设备应取得电信设备抗地震性能检测合格证，未取得信息产业部颁发的电信设备抗地震性能检测合格证的电信设备，不得在抗震设防烈度 7 度以上(含 7 度)地区的公用电信网上使用。

2）电信设备抗地震性能检测的通信技术性能项目应符合相关电信设备的抗地震性能检测规范。

3）电信设备的抗地震性能检测按送检烈度进行考核，其起始送检烈度不得高于 8

烈度。

4）交换设备抗地震技术性能指标应满足以下要求：

① 在8烈度以下(含8烈度)抗地震性能检测后，各检测项目均应符合《交换设备抗地震性能检测规范》(YD 5084—2005)第3章中指标要求的有关规定。

② 在9烈度抗地震性能检测后，被测设备除《交换设备抗地震性能检测规范》(YD 5084—2005)第3.1、3.2节不做要求外，其余项应符合第3章有关指标规定。

5）光传输设备抗地震技术性能指标应满足以下要求：

① 在8烈度以下(含8烈度)抗地震性能检测后，SDH光传输设备的各检测项目均应符合《光传输设备抗地震性能检测规范》(YD 5091—2005)第2章中指标的有关规定，光波分复用(WDM)传输设备的各检测项目均应符合《光传输设备抗地震性能检测规范》(YD 5091—2005)第3章中指标的有关规定，电路板不应损坏。

② 在9烈度抗地震性能检测后，误码率不劣于10^{-6}。电路板不应损坏。

6）通信电源设备抗地震技术性能应满足以下要求：

① 在8烈度以下(含8烈度)抗地震性能检测后，高频开关整流设备的各检测项目均应符合《通信用电源设备抗地震性能检测规范》(YD 5096—2005)第2章中性能指标的有关规定；阀控式密封铅酸蓄电池设备各检测项目均应符合《通信用电源设备抗地震性能检测规范》(YD 5096—2005)第3章中性能指标的有关规定；通信用不间断电源设备各检测项目均应符合《通信用电源设备抗地震性能检测规范》(YD 5096—2005)第4章中性能指标的有关规定。

② 在9烈度抗地震性能检测后，高频开关整流设备的通信性能检测除《通信用电源设备抗地震性能检测规范》(YD 5096—2005)第2.2.2、2.2.6条，阀控式密封铅酸蓄电池设备通信性能检测除3.2.1、3.2.3条，通信用不间断电源设备的通信性能检测除4.2.5、4.2.6、4.2.7、4.2.8不做要求外，其余分别按第2章、第3章、第4章中有关规定执行。

7）移动通信基站设备抗地震技术性能指标应满足以下要求：

① 在8烈度以下(含8烈度)抗地震性能检测后，《移动通信基站设备抗地震性能检测规范》(YD 5100—2005)规定的900/1800MHz TDMA移动通信基站设备各检测项目均应符合第3章中指标的有关规定；800MHz CDMA移动通信基站设备各检测项目均应符合第4章中指标的有关规定；CDMA2000移动通信基站设备各项检测项目均应符合第5章中指标的有关规定；TD—SCDMA移动通信基站设备各项检测项目均应符合第6章中指标的有关规定；WCDMA移动通信基站设备各项检测项目均应符合第7章中指标的有关规定。

② 在9烈度抗地震性能检测后，《移动通信基站设备抗地震性能检测规范》(YD 5100—2005)规定的900/1800MHz TDMA移动通信基站设备的技术性能检测除3.2.3条，800MHz CDMA移动通信基站设备的技术性能检测除4.2.2、4.2.4条，CDMA2000移动通信基站设备的技术性能检测除5.2.2、5.2.3条，TD—SCDMA移动通信基站设备的技术性能检测除6.2.3条，WCDMA移动通信基站设备的技术性能检测除7.2.3条不做要求外，其余项分别按第3章、第4章、第5章、第6章、第7章有关规定执行。

8）移动通信网直放站设备抗地震通信技术性能检测分为：震前技术性能测试，7度、

8度、9度震后技术性能测试。不同制式的移动通信网直放站设备在不同检测烈度检测时，各检测项目通信技术性能指标要求均应符合《移动通信网直放站设备抗地震性能检测规范》(YD 5190—2010)第4章中相关制式直放站设备的通信技术性能指标的规定要求。

9) 电信设备在进行抗地震性能考核后，在7、8、9地震烈度作用下，都不得出现设备组件的脱离、脱落和分离等情况并应达到以下要求。

① 在7烈度抗地震考核后，被测设备结构不得有变形和破坏。

② 在8烈度抗地震考核后，被测设备应保证其结构完整性，主体结构允许出现轻微变形，连接部分允许出现轻微损伤，但任何焊接部分不得发生破坏。

③ 在9烈度抗地震考核后，被测设备主体结构允许出现部分变形和破坏，但设备不得倾倒。被测设备满足以上相应的地震烈度要求，则其结构在相应的地震烈度下抗地震性能评为合格。

10) 被测电信设备按送检地震烈度考核后，各项通信技术性能指标符合相关电信设备抗地震性能检测标准的具体规定，则其在抗地震性能考核中通信技术性能指标评为合格。

11) 被测电信设备按送检地震烈度考核后，符合《电信设备抗地震性能检测规范》(YD 5083—2005)第7.0.1及第7.0.2条的规定，被测设备抗地震性能评为合格。

6. 通信工程防雷接地及强电防护

(1) 通信局(站)防雷接地基本要求的规定

1) 通信局(站)的防雷、接地、雷电过电压保护工程设计必须符合工业和信息化部颁布的《通信网防御雷电安全保护检测管理办法》的相关规定。

2) 电信专用机房的防雷、接地、雷电过电压保护应符合《通信局(站)防雷与接地工程设计规范》(YD 5098—2005)的相关规定。

3) 国际电信枢纽楼，高度在100m及以上的电信楼，应按第一类防雷建筑物进行防雷设计。其余电信建筑物和高度在15m及以上的微波铁塔、移动通信基站天线塔、地球卫星站天线塔等构筑物，应按第二类防雷建筑物和构筑物的防雷要求设计。当工艺设计有特殊要求时，应按工艺设计要求设计。

(2) 通信局(站)接地系统的规定

1) 综合通信大楼应采用联合接地方式，将围绕建筑物的环形接地体、建筑物基础地网及变压器地网相互连通，共同组成联合地网。局内设有地面铁塔时，铁塔地网必须与联合地网在地下多点连通。

2) 机房的工作地、保护地、建筑防雷接地应采用联合接地，交换设备接地电阻标准应符合表5.4-18及《通信局(站)防雷与接地工程设计规范》(YD 5098—2005)的规定。

接地电阻标准　　表5.4-18

交换系统容量	市话2000门以下	市话10000以下(含10000门) 长话2000门以下(含2000门)	市话10000以上 长话2000门以上
接地电阻(Ω)	≤5	≤3	≤1

3) 电信专用房屋监理工程师应检查所用材料的质量，材料符合设计要求；检查接地装置和接地电阻值。应检查接地体安装，要求位置正确、连接牢固，接地埋设体深度应符合要求。

4）基站天馈线系统的防雷接地应符合《通信局(站)防雷与接地工程设计规范》(YD 5098—2005)和工程设计文件的要求。

5）铁塔、楼顶桅杆、支架、拉线塔防雷接地设计应执行《通信局(站)防雷与接地工程设计规范》(YD 5098—2005)的有关规定。

(3) 通信局(站)相关线缆布放与接地处理的规定

1）接地线布放时应尽量短直，多余的线缆应截断，严禁盘绕。

2）缆线严禁系挂在避雷网或避雷带上。

3）严禁在接地线中加装开关或熔断器。

4）电源配电系统的防雷与接地：

① 交流供电线路应采用地下电力电缆入局，电力电缆应选用具有金属铠装层的电力电缆或将电力电缆穿钢管埋地引入机房，电缆金属护套两端或者钢管应就近与地网接地体焊接连接。电力电缆与架空电力线路连接处应设相应等级的电源避雷器。

② 交流零线在入户处应与联合地网向变压器方向专门预留的接地端子做重复接地。楼内交流零线不得再做重复接地。

5）进出入机房的各类信号线应由地下入局，其信号线金属屏蔽层以及光缆内金属结构均应在成端处就近做保护接地。金属芯信号线在进入设备端口处应安装符合相应传输指标的防雷器。

(4) 过电压保护器选用和安装的规定

1）通信局(站)内使用的浪涌保护器，应经工业和信息化部认可的防雷产品质量检测部门测试合格。

2）电源用雷电浪涌保护器(SPD)的测试必须符合《通信局(站)低压配电系统用电涌保护器技术要求》(YD/T 12351—2002)的要求；检测中的测试方法必须符合《通信局(站)低压配电系统用电涌保护器测试方法》(YD/T 1235.2—2002)的要求。

3）接入网站的供电系统采用的TT供电方式时，单相供电时应选择“1+1型”SPD；三相供电时应选择“3+1型”SPD。

4）严禁将C级40kA模块型SPD进行并联组合作为80kA或120kA的SPD使用。

5）电力变压器初次级及高压柜(10kV)应安装相应电压电流等级的氧化锌电源避雷器。低压电力线进入配电设备端口处外侧应安装电源防雷器，通信局(站)电源用防雷器应采用限压型(8/20μs)SPD，通信局(站)不应使用间隙型(开关型)或者间隙组合型防雷器。电源防雷器最大流通容量应根据通信局(站)类型、所处地理环境、雷暴强度等因素来确定，最大流通容量选择见《通信局(站)防雷与接地工程设计规范》(YD 5098—2005)。

(5) 静电防护

电信机房楼地面、墙面、顶棚的防静电设计应符合《通信机房静电防护通则》(YD/T 754—1995)的规定。

(6) 设备及非带电金属部件接地要求

1）电信专用房屋工程的监理工程师应检查器具和可拆卸的其他非带电金属部件接地(接零)的分支线，要求直接与接地干线相连，严禁串联连接。

2）移动通信钢塔桅工程的监理人员必须监督承包单位在施工现场临时用电有可靠接地保护系统。

3) 电信专用房屋工程的监理工程师应检查接地(零)线敷设，应满足以下要求：

① 平直、牢固，固定点间距均匀，跨越建筑物变形缝有补偿量，穿墙有保护管，油漆防腐完整。

② 焊接连接的焊缝完整、饱满，无明显气孔、咬肉等缺陷。螺栓连接紧密、牢固，有防松措施。

③ 防雷接地引下线的保护管固定牢靠，断线卡子设置便于检测，接触面镀锌或镀锡完整，螺栓等紧固件齐全，防腐均匀，不准污染建筑物。

4) 电信专用房屋工程的监理工程师应检查避雷针(网)及其支持件的安装。要求位置正确、固定可靠、防腐良好、针体垂直、避雷网规格尺寸和弯曲半径正确；避雷针及其支持件的制作质量应符合设计要求。设有标志灯的避雷针灯具完整，显示清晰。避雷网支持件间距均匀，避雷针垂直度的偏差不大于顶端针杆的直径。

(7) 通信线路工程防雷与接地的规定

1) 光缆线路自动监测系统的监测站设备必须采取接地措施，并符合《通信局(站)防雷与接地工程设计规范》(YD 5098—2005)的要求。

2) 年平均雷暴日数大于20的地区及有雷击历史的地段，光(电)缆线路应采取防雷保护措施。

3) 光(电)缆内的金属构件，在局(站)内或交接箱处线路终端时必须做防雷接地。光(电)缆线路进入交接设备时，可与交接设备共用一条地线，其接地电阻值应满足设计要求。

4) 光(电)缆线路在郊区、空旷地区或强雷击区敷设时，应根据设计规定采取防雷措施。在雷害特别严重的郊外、空旷地区敷设架空光(电)缆时，应装设架空地线。在雷击区的架空光(电)缆的分线设备及用户终端应有保安装置。

5) 郊区、空旷地区埋式光(电)缆线路与孤立大树的净距及光(电)缆与接地体根部的净距应符合设计要求。

6) 光(电)缆防雷保护接地装置的接地电阻应符合设计要求。

7) 在雷暴严重地区，应按照设计要求的规格程式和安装位置在相应段落安装防雷排流线。防雷排流线应位于光(电)缆上方300mm处，接头处应连接牢固。

(8) 通信线路强电防护

1) 光(电)缆线路的防强电措施应符合设计要求。

2) 若强电线路对光(电)缆线路的感应纵电动势以及对电缆和含铜芯线的光缆线路干扰影响超过允许值时，应按设计要求，采取防护等措施。

(9) 通信系统防雷接地的规定

1) 室内覆盖系统信号源和功率放大器等有源设备必须有良好的接地系统，设备防雷及接地要求应执行《通信局(站)防雷与接地工程设计规范》(YD 5098—2005)有关规定。

2) 网管设备必须采取接地措施，并符合《通信局(站)防雷与接地工程设计规范》(YD 5098—2005)的要求。

3) 各种设备与机柜(架)应有良好的接地，接地方式应满足《通信局(站)防雷与接地工程设计规范》(YD 5098—2005)的要求。

4) 郊区的移动通信直放站应避免选在雷击区，出于覆盖目的在雷击区建设的移动通信直放站，应符合《通信局(站)防雷与接地工程设计规范》(YD 5098—2005)的有关规定。

5）终端光缆的金属构件应接防雷地线，防雷地线应单独从最近的防雷接地体引入，并可靠地与ODF架绝缘。

6）由楼顶引入机房的电缆应选用具有金属护套的电缆，并应在采取了相应的防雷措施后方可进入机房。

7. 通信工程环境保护

(1) 通信线路工程的规定

综合布线系统工程的监理工程师应要求承包单位在施工现场设置符合规定的安全警示标志，暂停施工时应做好现场防护，对施工时产生的噪声、粉尘、废物、振动及照明等对人和环境可能造成危害和污染时，要采取环境保护措施。

(2) 移动、卫星无线通信工程的规定

1）移动通信直放站工程建设对周围环境的各类影响，应执行《电磁辐射防护规定》(GB 8702—1988)和《通信工程建设环境保护技术规定》(YD 5039—97)的有关规定。

2）3.5GHz固定无线接入工程、集群通信工程建设对周围环境的各类影响，应符合《通信工程建设环境保护技术规定》(YD 5039—97)的有关规定。

3）严防地球站无线电磁辐射对周围环境的污染和危害，应根据《电磁辐射防护规定》(GB 8702—1988)和《环境电磁波卫生标准》(GB 9175—1988)的要求，向有关管理部门提交《地球站天线前方场区保护范围》的文件，待审批及备案。

4）严防VSAT站无线电磁辐射对周围环境的污染和危害，应根据《电磁辐射防护规定》(GB 8702—1988)和《环境电磁波卫生标准》(GB 9175—1988)的要求，向有关管理部门提交《VSAT站天线前方场区保护范围》的文件，待审批及备案。

5）国内卫星通信地球站、VSAT站的电磁辐射防护标准，按国家环境保护局发布的《电磁辐射防护规定》(GB 8702—1988)执行。

(3) 电信专用机房的规定

1）在局、站址选择时应考虑对周围环境影响的防护对策。通过天线发射产生电磁波辐射的通信工程项目选址对周围环境的影响应符合《电磁辐射防护规定》(GB 8702—1988)限值的要求。

2）电信专用房屋的微波和超短波通信设备对周围一定距离内职业暴露人员、周围居民的辐射安全，应符合《微波和超短波通信设备辐射安全要求》(GB 12638—1990)的规定。

3）发电机房设计除应满足工艺要求外，还应采取隔声、隔振措施，其噪声对周围建筑物的影响不得超过《声环境质量标准》(GB 3096—2008)的规定。

(4) 通信设备安装工程的规定

1）发电机室根据环保要求采取消噪声措施时，应达到《声环境质量标准》附录D中(GB 3096—2008)的要求；机组由于消噪声工程所引起的功率损失应小于机组额定功率的5%。

2）通信用柴油发电机组因消除噪声而引起的功率损失不得超过该机组额定频率功率的5%。

(5) 通信工程环境保护的其他规定

1）对于产生环境污染的通信工程建设项目，建设单位必须把环境保护工作纳入建设计划，并执行“三同时制度”：与主体工程同时设计、同时施工、同时投产使用。

2）通信用柴油发电机组消噪声工程设计中采用的设备和材料必须是环保产品。

3）严禁在崩塌滑坡危险区、泥石流易发区和易导致自然景观破坏的区域采石、采砂、取土。

4）工程建设中废弃的砂、石、土必须运至规定的专门存放地堆放，不得向河流、湖泊、水库和专门存放地以外的沟渠倾倒；工程竣工后，取土场、开挖面和废弃的砂、石、土存放地的裸露土地，应植树种草，防止水土流失。

5）通信工程建设中不得砍伐或危害国家重点保护的野生植物。未经主管部门批准，严禁砍伐名胜古迹和革命纪念地的林木。

6）严禁向江河、湖泊、运河、渠道、水库及其高水位线以下的滩地和岸坡倾倒、堆放固体废弃物。

7）通信工程中严禁使用持久性有机污染物做杀虫剂。

8）通信工程建设必须保护防治环境噪声污染的设施正常使用；拆除或闲置环境噪声污染防治设施应报环境保护行政主管部门批准。

8. 通信工程相关专业

(1) 通信管道和光(电)缆通道工程施工监理的规定

1）对以下重要监理部位应设质量控制点：

① 人孔部分：对开挖人孔坑槽、人孔槽底处理、人孔基础浇筑、人孔砖砌体、人孔砂浆抹面、预制覆板安装、口圈安放、人孔内装饰和铁件安放、人孔回填土等九部位应设质量控制点。其中人孔基础浇筑应采用旁站监理，开挖人孔沟槽等应采用现场巡视查验。

② 管道部分：对开挖管道沟槽、管道地基处理、管道基础浇筑、管道铺设、管道包封加固处理、管道沟槽回填土等六部位应设质量控制点。其中管道基础浇筑应采用旁站监理，开挖管道沟槽等应采用现场巡视查验

③ 电缆通道部分：对开挖通道沟槽、通道地基处理、通道基础浇筑、通道砌筑、现浇上覆盖板、铺设预制盖板、沟槽回填土等七部位应设质量控制点。其中管道基础浇筑、现场浇筑上覆盖板应采用旁站监理，开挖管道沟槽等采用现场巡视查验。

④ 塑料管道部分：对塑料管的规格、程式、型号、盘长及包装保护等进行检查。对塑料管的气闭检查，塑料管的连接件检查，塑料管堵头及护缆塞的检验，应采用旁站监理。

⑤ 进出局电缆线路部分：在进出局处应对防水和防易燃气体处理进行检查。

2）在事后控制中，依据设计文件规定的数量、质量要求和有关规范规定的质量标准对施工成果进行总体核验，应达到以下要求：

① 若发现影响总体不合格的部位，要责令施工单位在期限内整修完毕，工程总体质量必须合格。

② 对竣工图纸进行全面检查，必须达到准确、完整；对管道或通道上、下、左、右的其他管线或构筑物的相对位置也应一并标注清楚。

(2) 长途通信光缆线路工程的规定

1）海底光缆登陆点至海缆登陆站之间的光缆敷设安装要求，应执行现行通信行业标准《通信线路工程设计规范》(YD 5102—2005)中的相关规定。

2）对隐蔽工程，监理人员应旁站监理，并对承包单位报送的隐蔽工程签证记录进行检查，符合要求的予以签认。隐蔽工程签证记录应采用《长途通信光缆塑料管道工程施工监理暂行规定》(YD 5189—2010)附录B：B.0.1表。

(3) 通信钢塔桅工程设计、施工、监理的规定

1）在移动通信工程钢塔桅结构设计文件中，应注明结构的设计使用年限、使用条件、钢材牌号、连接材料的型号(或钢号)和对钢材所要求的力学性能、化学成分及其他的附加保证项目。此外，还应注明所要求的焊缝形式、焊缝质量等级、端部刨平顶紧部位及对施工的要求。

2）在已有建筑物上加建移动通信工程钢塔桅结构时，应经技术鉴定或设计许可，确保建筑物的安全。

3）未经技术鉴定或设计许可，不得改变移动通信工程钢塔桅结构的用途和使用环境。

4）移动通信工程钢塔桅结构的设计基准期为50年。

5）移动通信工程钢塔桅结构的安全等级为二级。

6）移动通信工程钢塔桅结构应按承载能力极限状态和正常使用极限状态进行设计：

① 承载能力极限状态：这种极限状态对应于结构或结构构件达到最大承载能力，或达到不适于继续承载的变形。

② 正常使用极限状态：这种极限状态对应于结构或结构构件达到变形或耐久性能的有关规定限值。

7）风荷载应按如下规定计算：

钢塔桅结构所承受的风荷载计算应按现行国家标准《建筑结构荷载规范》(GB 50009—2001)的规定执行，基本风压按50年一遇采用，但基本风压不得小于0.35 kN/m²。

8）雪荷载：平台雪荷载的计算应按现行国家标准《建筑结构荷载规范》(GB 50009—2001)的规定执行，基本雪压按50年一遇采用。

9）移动通信工程钢塔桅结构采用的钢材应具有抗拉强度、伸长率、屈服强度和硫、磷含量的合格保证，对焊接结构尚应具有碳含量的合格保证。

焊接结构以及重要的非焊接承重结构采用的钢材还应具有冷弯试验的合格保证。

10）钢塔桅结构常用材料设计指标应满足表5.4-19～表5.4-23的要求：

钢材的强度设计值(N/mm²) **表5.4-19**

类别 牌号	类别 厚度或直径(mm)	抗拉、抗压和抗弯 f	抗剪 f_V	端面承压(刨平顶紧)f_{ce}
Q235钢	≤16	215	125	325
	17～40	205	120	
Q345钢	≤16	310	180	400
	17～35	295	170	
Q390钢	≤16	350	205	415
	17～35	335	190	

注：1. 表5.4-19中厚度系指计算点的钢材厚度，对轴心受拉和轴心受压构件系指截面中较厚板件的厚度。

2. 20号优质碳素钢(无缝钢管)的强度设计值同Q235钢。

螺栓和锚栓连接的强度设计值(N/mm^2)　　**表 5.4-20**

螺栓的性能等级、锚栓和构件钢材的牌号		普通螺栓						锚栓	承压型连接高强度螺栓		
		C 级螺栓			A 级、B 级螺栓						
		抗拉 f_{tb}	抗剪 f_{vb}	承压 f_{cb}	抗拉 f_{tb}	抗剪 f_{vb}	承压 f_{cb}	抗拉 f_{ta}	抗拉 f_{tb}	抗剪 f_{vb}	承压 f_{cb}
普通螺栓	4.6 级、4.8 级	170	140	—	—	—	—	—	—	—	—
	6.8 级	300	240	—	—	—	—	—	—	—	—
	8.8 级	400	300	—	400	320	—	—	—	—	—
地脚锚栓	Q235	—	—	—	—	—	—	140	—	—	—
	Q345	—	—	—	—	—	—	180	—	—	—
	35 号钢	—	—	—	—	—	—	200	—	—	—
	45 号钢	—	—	—	—	—	—	228	—	—	—
承压型连接高强度螺栓	8.8 级	—	—	—	—	—	—	—	400	250	—
	10.9 级	—	—	—	—	—	—	—	500	310	—
构件	Q235	—	—	305	—	—	405	—	—	—	470
	Q345	—	—	385	—	—	510	—	—	—	590
	Q390	—	—	400	—	—	530	—	—	—	615

注：1. A 级螺栓用于 $d\leqslant 24$mm 和 $l\leqslant 10d$ 或 $l\leqslant 150$mm(按较小值)的螺栓；B 级螺栓用于 $d>24$mm 或 $l>10d$ 或 $l>150$mm(按较小值)的螺栓。d 为公称直径，l 为螺杆公称长度。

2. A、B 级螺栓孔的精度和孔壁表面粗糙度，C 级螺栓孔的允许偏差和孔壁表面粗糙度均应符合《移动通信工程钢塔桅结构质量验收规范》(YDT 5132—2005)的要求。

焊缝的强度设计值(N/mm^2)　　**表 5.4-21**

焊接方法和焊条型号	构件钢材		对接焊缝				角焊缝
	牌号	厚度或直径(mm)	抗压 f_{cw}	焊缝质量为下列等级时，抗拉 f_{tw}		抗剪 f_{vw}	抗拉、抗压和抗剪 f_{fw}
				一级、二级	三级		
自动焊、半自动焊和 E43 型焊条的手工焊	Q235 钢	≤16	215	215	185	125	160
		17～40	205	205	175	120	
自动焊、半自动焊和 E50 型焊条的手工焊	Q345 钢	≤16	310	310	265	180	200
		17～35	295	295	250	170	
自动焊、半自动焊和 E55 型焊条的手工焊	Q390 钢	≤16	350	350	300	205	220
		17～35	335	335	285	190	

注：1. 自动焊和半自动焊所采用的焊丝和焊剂，应保证其熔敷金属的力学性能不低于现行国家标准《埋弧焊用碳钢焊丝和焊剂》(GB/T 5293—1999)和《埋弧焊用低合金钢焊丝焊剂》(GB/T 12470—2003)中相关的规定。

2. 焊缝质量等级应符合现行国家标准《钢结构工程施工质量验收规范》GB 50205 的规定。其中厚度小于 8mm 钢材的对接焊缝，不应采用超声波探伤确定焊缝质量等级。

3. 对接焊缝在受压区的抗弯强度设计值取 f_{cw}，在受拉区的抗弯强度设计值取 f_{tw}。

4. 表 5.4-21 中厚度系指计算点的钢材厚度，对轴心受拉和轴心受压构件系指截面中较厚板件的厚度。

5. 构件为 20 号优质碳素钢的焊缝强度设计值同 Q235 钢。

拉线用镀锌钢绞线强度设计值（N/mm²）　　表 5.4-22

<table>
<tr><td rowspan="3">股数</td><td colspan="4">热镀锌钢丝抗拉强度标准值</td><td>备　注</td></tr>
<tr><td>1270</td><td>1370</td><td>1470</td><td>1570</td><td rowspan="4">整根钢绞线拉力设计值等于总截面与 f_g 的积；
强度设计值 f_g 中已计入了换算系数：7 股 0.92，19 股 0.90；
拉线金具的强度设计值由国家标准的金具强度标准值或试验破坏值定，$\gamma_R=1.8$</td></tr>
<tr><td colspan="4">整根钢绞线抗拉强度设计值 f_g</td></tr>
<tr><td>7 股</td><td>745</td><td>800</td><td>860</td><td>920</td></tr>
<tr><td>19 股</td><td>720</td><td>780</td><td>840</td><td>900</td></tr>
</table>

拉线用钢丝绳强度设计值（N/mm²）　　表 5.4-23

钢丝绳公称抗拉强度	1470	1570	1670	1770	1.870
钢丝绳抗拉强度设计值	735	785	835	885	935

11）钢塔桅结构地基基础设计前应进行岩土工程勘察。

12）地基基础设计时，所采用的荷载效应最不利组合与相应的抗力限值应按下列规定：

① 按地基承载力确定基础底面积及埋深或按单桩承载力确定桩数时，传至基础或承台底面上的荷载应按正常使用极限状下荷载效应标准组合，相应的抗力应采用地基承载力特征值或单桩承载力特征值。

② 计算地基变形时，传至基础底面上的荷载应按准永久效应组合，相应的限值应为地基变形允许值；当风玫瑰图严重偏心时，应取风荷载的频遇值组合。

③ 钢塔桅基础的抗拔计算采用安全系数法，荷载效应应按承载能力极限状下荷载效应的基本组合，但分项系数为 1.0，且不考虑平台活荷载。

④ 在确定基础或桩台高度，计算基础内力，确定配筋和验算材料强度时，上部结构传来的荷载效应组合和相应的基底反力，应按承载能力极限状态下荷载效应的基本组合，采用相应的分项系数。

⑤ 当需要验算裂缝宽度时，应按正常使用极限状态荷载效应标准组合。

13）钢塔桅结构的地基变形允许值可按表 5.4-24 的规定采用。

移动通信工程钢塔桅结构的地基变形允许值　　表 5.4-24

塔桅高度 H(m)	沉降量允许值(mm)	倾斜允许值 $tg\theta$	相邻基础间的沉降差允许值
$H\leqslant 20$	400	$\leqslant 0.008$	$\leqslant 0.005l$
$20<H\leqslant 50$	400	$\leqslant 0.006$	
$50<H\leqslant 100$	400	$\leqslant 0.005$	

注：l 为相邻基础中心间的距离。

14）移动通信工程钢塔桅结构应按下列要求进行验收：

① 移动通信工程钢塔桅结构施工质量应符合本标准及其他相关专业验收规范的规定。

② 符合工程勘察、设计文件的要求。

③ 参加验收的人员应具备相应的资格。

④ 验收均应在施工单位自行检查评定的基础上进行。

⑤ 隐蔽工程隐蔽前应由施工单位通知监理人员进行验收，并应形成验收文件。

⑥ 对有疑义的钢材、标准件等应按规定进行见证取样检测。

⑦ 检验批的质量应按主控项目和一般项目验收。

⑧ 对涉及结构安全和使用功能的重要项目进行抽样检测。

⑨ 承担见证取样检测及有关结构安全检测的单位应具有相应资质。

⑩ 工程的观感质量应由验收人员通过现场检查，并应共同确认。

15）钢材的品种、规格、性能等应符合现行国家产品标准和设计要求。进口钢材产品的质量应符合设计和合同规定标准的要求。

16）焊接材料的品种、规格、性能等应符合现行国家产品标准和设计要求。

17）移动通信工程钢塔桅结构连接用高强度螺栓、普通螺栓、锚栓(机械型和化学试剂型)、地脚锚栓等紧固标准件及螺母、垫圈等标准配件，其品种、规格、性能等应符合现行国家产品标准和设计要求。

18）桅杆用的钢绞线、钢丝绳、线夹、花篮螺栓、拉线棒采用的原材料，其品种、规格、性能等应符合现行国家产品标准和设计要求。

19）焊工必须经考试合格并取得合格证书。持证焊工必须在其考试合格项目及其认可范围内施焊。

20）设计要求全焊透的二级焊缝应采用超声波探伤进行内部缺陷的检验，超声波探伤不能对缺陷作出判断时，应采用射线探伤，其内部缺陷分级及探伤方法应符合现行国家标准《钢焊缝手工超声波探伤方法和探伤结果分级》(GB/T 11345—1989)或《钢熔化焊对接接头射线照相和质量分级》(GB 3323—2005)的规定。

二级焊缝的质量等级及缺陷分级应符合表 5.4-25 的规定。

二级焊缝质量等级及缺陷分级 **表 5.4-25**

焊缝等级质量		二级	焊缝等级质量		二级
内部缺陷超声波探伤	评定等级	Ⅲ	内部缺陷射线探伤	评定等级	Ⅲ
	检验等级	B级		检验等级	B级
	探伤比例	20%		探伤比例	20%

注：探伤比例的计数方法应按以下原则确定：1. 对工厂制作焊缝，应按每条焊缝计算百分比，且探伤长度应不小于 200mm；当焊缝长度不足 200mm 时，应对整条焊缝进行探伤。2. 对现场安装焊缝，应按同一类型、同一施焊条件的焊缝条数计算百分比，探伤长度应不小于 200mm，并应不少于 1 条焊缝。

21）单位(子单位)工程质量验收合格应符合下列规定：

① 单位(子单位)工程所含分部(子分部)工程的质量均应验收合格。

② 质量控制资料应完整。

③ 单位(子单位)工程所含分部工程有关安全和功能的检测资料应完整。

④ 主要功能项目的抽查结果应符合相关规范的规定。

⑤ 观感质量验收应符合相关规范的规定。

22）通过返修或加固处理仍不能满足安全使用要求的分部(子分部)工程、单位(子单位)工程，严禁验收。

23）未经验收或验收不合格的工序，监理人员应拒绝签认。

24）对施工过程中出现的质量缺陷，监理工程师应及时下达监理工程师通知单，要求承包单位限期整改，并检查整改结果。

25）对需要返工处理或加固补强的质量措施，工程项目监理机构应对质量措施的处理过程和处理结果进行跟踪检查和组织验收。

26）铁塔的工艺要求，应考虑多系统共享，满足多系统共享对系统间隔离度、风阻和承重的要求，并满足多系统信号覆盖的要求。对于不能满足要求的，要采取相应的技术措施予以改造。

27）钢塔设计要求应执行《移动通信工程钢塔桅结构设计规范》（YD/T 5131—2005）的有关规定。

（4）通信设备安装工程设计、施工、监理的规定

1）机房内不同电压的电源设备、电源插座应有明显区别标志。

2）SDH 微波网络管理的监视功能检验的主要目的和内容见表 5.4-26 所示。

网络管理系统功能检验项目　　表 5.4-26

序号	项目	内　容	结　果
1	一般管理功能检验	嵌入控制通道管理 软件下载 远程注册 时间标记管理	能够正确响应用户执行的操作
2	故障管理功能检验	系统状态测试 告警监视 故障定位 警告历史管理	能正确测试当前系统状态； 识别所有故障并能够将故障定位至单块插板； 报告所有告警信息及记录告警细节，包括告警时间、告警类别、告警级别、告警源、告警原因、告警清除/确认状态
3	配置功能检验	显示 SDH 微波设备当前配置，运行参数 修改 SDH 微波设备的配置，运行参数	能正确显示并修改设备的配置和运行参数
4	性能管理功能检查	定时或随机调取性能数据 根据转发条件向上一级中心转发 性能监视历史 阀值的设置和超出阀值的通知	以表格和曲线形式正确显示性能数据 能向上一级转发性能数据文件
5	统计功能检验	数据库中信息做出各种报表	应可正确做出各种告警、传输故障率、性能超门限率和通信链路畅通率等统计的报表、月报表
6	系统维护功能检验	网管系统本身运行参数（如增、减设备，修改控制方式）的建立和修改	可以正确执行操作
7	安全性检验	用户权限设置 记录关键性操作 程序运行密码保护	不同级别的用户应做不同级别的操作 关键性操作记录在案 不能随意退出程序

3）监理工程师必须按照《电信设备安装抗震设计规范》（YD 5059—2005）及工程设计要求对设备机架的防震加固进行检查，一旦发现不符合要求，应及时指出和监督承包单位立即返工，并报告建设单位。

① 监理工程师必须检查所用材料的质量，材料符合设计要求，检查接地装置和接地电阻值。

② 监理工程师必须检查分支线，要求直接与接地干线相连，严禁串联连接。

③ 监理工程师必须检查接地体安装，要求位置正确，连接牢固，接地体埋设深度符

合设计要求。

④ 监理工程师必须检查接地线敷设，要求做到：

——接地线敷设平直、牢固，固定点间距均匀，穿墙有保护管，油漆防腐完整；

——焊接连接的焊缝完整、饱满，无明显气孔、咬肉等缺陷；

——螺栓连接紧密、牢固；

——防雷接地引下线的保护管固定牢靠，接触面镀锌或镀锡完整，螺栓等紧固件齐全，防腐均匀。

⑤ 监理工程师必须按设计要求检查天馈线系统的防雷保护。

⑥ 其余未尽事项的检查应按《通信局(站)防雷与接地工程设计规范》(YD 5098—2005)及《电信专用房屋设计规范》(YD/T 5003—2005)的有关要求执行。

4) 监理工程师应审查承包单位特种作业人员的资格证、施工人员的上岗证，施工机具使用证、仪表校验合格证。

5) 对隐蔽工程，监理人员应旁站监理，并对承包单位报送的隐蔽工程报验申请表进行检查，符合要求予以签认。

隐蔽工程报验申请表应符合《建设工程监理规范》(GB 50319—2000)A4 表的格式。

6) 对未经监理人员检查或检查不合格的工序，监理人员应拒绝签认，并要求承包单位不得进行下道工序的施工。

7) 监理工程师发现施工存在质量隐患时，应要求承包单位整改。情况严重时，总监理工程师应下达工程暂停令，要求承包单位停工整改。整改完毕经检验符合规定后，总监理工程师签署工程复工报审表，并报建设单位。

当发生重大质量事故时，项目监理机构应对质量事故的处理过程进行跟踪检查和确认，并及时向建设单位提交有关质量事故报告。

工程暂停令应符合《建设工程监理规范》(GB 50319—2000)B2 表的格式。

工程复工报审表应符合《建设工程监理规范》(GB 50319—2000)A1 表的格式。

(5) 通信电源设备安装工程的规定

1) 低压交流供电系统应采用 TN-S 接线方式。

2) 低压市电间、市电与油机之间采用自动切换方式时必须采用具有电气和机械联锁的切换装置；采用手动切换方式时，应采用带灭弧装置的双掷刀闸。

3) 自动运行的变配电系统应具备手动操作功能。

4) 不同厂家、不同容量、不同型号、不同时期的蓄电池组严禁并联使用。

5) 电力电缆必须与信号电缆严格分开，不得混放。

6) 直流电源线、交流电源线、信号线必须分开布放，应避免在同一线束内。其中直流电源线正极外皮颜色应为红色，负极外皮颜色应为蓝色。

7) 电源线、信号线必须是整条线料，外皮完整，中间严禁有接头和急弯处。

8) 对于利旧材料，必须进行测试检验。

9) 承包单位使用的临时电缆等必须检查合格，线径、各种指标参数符合要求，利旧材料要进行测量核查。

10) 电缆正极、负极、工作地、保护地连接必须正确无误，不漏项、有标志。

11) UPS 安装完毕后，必须做带载能力试验。

9．通信工程计价的规定

(1) 通信工程量清单计价

1）全部使用国有资金投资或国有资金投资为主并使用工程量清单方式招标、投标的通信建设项目，必须采用工程量清单计价。

2）采用工程量清单方式招标，工程量清单必须作为招标文件的组成部分，其准确性和完整性由招标人负责。

3）分部分项工程量清单应包括项目编码、项目名称、项目特征、计量单位和工程量。

4）分部分项工程量清单应根据《通信建设工程量清单计价规范》(YD 5192—2009)附录规定的项目编码、项目名称、项目特征、计量单位和工程量计算规则进行编制。

5）分部分项工程量清单的项目编码，应由TX加八位阿拉伯数字组成，其中前五位应按《通信建设工程量清单计价规范》(YD 5192—2009)附录的规定设置，后三位应根据拟建工程的工程量清单项目特征设置，同一招标工程的项目编码不得有重码。

6）分部分项工程量清单的项目名称应按《通信建设工程量清单计价规范》(YD 5192—2009)附录的项目名称结合拟建工程的实际确定。

7）分部分项工程量清单中所列工程量应按《通信建设工程量清单计价规范》(YD 5192—2009)附录中规定的工程量计算规则计算。

8）分部分项工程量清单的计量单位应按《通信建设工程量清单计价规范》(YD 5192—2009)附录中规定的计量单位确定。

9）分部分项工程量清单的项目特征应按《通信建设工程量清单计价规范》(YD 5192—2009)附录中规定的项目特征，结合拟建工程项目的实际予以描述。

10）分部分项工程量清单应采用综合单价计价。

11）招标文件中的工程量清单标明的工程量是投标人投标报价的共同基础，竣工结算的工程量按发、承包双方在合同中约定应予计量且实际完成的工程量确定。

12）措施项目清单中的文明生产费应按国家或通信行业主管部门的规定计价，不得作为竞争性费用。

13）规费、税金和安全生产费应按国家相关行业主管部门的规定计算，不得作为竞争性费用。

14）投标人应按招标人提供的工程量清单填报价格。填写的项目编码、项目名称、项目特征、计量单位、工程量必须与招标人提供的一致。

15）工程完工后，发、承包双方应在合同约定时间内办理工程竣工结算。

(2) 通信工程结算的规定

通信线路工程的监理工程师应审核承包单位提交的工程结算书。公正地处理承包单位提出的索赔及其他合理要求。

5.5 通信工程质量与安全管理有关规定

5.5.1 通信工程质量事故分析与处理

为了加强通信建设市场的行业管理，维护通信建设市场的正常秩序，确保通信工程建设质量，做好通信工程建设质量事故处理工作，根据国家有关法规规定，结合通信工程的建设特点，原邮电部于1996年发布了《通信工程质量管理暂行规定》。结合原文件的规定和目前的实际情况，跨省通信干线、通信枢纽、卫星地球站等通信工程质量事故处理的主管部门为工业和信息化部，省内各类通信工程质量事故处理的主管部门为所在省、自治区、直辖市通信管理局。

1. 质量事故的等级划分

此处的通信工程质量事故是指工程建设由于无证设计、施工或超规模、超业务范围设计、施工，勘察、设计、施工不符合规范要求，使用不合格的设备器材，建设单位、监理单位工程项目主管人员擅自修改设计文件、失职等，造成的工程设施倒塌、机线性能不良、工程不能按期竣工投产、发生人身伤亡或造成重大经济损失。

工程质量事故按其严重程度不同，分为重大质量事故、严重质量事故和一般质量事故。

（1）重大质量事故

有下列情况之一者，为重大质量事故：

1）由于工程质量低劣，引起人身死亡或重伤 3 人以上(含 3 人)。

2）直接经济损失在 50 万元以上。

（2）严重质量事故

有下列情况之一者，为严重质量事故：

1）由于工程质量低劣，造成重伤 1 至 2 人。

2）直接经济损失在 20 万元至 50 万元者。

3）大中型项目由于发生工程质量问题，不能按期竣工投产。

（3）一般质量事故

凡具备下列条件之一者，为一般质量事故：

1）直接经济损失在 20 万元以下。

2）小型项目由于发生工程质量问题，不能按期竣工投产。

2. 质量事故的报告和现场保护

（1）质量事故的报告程序和报告内容

质量事故发生后，发生事故的单位必须在 24h 内将事故主要情况上报主管部门和通信工程质量监督站，遇有人身伤亡时应同时上报安全主管部门，并在 48h 内提交质量事故的书面报告。质量事故书面报告应包括以下内容：

1）事故发生的时间、地点、工程项目名称，建设、维护、设计、施工、监理和质量监督单位名称。

2）事故发生的简要过程、伤亡人数和直接经济损失的初步估算。

3）事故发生原因的初步判断。

4）事故发生后采取的措施及事故控制情况。

5）事故报告单位。

（2）现场保护要求

事故发生后，事故发生单位必须严格保护事故现场，并采取有效措施抢救人员和财产，防止事故扩大。

3. 质量事故的调查

重大工程质量事故由项目主管部门组织调查组，其他工程质量事故由通信工程质量监督部门负责组织调查组到事故发生现场调查。必要时可聘请有关方面的专家协助进行调查。

(1) 质量事故调查的工作内容

质量事故调查时，调查组应根据质量事故的具体情况进行如下工作：

1) 收集相关资料，对事故现场进行分析，并对现场拍照或录像。

2) 对工程设计进行核对、复算。

3) 对材料进行化学性能及机械强度等检验。

4) 对设备进行详细检查测试。

5) 对施工方法、手段进行分析。

6) 分析原因，进行技术鉴定。

(2) 质量事故调查人员的主要责任

质量事故调查人员在调查过程中，应坚持做好以下工作：

1) 查明事故发生的原因、过程、事故的严重程度和经济损失情况。

2) 查明事故的性质、责任单位和主要责任者。

3) 组织技术鉴定。

4) 提出事故处理意见，明确事故主要责任单位和次要责任单位承担经济损失的划分原则。

5) 提出技术处理意见及防止类似事故再次发生所应采取措施的建议。

6) 提出对事故责任者的处理建议。

7) 写出事故调查报告。

(3) 质量事故调查人员的权力

调查人员有权向事故发生单位、涉及单位和个人了解事故的有关情况，索取有关资料，任何单位和个人不得以任何方式阻碍、干扰调查人员的正常工作。

4. 质量事故的处理

(1) 处理质量问题的单位

建设工程在竣工验收前，由于勘察、设计、施工、监理、建设管理、使用不合格器材等原因造成的质量事故，应由施工单位负责修复。所发生的费用由事故的责任方承担。

(2) 对责任单位及责任人的处罚要求

1) 对于无证或超范围设计、施工造成质量事故的，除追究设计、施工单位的责任外，还要追究建设单位的责任。

2) 对于事故发生后隐瞒不报、谎报、故意拖延报告期限的，或拒绝提供与事故有关情况资料的，由其所在单位或上级主管部门给予行政处分；情节严重构成犯罪的，由司法机关依法追究刑事责任。

3) 对于造成事故的直接责任单位，视情节轻重，分别给予通报批评、警告、罚款，并由发证机关降低资质等级直至吊销资质证书等处罚。

4) 对造成质量事故的直接责任人，根据不同的质量事故等级，由其所在单位或上级主管部门给予批评、记过处分，或分别给予不同数量的罚款；构成犯罪的，由司法机关依法追究刑事责任。

(3) 罚款要求

1）被处罚的单位或个人自收到处罚决定书之日起15日内，到指定银行缴纳罚款。

2）质量监督机构现场收缴罚款，必须向当事人出具财政部门统一制发的罚款收据。否则，当事人有权拒绝罚款。

3）被罚款单位或个人逾期不履行处罚决定的，作出处罚决定的行政机关或组织可根据《中华人民共和国行政处罚法》的规定加罚滞纳金或申请人民法院强制执行。

5.5.2 通信建设工程安全生产管理规定

为加强通信建设工程安全生产监督管理，明确安全生产责任，防止和减少生产安全事故，保障人民群众生命和财产安全，根据《中华人民共和国安全生产法》、《建设工程安全生产管理条例》、《生产安全事故和调查处理条例》等法律、法规，结合通信建设工程的特点，工业和信息化部以〖工信部规［2008］111号〗文件形式，向各省、自治区、直辖市通信管理局和中国电信集团公司、中国网络通信集团公司、中国移动通信集团公司、中国联合通信有限公司、中国卫星通信集团公司、中国铁通集团有限公司印发《通信建设工程安全生产管理规定》的通知。

1. 使用范围

1）在中华人民共和国境内从事公用电信网新建、改建和扩建等活动及实施通信建设工程的安全生产监督管理，须遵守本规定。

2）基础电信运营企业（以下简称“建设单位”）、通信工程勘察设计企业（以下简称“设计单位”）、通信建设监理企业（以下简称“监理单位”）、通信工程施工企业、通信信息网络系统集成企业、通信用户管线建设企业（以下合称“施工单位”）等单位，必须遵守安全生产法律、法规和本规定，保证通信工程建设安全生产，依法承担安全生产责任。

2. 监督管理职责

（1）工业和信息化部的主要职责

工业和信息化部负责全国公用电信网通信建设工程安全生产的监督管理工作，其主要职责是：

1）贯彻、执行国家有关安全生产的法律、法规和政策，制定有关通信建设工程安全生产的规章、规范性文件和技术标准。

2）监督、指导全国通信建设工程安全生产工作，组织开展对全国通信建设工程安全生产情况的监督检查。

3）组织、指导全国通信建设工程相关企业的主要负责人、项目负责人和专职安全生产管理人员的安全生产培训考核工作。

4）协助有关部门对重大以上生产安全事故进行调查处理。

（2）各省、自治区、直辖市通信管理局的主要职责

各省、自治区、直辖市通信管理局负责本行政区域内通信建设工程安全生产的监督管理工作，其主要职责是：

1）贯彻、执行有关安全生产的法律、法规、规章、政策和技术标准，制定地方性通信建设工程安全生产管理制度。

2）监督、指导本行政区域内通信建设工程安全生产工作，组织开展对本行政区域内通信建设工程安全生产情况的监督检查。

3）组织、指导本行政区域内相关企业的主要负责人、项目负责人和专职安全生产管

理人员的安全生产培训考核工作。

4）协助有关部门对安全生产伤亡事故进行调查处理。

（3）工业和信息化部和各省、自治区、直辖市通信管理局的监督权利

工业和信息化部和各省、自治区、直辖市通信管理局依法履行安全生产监督检查职责时，有权采取下列措施：

1）要求被检查单位提供有关安全生产的文件和资料。

2）进入被检查单位施工现场进行检查。

3）纠正违反安全生产要求的行为。

4）对检查中发现的安全事故隐患，责令立即排除；重大安全事故隐患排除前或者排除过程中无法保证安全的，责令从危险区域内撤出作业人员或者暂时停止施工。

（4）举报制度

各省、自治区、直辖市通信管理局应当建立举报制度，及时受理通信建设工程生产安全事故及事故隐患的检举、控告和投诉；对超出管理权限的，应当及时转送有管理权限的部门。举报制度应当包括以下内容：

1）公布举报电话、信箱或者电子邮件地址。

2）对举报事项进行调查核实。

3)督促落实整顿措施，依法进行处理。

3. 安全生产责任

（1）电信运营企业(即建设单位)的安全生产责任

1）建立完善的通信建设工程安全生产管理制度，建立生产安全事故紧急预案，设立安全生产管理机构并确定责任人。

2）按照通信建设工程安全生产提取费率的要求，在工程概预算中明确通信建设工程安全生产费用，不得打折，工程承包合同中明确支付方式、数额及时限。

3）不得对设计单位、施工单位及监理单位提出不符合安全生产法律、法规和强制性标准规定的要求，不得压缩合同约定的工期。

4）建设单位在通信建设工程开工前，应当就落实保证安全生产的措施进行全面系统的布置，明确相关单位的安全生产责任。

5）建设单位在对施工单位进行资格审查时，应当对企业主要负责人、项目负责人以及专职安全生产管理人员是否经通信主管部门安全生产考核合格进行审查。有关人员未经考核合格的，不得认定投标单位的投标资格。

（2）设计单位的安全生产责任

1）设计单位和有关人员对其设计安全性负责。

2）设计单位编制工程概预算时，必须按照相关规定全额列出安全生产费用。

3）设计单位应当按照法律、法规和工程建设强制性标准进行设计，防止因设计不合理导致生产安全事故的发生。

设计单位应当考虑施工安全操作和防护的需要，对涉及施工安全的重点部位和环节在设计文件中注明，并对防范生产安全事故提出指导意见。

4）设计单位应参与设计有关的生产安全事故分析，并承担相应的责任。

（3）施工单位的安全生产责任

1）施工单位应设立安全生产管理机构，建立健全安全生产责任制度和教育培训制度，制定安全生产规章制度和操作规程，建立生产安全事故紧急预案。施工单位主要负责人依法对本单位的安全生产工作全面负责，项目负责人对建设工程项目的安全施工负责，落实安全生产责任制度、安全生产规章制度和操作规程，确保安全生产费用的有效使用，并根据工程的特点组织制定安全施工措施，消除安全事故隐患，及时、如实报告生产安全事故。

2）按照国家有关规定配备专职安全生产管理人员，施工现场必须有专职安全生产管理人员。要保证安全生产培训教育，企业主要负责人、项目负责人以及专职安全生产管理人员必须取得通信主管部门核发的安全生产考核合格证书，做到持证上岗。

3）建立安全生产费用预算，在工程报价中应当包含工程施工的安全作业环境及安全施工措施所需费用，要保证安全生产费用专款专用，用于施工安全防护用具及设施的采购和更新、安全施工措施的落实、安全生产条件的改善，不得挪作他用。

4）建设工程实施施工总承包的，由总承包单位对施工现场的安全生产负总责。总承包单位依法将建设工程分包给其他单位的，分包合同中应当明确各自在安全生产方面的权利、义务。总承包单位和分包单位对分包工程的安全生产承担连带责任。分包单位应当服从总承包单位的安全生产管理，分包单位不服从管理导致生产安全事故的，由分包单位承担主要责任。

5）要依法参加工伤社会保险，为从业人员交纳保险费。

（4）监理单位的安全生产责任

1）按照法律、法规、规章制度、安全生产操作规范及工程建设强制性标准实施监理，并对工程建设生产安全承担监理责任。

2）要完善安全生产管理制度，明确监理人员的安全监理职责，建立监理人员安全生产教育培训制度，总监理工程师和安全监理人员须经安全生产教育培训取得通信主管部门核发的《安全生产考核合格证书》后方可上岗。

3）审查施工组织设计中的安全技术措施或者专项施工方案是否符合工程建设强制性标准。

4）在实施监理过程中，发现存在生产安全事故隐患的，应当要求施工单位整改；对情况严重的，应当要求施工单位暂时停止施工，并及时向建设单位报告。施工单位拒不整改或者不停止施工的，工程监理单位应当及时向有关主管部门报告。

4. 安全生产费用的管理

1）通信建设工程安全生产费用包括施工单位按照国家有关规定，购置施工安全防护用具、落实安全措施、改善安全生产条件、加强安全生产管理等所需的费用。

2）安全生产费应当按照“项目计取、确保使用、企业统筹、规范使用”的原则进行管理。

3）通信建设工程安全生产费用提取费率为建筑安装工程造价的1%。总包单位应当将安全费用按比例支付分包单位，分包单位不再重复提取。

4）在编制工程概预算时，应按照《关于发布〈通信建设工程概算预算编制办法〉及相关定额的通知》（工信部规［2008］75号），确定安全生产费用。

5）依法进行工程招标投标的建设项目，招标方或委托的招标代理机构编制招标文件时，应当单列安全生产费用项目清单，并在招标文件中明确。

6）投标方应当按照招标文件单列的安全生产费用项目清单单独报价，不得删减。

7）建设单位与施工单位应当在施工合同中明确安全生产责任、安全生产计划；明确安全生产费用的数额、支付计划、使用要求、调整方式等条款。建设单位对安全防护、安全施工有特殊要求需增加安全生产费用的，应结合工程实际单独列出安全生产增加项目清单。

8）合同工期在一年以下的，建设单位应当自合同签订之日起五日内预付安全生产费用不得低于该费用总额的70%；合同工期在一年以上的(含一年)，预付安全生产费用不得低于该费用总额的50%。

9）施工单位在工程量或施工进度完成50%时，项目负责人填写请款书，并经企业负责人签字盖章后报监理单位。监理单位应当在3日内审核工程进度和现场安全管理情况。监理单位审核时发现施工现场存在安全隐患的，应当责令施工单位立即整改。经审核符合要求或整改合格的，总监方可签署请款书，并提请建设单位及时支付。未实施监理的工程项目，项目负责人填写请款书并经企业负责人签字盖章后，直接提请建设单位申请支付其余安全生产费用。

10）安全生产费用应当按照《高危行业企业安全生产费用财务管理暂行办法》(财企[2006] 478号)规定，在以下范围内使用：

① 完善、改造和维护安全防护、检测、探测设备、设施支出。

② 配备必要的应急救援器材、设备和现场作业人员安全防护物品支出。

③ 安全生产检查与评价支出。

④ 重大危险源、重大事故隐患的评估、整改、监控支出。

⑤ 安全技能培训及进行应急救援演练支出。

⑥ 其他与安全生产直接相关的支出。

11）安全生产费用实行专户核算。施工单位应当按规定范围内安排使用，不得挪用或挤占。安全生产费用不足的，超出部分按正常成本费用渠道列支。

12）施工单位应建立健全内部安全费用管理制度，明确安全费用的使用和管理程序。

13）施工单位应为从事高空、高压、易燃、易爆、剧毒、放射性、高速运输、野外作业的人员办理团体人身意外伤害险或个人意外伤害险。所需费用直接列入成本(费用)，不在安全费用中列支。企业为员工提供的职业病防治、工伤保险、医疗保险所需费用，不在安全费用中列支。

5. 生产安全事故报告和调查处理

(1) 安全事故等级划分

根据生产安全事故(以下简称事故)造成的人员伤亡或者直接经济损失，事故一般分为以下等级：

1）特别重大事故，是指造成30人以上死亡，或者100人以上重伤(包括急性工业中毒，下同)，或者1亿元以上直接经济损失的事故。

2）重大事故，是指造成10人以上30人以下死亡，或者50人以上100人以下重伤，或者5000万元以上1亿元以下直接经济损失的事故。

3）较大事故，是指造成3人以上10人以下死亡，或者10人以上50人以下重伤，或者1000万元以上5000万元以下直接经济损失的事故。

4）一般事故，是指造成3人以下死亡，或者10人以下重伤，或者1000万元以下直接经济损失的事故。

其中“以上”包括本数，所称的“以下”不包括本数。

（2）安全事故报告

1）发生生产安全事故后，事故现场有关人员应立即报告本单位负责人。单位负责人接到事故报告后，应当于1h内向事故发生地县级以上人民政府安全生产监督管理部门和本行政区通信管理局报告。事故发生单位负责人应当及时向建设单位、监理单位等相关单位通报事故情况。

2）发生特别重大事故或重大事故，各省、自治区、直辖市通信管理局接到事故报告后，应于2h内上报工业和信息化部。

3）报告事故应当包括下列内容：

① 事故发生单位概况。

② 事故发生的时间、地点以及事故现场情况。

③ 事故的简要经过。

④ 事故已经造成或可能造成的伤亡人数和初步查明的直接经济损失。

⑤ 已经采取的措施。

⑥ 其他应当报告的内容。

（3）事故调查及处理

1）事故发生单位负责人接到事故报告后，应当立即启动事故处理应急预案，或采取有效措施，组织抢救，防止事故扩大，减少人员伤亡和财产损失。

2）接到生产安全事故报告后，事故所在地通信管理局应积极配合有关安全生产监督管理部门组织事故抢救、事故调查及事故处理等工作。

3）事故发生后，有关单位和人员应当妥善保护事故现场以及相关证据，任何单位和个人不得破坏事故现场、毁灭相关证据。

6. 监督管理

1）电信运营企业（即建设单位）、设计单位、施工单位及监理单位未按本规定按期报送安全生产情况的，责令限期改正，逾期未改正的，予以通报批评，情节严重的予以停业整顿，降低其资质等级直至撤销资质。

2）电信运营企业（即建设单位）有下列行为之一的，按照《建设工程安全生产管理条例》第五十五条进行处罚。

① 对设计、施工、监理等单位提出不符合安全生产法律、法规、安全生产操作规范及强制性标准规定的要求的。

② 要求施工企业压缩合同约定的工期的。

③ 将建设工程及拆除工程发包给不具有相应资质等级的施工单位的。

3）建设单位违反本规定，未提供通信建设工程安全生产费用或未按期足额支付的，责令限期整改；逾期未整改的，责令该建设工程停止施工并予以通报批评。

4）施工单位挪用安全生产费用的，依照《建设工程安全生产管理条例》第六十三条规定予以处罚。

5）施工单位对安全生产费用提而不用导致安全生产条件不符合国家规定的，依照《建设工程安全生产管理条例》第十四条规定予以处罚。

6）施工单位的主要负责人、项目负责人未履行安全生产管理职责，有违反本规定行为的，依照《建设工程安全生产管理条例》第六十六规定予以处罚。

7）设计单位编制工程概预算时，未按规定单列安全生产费用的，责令其限期改正，逾期未改正的，予以警告直至停业整顿、降低资质等级。

8）监理单位违反安全生产规定的，按照《建设工程安全生产管理条例》第五十七条规定予以处罚。

5.5.3 通信建设工程安全生产操作规范

为了牢固树立"以人为本、安全发展"的理念，贯彻"安全第一、预防为主、综合治理"的方针，进一步加强安全生产工作，有效防范通信建设工程施工生产的安全事故，保护人员和财产安全，确保通信系统的正常运行，促进通信建设事业发展，工业和信息化部组织制订了《通信建设工程安全生产操作规范》（YD 5201—2011）。《通信建设工程安全生产操作规范》从通信建设工程安全生产操作的基本规定、工器具和仪表、器材储运、通信线路工程、通信管道工程、通信设备工程、通信铁塔建设工程、卫星地球站、微波、移动通信基站天馈线工程、通信电源设备工程、综合布线工程等方面对通信建设工程安全生产操作的全过程进行了详细的规范。《通信建设工程安全生产操作规范》适用于各类通信建设工程项目的施工、监理、监督检查。

1. 基本规定

（1）安全管理

1）企业必须取得建筑施工企业安全生产许可证后方可从事通信建设工程施工。施工企业的主要负责人、项目负责人、专职安全生产管理人员、特种作业人员任职或上岗条件必须符合国家法律、法规相关规定。

2）工程项目施工应实行安全技术交底制度，接受交底的人员应覆盖全体作业人员。安全技术交底应包括以下主要内容：

① 工程项目的施工作业特点和危险因素。

② 针对危险因素制定的具体预防措施。

③ 相应的安全生产操作规程和标准。

④ 在施工生产中应注意的安全事项。

⑤ 发生事故后应采取的应急措施。

3）系统割接前，应制定割接方案，充分考虑安全因素，并同时制定应急预案，经有关部门批准后方可实施。

（2）施工现场安全

1）在公路、高速公路、铁路、桥梁、通航的河道等特殊地段和城镇交通繁忙、人员密集处施工时必须设置有关部门规定的警示标志，必要时派专人警戒看守。

2）在城镇的下列地点作业时，应根据有关规定设立明显的安全警示标志、防护围栏等安全设施并设置警戒人员，夜间应设置警示灯，施工人员应穿反光衣。必要时应架设临时便桥等设施，并设专人负责疏导车辆、行人或请交通管理部门协助管理；架设的便桥应满足行人、车辆通行安全，在繁华地区，便桥左右应设置围栏和明显标志。

① 街巷拐角、道路转弯处、交叉路口。

② 有碍行人或车辆通行处。

③ 在跨越道路架线、放缆需要车辆临时限行处。

④ 架空光(电)缆接头处及两侧。

⑤ 挖掘的沟、洞、坑处。

⑥ 打开井盖的人(手)孔处。

⑦ 跨越十字路口或在直行道路中央施工区域两侧。

3）施工现场的安全警示标志和防护设施应随工作地点的变动而转移，作业完毕应及时撤除、清理干净。

4）施工需要阻断道路通行时，应报请当地有关单位和部门批准，并请求配合。

5）施工人员应阻止非工作人员进入施工作业区、接近或触碰正在施工运行中的各种机具与设施。

6）在城镇和居民区内施工有噪声扰民时，应采取防止和减轻噪声扰民的措施，并在相关部门规定时间内施工；需要在夜间或在禁止时间内施工的，应报请有关单位和部门批准。

7）在通信机房作业时，应遵守通信机房的管理制度，按照指定地点设置施工的材料区、工器具区、剩余料区。钻孔、开凿墙洞应采取必要的防尘措施。需要动用正在运行设备的缆线、模块时，应经机房值班人员许可，严格按照施工组织方案实施，离开施工现场前应确认设备运行正常，并及时清理现场。

8）从事高处作业的施工人员，必须正确使用安全带、安全帽。

9）从事高处作业的人员应定期进行健康检查，如发现身体不适合高处作业时，不得从事这一工作。

10）高处作业时，所用工具、材料应放置稳妥，不得扔抛工具或材料。

11）施工现场有两个以上施工单位施工时，建设单位应明确各方的安全职责，对施工现场实行统一管理。

(3) 施工驻地安全

1）临时搭建的员工宿舍、办公室等设施必须安全、牢固、符合消防安全规定，严禁使用易燃材料搭建临时设施。临时设施严禁靠近电力设施，与高压架空电线的水平距离必须符合相关规定。

2）施工驻地应按规定配备消防设施，设置安全通道。

3）宿舍应设置可开启式窗户，保证室内通风。宿舍夏季应有防暑降温措施，冬季应有取暖和防煤气中毒的措施。生活区应保持清洁，定期清扫和消毒。

4）施工驻地临时食堂应有独立的操作间，配备必要的排风和消毒设施，严格执行食品卫生管理的有关规定，炊事人员应持有健康证，上岗时应穿戴洁净的工作服、工作帽，并保持个人卫生。

5）食堂用液化气瓶不得靠近热源和曝晒，不得自行清倒残液，不得剧烈振动和撞击。

6）施工单位应定期对住宿人员进行安全教育，包括交通、治安、消防、卫生防疫、环境保护等方面。

(4) 野外作业安全

1）野外作业前应事先调查工作地区地理、环境等情况，辨识和分析危险源，制定相应的预防和安全控制措施，做好必要的安全防护准备。

2）在炎热天气野外施工时应预防中暑，随身携带防暑降温药品。

3）在寒冷、冰雪天气施工作业时，应采取防寒、防冻、防滑措施。当地面被积雪覆盖时，应用棍棒试探前行。在雪地施工时应戴有色防护镜。

4）遇有强风、暴雨、大雾、雷电、冰雹、沙尘暴等恶劣天气时，应停止室外作业。雷雨天气不得在电杆、铁塔、大树、广告牌下躲避，不得手持金属物品在野外行走并应关闭手机。

5）在水田、泥沼中施工作业时，应穿长筒胶靴，预防蚂蟥、血吸虫、毒蛇等叮咬，应配备必要的防毒用品及解毒药品。在有毒的动、植物区内施工时，应采取佩戴防护手套、眼镜、绑扎裹腿等防范措施。在野兽经常出没的地方行走和住宿时，应特别注意防止野兽的侵害；夜间出行应两人以上随同，并携带防护用具或请当地相关人员协助，不得触碰猎人设置的捕兽陷阱或器具。

6）在滩涂、湿地及沼泽地带施工作业时，应注意有无陷入泥沙中的危险。在山岭上不得攀爬有裂缝、易松动的地方。

7）在山区、草原和灌木茂盛的地点施工作业时，严禁在有塌方、山洪、泥石流危害的地方搭建住房或搭设帐篷，严禁随意食用野果或野菜。

8）在铁路沿线施工作业时应注意：

① 不得在铁轨、桥梁上坐卧，不得在铁轨上或双轨中间行走。

② 携带较长的工具、材料在铁路沿线行走时，所携带的工具、材料应与路轨平行，并注意避让。

③ 跨越铁路时，应注意铁路的信号灯和来往的火车。

9）穿越江河、湖泊水面施工作业需要涉渡时，应以竹杆试探前进，不得泅渡过河；在未弄清河水的深浅时，不得涉水过河。

10）在江河、湖泊及水库等水面上作业时，必须携带必要的救生用具，作业人员必须穿好救生衣，听从统一指挥。

11）在高原缺氧地区作业时应注意：

① 施工人员应进行体检，不宜进入高原缺氧地区的人员不得进入施工。

② 应预备氧气和防治急性高原病的药物，正确佩戴防紫外线辐射的防护用品。

③ 出现比较严重的高原反应症状时，应立即撤离到海拔较低的地方或去医院治疗。

（5）施工交通安全

1）施工人员应遵守交通法规，保证工程车辆、人身及财产安全。驾驶员驾驶车辆应注意交通标志、标线，保持安全行车距离，不强行超车、不超速行驶、不疲劳驾驶、不驾驶故障车辆，不得酒后驾驶、无证驾驶。车辆不得客货混装或超员、超载。

2）车辆行驶时，乘坐人员应注意沿途的电线、树枝及其他障碍物，不得将肢体露于车厢外。车辆停稳后方可上下车。

3）若需租用车辆，应与车主签订租车协议，明确双方安全责任和义务。

4）施工人员使用自行车和三轮车时，应经常检查车辆的状况特别是刹车装置的完好情况。骑车时，不得肩扛、手提物品或携带梯子及较长的杆棍等物。

5）穿越公路时应注意查看过往车辆，确认安全后方能穿越。

（6）施工现场防火

1）施工单位应当在施工现场建立消防安全责任制度并责任人，制定用火、用电、使用易燃易爆材料等各项消防安全管理制度和操作规程。

2）施工现场应配备必要的消防器材。消防器材设置地点应合理，便于取用，使用方法应明示。

3）施工现场配备的消防器材应完好无损且必须在有效期内。

4）人员首次进入施工现场，应首先了解消防设施、器材的设置点，不得随意挪动。

5）不得堵塞消防通道、遮挡消防设施。

6）在光(电)缆进线室、水线房、机房、无(有)人站、木工场地、仓库、林区、草原等处施工时，严禁烟火。施工车辆进入禁火区必须加装排气管防火装置。

7）在室内进行油漆作业时，应保持通风良好，不得有烟火；照明灯具应使用防爆灯。

8）电缆等各种贯穿物穿越墙壁或楼板时，必须按要求用防火封堵材料封堵洞口。

9）电气设备着火时，必须首先切断电源。

10）机房失火时，应正确使用消防器材和灭火设施。

（7）用电安全

1）施工现场用电应采用三相五线制的供电方式。用电应符合三级配电结构，即由总配电箱经分配电箱到开关箱。每台用电设备应有各自专用的开关箱，实行“一机一箱”制。

2）施工现场用电线路应采用绝缘护套导线。

3）安装、巡检、维修、移动或拆除临时用电设备和线路，应由电工完成，并应有人监护。

4）检修各类配电箱、开关箱、电气设备和电力工具时，应切断电源，并在总配电箱或者分配电箱一侧悬挂“检修设备，请勿合闸”的警示标牌，必要时设专人看管。

5）使用照明灯应满足以下要求：

① 室外宜采用防水式灯具。在人孔内宜选用电压36V以下(含36V)的工作灯照明。在潮湿的沟、坑内应选用电压为12V以下(含12V)的工作灯照明。用蓄电池作照明灯的电源时，蓄电池应放在人孔或沟坑以外。

② 在管道沟、坑沿线设置普通照明灯或安全警示灯时，灯距地面的高度应大于2m。

③ 使用灯泡照明时灯泡不得靠近可燃物。当使用150W以上(含150W)的灯泡时，不得使用胶木灯具。

④ 灯具的相线应经过开关控制，不得直接引入灯具。

6）用电设备不得超过供电负荷使用。

（8）施工现场应急救援

1）施工单位应根据施工现场情况编制现场应急预案。现场应急预案应在本单位制定的专项预案的基础上，结合工程实际，有针对性地编制。应急救援措施应具体、周密、细致、方便操作。施工现场应急预案编制后，应配备相应资源，必要时应组织培训和演练。

2）施工现场应急预案应包括以下内容：

① 对现场存在的重大危险源和潜在事故的危险性质进行预测和评估。

② 现场应急救援的组织机构及人员职责和分工。

③ 预防措施。

④ 报警及通信联络的电话、对象和步骤。

⑤ 应急响应时，现场员工和其他人员的行为规定。

3）生产经营单位发生生产安全事故后，事故现场有关人员应当立即报告本单位负责人。单位负责人接到事故报告后，应当迅速采取有效措施，组织抢救，防止事故扩大，减少人员伤亡和财产损失，并按照国家有关规定立即如实报告当地负有安全生产监督管理职责的部门，不得隐瞒不报、谎报或者拖延不报。

4）事故发生后，有关单位和人员应当妥善保护事故现场以及相关证据，任何单位和个人不得破坏事故现场、毁灭相关证据。因抢救人员、防止事故扩大以及疏通交通等原因，需要移动事故现场物品的，应当做出标志，绘制现场简图并做出书面记录，妥善保存现场重要痕迹、物证。

5）发生生产安全事故时，现场有关人员应立即抢救伤员，同时向单位负责人报告并向相关部门报警。具体急救措施可参见“附录B 常见事故应急救援措施”。

6）发生通信网络中断时，现场负责人应立即向建设单位和项目负责人报告，并按照应急预案要求尽快恢复。

2. 工器具和仪表

(1) 一般规定

1）工器具和仪表应符合国家及行业相关标准要求，并应有产品合格证和使用说明书。施工人员应按照使用说明书的要求进行安全操作。

2）施工作业时应选择合适的工器具和仪表，并正确使用。

3）工器具和仪表应定期检查、维修、保养，发现损坏应及时修理或更换。电动工具、动力设备及仪表的检查、维修、保养和管理应由具备专业技术知识的人员负责。

4）用电工器具、仪表的电源线不应随意接长或拆换；插头、插座应符合国家相关标准，不得任意拆除或调换。

5）施工工器具的安装应牢固，松紧适度，防止使用过程中脱落或断裂。

6）作业时，施工作业人员不得将有锋刃的工具插入腰间或放在衣服口袋内。运输或存放这些工具应平放，锋刃口不可朝上或向外，放入工具袋时刃口应向下。

7）长条形工具不得倚立在靠近墙、汽车、电杆的位置。长条形工具或较大的工具应平放。

8）传递工具时，不得上扔下掷。

9）使用带有金属的工具时，应避免触碰电力线或带电物体。

(2) 简单工具

1）使用手锤、榔头时不应戴手套，抡锤人对面不得站人。铁锤木柄应牢固，木柄与锤头连接处应用楔子固定牢固，防止锤头脱落。

2）手持钢锯的锯条安装应松紧适度，使用时避免左右摆动。

3）滑车、紧线器应定期进行注油保养，保持活动部位活动自如。使用时，不得以小代大或以大代小。紧线器手柄不得加装套管或接长。

4）各种吊拉绳索和钢丝绳在使用前应进行检查，如有磨损、断股、腐蚀、霉烂、碾压伤、烧伤现象之一者不得使用。在电力线下方或附近，不得使用钢丝绳、铁丝或潮湿的绳索进行牵、拉、吊等作业。

5）使用铁锹、铁镐时，应与他人保持一定的安全距离。

6）使用剖缆刀、壁纸刀等工具时，刀口应向下，用力均匀，不得向上挑拨。

7）台虎钳应装在牢固的工作台上，使用台虎钳夹固工件时应夹牢固。

8）使用砂轮机时，应站在砂轮侧面，佩戴防护眼镜，不得戴手套操作。固定工件的支架离砂轮不得大于3mm，安装应牢固。工件对砂轮的压力不得过大。不得利用砂轮侧面磨工件，不得在砂轮上磨铅、铜等软金属。

9）使用喷灯应满足以下要求：

① 喷灯应使用规定的油品，不得随意代用。存放时应远离火源。

② 点燃或修理喷灯时应与易燃、可燃的物品保持安全距离。在高处使用喷灯时应使用绳吊运。

③ 不得使用漏油、漏气的喷灯，不得使用喷灯烧水、做饭，不得将燃烧的喷灯倒放，不得对燃烧的喷灯加油。

④ 喷灯使用完后，应及时关闭油门并放气，避免喷嘴堵塞。

⑤ 气体燃料喷灯应随用随点燃，不用时应立即关闭。

（3）梯子和高凳

1）选用的梯子应能满足承重要求，长度适当，方便操作。带电作业或在运行的设备附近作业时，应选择绝缘梯子。

2）使用梯子前应确认梯子完好。梯子配件应齐全，各部位连接应牢固，梯梁与踏板无歪斜、折断、松弛、破裂、腐朽、扭曲、变形等缺陷；折叠梯、伸缩梯应活动自如；伸缩梯的绳索应无破损和断股现象；金属梯踏板应做防滑处理，梯脚应装防滑绝缘橡胶垫。

3）移动超过5m长的梯子，应由2个人抬，且不得在移动的梯子上摆放任何物品。上方有线缆或其他障碍物的地方，不得举梯移动。

4）梯子应安置平稳可靠。放置基础及所搭靠的支撑物应稳固，并能承受梯上最大负荷；地面应平整、无杂物、不湿滑；当梯子靠在电杆上时，上端应绑扎U形铁线环或用绳子将梯子上端固定在电杆或吊线上。

5）梯子放置的斜度要适当，梯子上端的接触点与下端支撑点之间的水平距离宜等于接触点和支撑点之间距离的1/4至1/3。当梯子搭靠在吊线上时，梯子上端至少高出吊线30cm（梯子上端装铁钩的除外），但高出部分不得超过梯子高度的1/3。

6）在通道、走道使用梯子时，应有人监护或设置围栏，并贴置“勿碰撞”的警示标志；如果梯子靠放在门前，应锁闭房门。

7）使用直梯或较高的人字梯时，应有专人扶梯。直梯不用时应随时平放。

8）使用人字梯时，搭扣应扣牢。不得将人字梯合拢作为直梯使用。

9）伸缩梯伸缩长度严禁超过其规定值。在电力线、电力设备下方或危险范围内，严禁使用金属伸缩梯。

10）上下梯子时，应面向梯子，保持三点接触，不得携带笨重工具和材料。

11）在梯子上工作应穿防滑鞋，不得两人或两个以上的人在同一梯子上工作(包括上下)，不得斜着身子远探工作，不得单脚踏梯，不得用腿、脚移动梯子，不得坐在梯子上操作。使用直梯时应站在距离梯顶不少于 1m 的梯蹬上。

12）使用高凳前应检查高凳是否牢固平稳，凳脚、踏板材质应结实。上、下高凳时不得携带笨重材料和工具，一个人不得脚踩两只高凳作业。

13）高凳上放置工具和器材时，人离开时应随手取下。搬移高凳时，应先检查、清理高凳上的工具和器材。

(4) 安全带

1）配发的安全带必须符合国家标准。严禁用一般绳索、电线等代替安全带。

2）应在使用期限内使用，发现异常应提前报废。

3）使用前应严格检查，不得使用有折痕、弹簧扣不灵活或不能扣牢、腰带眼孔有裂缝、钩环和铁链等金属配件腐蚀变形或部件不齐全的安全带。

4）安全带应储藏在干燥、通风的仓库内不得接触高温、明火、强酸和尖锐带刃的坚硬物体，不得雨淋、长期曝晒。

5）不得将安全带的围绳打结使用。不得将挂钩直接挂在安全绳上使用，应挂在连接环上使用。更换新绳时应注意加绳套。

(5) 手动机具

1）千斤顶不得超负荷使用。千斤顶旋升最大行程不得超过丝杠总长的五分之三。使用千斤顶支撑电缆盘，应支放在平稳牢固的地面；在汽车上支撑电缆盘时，应将千斤顶用拉线固定。

2）使用手扳葫芦应符合以下要求：

① 不得超载使用，手柄不得加长使用。

② 在使用前应确认机件完好无损，传动部分润滑良好，空转情况正常。起吊前应确认上下吊钩悬挂牢固，被吊物件捆绑牢固。

③ 在起吊重物时，任何人不得在重物下工作、停留或行走。放下被吊物件时，应缓慢轻放，不得自由落下。

④ 在使用过程中，如果感觉手扳力过大时应立即停止，查明原因，排除故障。

3）使用手拉葫芦应符合以下要求：

① 不得超载使用，不得用人力以外的其他动力操作。

② 在使用前应确认机件完好无损，传动部分润滑良好，空转情况正常。起吊前应确认上下吊钩悬挂牢固，被吊物件捆绑牢固。

③ 在起吊重物时，任何人不得在重物下工作、停留或行走。被吊物件在空中停留时间较长时，应将手拉链拴在起重链上。

④ 在起吊过程中，拽动手链条时，用力应均匀和缓，不得用力过猛；如果拉不动链条应立即停止，查明原因，排除故障。

⑤ 使用两个手拉葫芦同时起吊一个物件时，应设专人指挥，负荷应均匀负担，操作人员动作应协调一致。

(6) 用电工具

1) 用电工具使用前应进行检查，若有手柄破损、导线老化、导线裸露、短路、外壳漏电、绝缘不良、插头和插座破裂松动、零件螺丝松脱等不正常现象，不得使用。

2) 用电工具的插头应与带漏电保护器的插座相配套，不得将导线直接插入插座孔内使用。

3) 转移作业地点及上下传递用电工具时，应先切断电源，盘好电源线，手提手柄，不得用导线拉扯。

4) 在易燃、易爆场所，必须使用防爆式用电工具。

5) 在带电设备上使用用电工具，应使用隔离变压器。

6) 手电钻或电锤使用前，应进行空载试验，运转正常方可使用。使用中出现高热或异声，应立即停止使用。装卸钻头时，应先切断电源，待完全停止转动后再进行装卸。使用手电钻或电锤时，不得戴手套。

7) 移动式排风扇、电风扇的金属外壳及其支架应有接地保护措施，并应使用有漏电保护器的电源接线盒。

8) 未冷却的电烙铁、热风机不得放入工具箱、包内，也不得随意丢放。电烙铁暂时停用时应放在专用支架上，不得直接放在桌面上、机架上或易燃物旁。

9) 使用熔接机应符合以下要求：

① 不得在易燃、易爆的场所使用熔接机。

② 不得直接接触熔接机的高温部位(加热器或电极)。

③ 更换电极棒前应关闭电源并将电池取出或将电源插头拔下。

(7) 电气焊设备

1) 焊接现场必须有防火措施，严禁存放易燃、易爆物品及其他杂物。禁火区内严禁焊接、切割作业，需要焊接、切割时，必须把工件移到指定的安全区内进行。当必须在禁火区内焊接、切割作业时，必须报请有关部门批准，办理许可证，采取可靠防护措施后，方可作业。

2) 施焊点周围有其他人作业或在露天场所进行焊接或切割作业时，应设置防护挡板。5 级以上大风时，不得露天焊接或切割。

3) 气焊或气割时，操作人员应保证气瓶距火源之间的距离在 10m 以上。不得使用漏气焊把和胶管。

4) 电焊时，必须穿电焊服装、戴电焊手套和电焊面罩，清除焊渣时必须戴防护眼镜。

5) 焊接带电的设备时必须先断电。焊接贮存过易燃、易爆、有毒物质的容器或管道，必须清洗干净，并将所有孔口打开。严禁在带压力的容器或管道上施焊。

6) 使用电焊机应符合以下要求：

① 电焊机摆放应平稳，机壳应有可靠的接地保护。电源线、焊钳、把线应绝缘良好。电源线不得被碾压。

② 电焊机应单独设置控制开关，装设漏电保护装置应符合规定，交流电焊机应配装防二次侧触电保护器。

③ 交流电焊机一次侧电源线长度不应大于 5m；二次线应采用防水型橡皮护套铜芯软电缆，电缆长度不应大于 30m；两侧接线应压接牢固，并安装可靠防护罩。

④ 电焊机把线和回路零线应双线到位，不得借用金属管道、轨道等作回路地线。

⑤ 停机时，应先关闭电焊机，再拉闸断电。

⑥ 更换焊条时应戴手套，身体不准接触带电工件。

⑦ 移动电焊机位置时，应先关闭焊机，再切断电源；遇突然停电，应立即关闭电焊机。

⑧ 在潮湿处操作，操作人员应站在绝缘板上。在露天施焊，应设置电焊机的防潮、防雨、防水设施。遇雷雨、大雾天气，不得在露天施焊。

7）使用氧气瓶应符合以下要求：

① 严禁接触或靠近油脂物和其他易燃品。严禁氧气瓶的瓶阀及其附件沾附油脂；手臂或手套上沾附油污后，严禁操作氧气瓶。

② 严禁与乙炔等可燃气体的气瓶放在一起或同车运输。

③ 瓶体必须安装防振圈，轻装轻卸，严禁剧烈振动和撞击；储运时，瓶阀必须戴安全帽。

④ 开启瓶阀时，速度应缓慢，严禁手掌满握手柄开启，人应站在瓶体一侧，人体和面部应避开出气口及减压气的表盘。

⑤ 严禁使用气压表指示不正常的氧气瓶。严禁氧气瓶内气体用尽。

⑥ 氧气瓶必须直立存放和使用。

⑦ 检查压缩气瓶有无漏气时，应用浓肥皂水，严禁使用明火。

⑧ 氧气瓶严禁靠近热源或在阳光下长时间曝晒。

8）使用乙炔瓶应符合以下要求：

① 检查有无漏气应用浓肥皂水，严禁使用明火。

② 乙炔瓶必须直立存放和使用。

③ 焊接时，乙炔瓶 5m 内严禁存放易燃、易爆物质。

（8）动力机械设备

1）严禁使用汽油、煤油洗刷空气压缩机曲轴箱、滤清器或空气通路的零部件。严禁曝晒、烧烤储气罐。

2）使用气泵、空压机应符合以下要求：

① 气压表、油压表、温度表、电流表应齐全完好；指示值突然超过规定值或指示异常，应立即停机检修。

② 打开送气阀门前，应通知现场的有关人员，在出气口正面不得有人。送气时，应缓慢旋开阀门，不得猛开。开机后操作人员不得远离，停机时应先降低气压。

③ 输气管设置应防止急弯。空压机排气阀上连有外部管线或输气软管时，不得移动设备。连接或拆卸软管前应关闭空压机排气阀，确保软管中的压力完全排除。

3）使用风镐、凿岩机应遵守下列要求：

① 风镐、凿岩机各部位接头应紧固、不漏气。胶皮管不得缠绕打结，不得用折弯风管的办法作断气之用。不得将风管置于胯下。操作风镐的作业人员，应戴防护眼镜。

② 钢钎插入风镐、凿岩机后不得开机空钻。

③ 风镐、凿岩机的风管通过路面时，应将风管穿入钢管做硬性防护。

4）严禁发电机的排气口直对易燃物品；严禁在发电机周围吸烟或使用明火；作业人

员必须远离发电机排出的热废气；严禁在密闭环境下使用发电机。

5）使用发电机应符合以下要求：

① 电源线应绝缘良好，各接点应接线牢固。

② 带电作业应做好绝缘防护措施，人体不得接触带电部位。

③ 发电机开启后，操作人员应监视发电机的运转情况，不得远离。

6）使用水泵应符合以下要求：

① 水泵的安装应牢固、平稳，有防雨、防冻措施，转动部分应有防护装置。多台水泵并列安装时，间距不得小于0.8m。管径较大的进出水管，应用支架支撑。

② 用水泵排除人孔内积水时，水泵的排气管应放在人孔的下风方向。

③ 水泵运转时，人体不得接触机身，也不得在机身上跨越。

④ 水泵开启后，操作人员应监视其运转情况，不得远离。

7）潜水泵必须装设保护接地和漏电保护装置。

8）使用潜水泵应符合以下要求：

① 潜水泵宜先装在坚固的篮筐里再放入水中，潜水泵应直立于水中。

② 潜水泵放入水中或提出水面时，应切断电源，不得拉拽电线或出水管。

③ 不得在含泥砂成分较多的水中使用潜水泵。

④ 启动潜水泵前应认真检查。排水管接续绑扎应牢固，放水、放气、注油等旋塞应旋紧，叶轮和进水节无杂物，电缆绝缘良好。

⑤ 电源线不得与周围硬质物体摩擦。

9）使用路面切割机应符合以下要求：

① 金属外壳应做好保护接地。手柄上应有电源控制开关，并做绝缘保护。使用前应检查电源控制开关，并经试运转正常后方可使用。

② 电源线长度不得超过50m，使用时应一人操作，一人随机整理电源线，电源线不得在地面上拖拉。操作及整理电源线人员，应戴绝缘手套，穿绝缘鞋。

③ 使用路面切割机应划定安全施工区域。

10）搅拌机检修或清洗时，必须先切断电源，并把料斗固定好。进入滚筒内检查、清洗，必须设专人监护。

11）使用搅拌机应符合以下要求：

① 安装位置应坚实，应采用支架稳固。

② 使用前应检查离合器和制动器是否灵敏有效，钢丝绳有无破损，是否与料斗拴牢，滚筒内有无异物。经空载试运行正常后方可使用。

③ 料斗在提升、降落时，任何人不得从料斗下面通过或停留。停止使用时应将料斗固定好。运转时，不得将木(铁)棍、扫把、铁锹等物伸进筒内。

④ 送入滚筒的搅合材料不得超过规定的容量。中途因故停机重新启动前，应把滚筒内的搅合材料倒出。

12）使用砂轮切割机严禁在砂轮切割片侧面磨削。

13）使用砂轮切割机应符合以下要求：

① 应放置平稳，不得晃动，金属外壳应接保护地线。电源线应采用耐气温变化的橡胶皮护套铜芯软电缆。

② 应固定牢固，并安装有防护罩，切割机前面应设立 1.7m 高的耐火挡砂板。

③ 开启后，应首先将切割片靠近物件，轻轻按下切割机手柄，使被切割物体受力均匀，不得用力过猛。

④ 砂轮切割片外径边缘残损时应更换。

14）严禁用挖掘机运输器材。

15）使用挖掘机应符合以下要求：

① 挖掘机与沟沿应保持安全距离，防止机械落入沟、坑、洞内。

② 操作中进铲不能过深，提斗不应过猛。铲斗回转半径内，不得有其他机械同时作业。

③ 行驶时，铲斗应离地面 1m 左右；上下坡时，坡度不应超过 20°。

16）使用翻斗车时，司机不得离开驾驶室。使用翻斗车运送砂浆或混凝土时，靠沟边的轮子应视土质情况与沟、坑、洞边保持一定距离，一般距沟、坑、洞边不应小于 1.2m。

17）推土机在行驶和作业过程中严禁上下人。停车或坡道上熄火时，必须将刀铲落地。

18）使用推土机应符合以下要求：

① 推土前应了解地下设施和周边环境情况。

② 作业中应有专人指挥，特别在倒车时应瞭望后面的人员和地面障碍物。

③ 上下坡时，坡度不应超过 35°；横坡行驶时，坡度不应超过 10°。不得在陡坡上转弯、倒车或停车。下坡时不得挂空挡滑行。

19）吊装物件时，严禁有人在吊臂下停留或走动，严禁在吊具上或被吊物上站人，严禁用人在吊装物上配重、找平衡。严禁用吊车拖拉物件或车辆。严禁吊拉固定在地面或设备上的物件。

20）使用吊车(起重机)应符合以下要求：

① 工作场地应平坦坚实。停放位置应适当，离沟渠、基坑应有足够的安全距离。在土质松软的地方应采取措施，防止倾斜或下沉。起重机支腿应全部伸出，在撑脚板下垫方木，支腿定位销应插好。

② 作业前应确认起重机的发动机传动部分、制动部分、仪表、吊钩、钢丝绳以及液压传动等正常，方可正式作业。

③ 钢丝绳在卷筒上应排列整齐，尾部应卡牢，作业时最少在卷筒上保留 3～5 圈。

④ 起吊物件应捆缚牢固，绳索经过有棱角、快口处应设衬垫。起吊物的重量不得超过吊车的负荷量。吊装物件应找准重心，垂直起吊。不得急剧起降或改变起吊方向。

⑤ 吊装物件时，应有专人指挥。对停止信号，不论何人发出都应立即停止。

⑥ 对起吊物重量不明时，应先试吊，确认可靠后才能起吊。

⑦ 遇有大风、雷雨、大雾等天气时应停止吊装作业。停止作业时，吊钩应固定牢靠，不得悬挂在半空；应刹住制动器，将操作杆放在空挡，将操作室门锁上。

⑧ 在架空电力线附近工作时，应与其保持安全距离，允许与输电线路的最近距离见表 5.5-1。

起重机臂、被吊物件与电力线之间的最小允许距离　　表 5.5-1

电压	1kV 以下	6～10kV 以下	35～110kV 以下	220kV 以下
距离(米)	1.5	2.0	4.0	6.0

(9) 仪表

1) 仪表使用人员应经过培训，熟悉仪表的使用方法，并按仪表的规定进行操作和保管。

2) 仪表使用前应按额定工作电源电压的要求引接电源，电源插座应选用有防漏电保护的插座。仪表使用时应接地保护。

3) 使用直流电源的仪表时，电源的正负极性不得接反。直流电源仪表长期不使用时应及时从仪表中取出电池，不得将电池和金属物品一起存放。

4) 交/直流两用仪表在插入电源塞孔和引接电源时，不得将交/直流电源接错。

5) 使用仪表应防止日晒、雨淋或火烤，不得将水、金属等任何杂物掉入仪表内部。仪表内有异常声音、气味等现象时，应立即切断电源开关。

6) 使用带激光源的仪器时，不得将光源正对着眼睛。

7) 做过耐压和绝缘测试的电缆线对应及时放电，然后才能再进行其他项目的测试。

8) 使用仪表应轻拿轻放。搬运仪表时，应使用专用的仪表箱。

3. 器材储运

(1) 一般规定

1) 搬运通信设备、线缆等器材时，使用的杠、绳、链、撬棍、滚筒、滑车、挂钩、绞车(盘)、跳板等搬运工具应有足够的强度。不得使用有破损、腐蚀、腐朽的搬运工具。

2) 人工挑、抬、扛工作应采取适当的人身安全措施。

3) 在楼台上吊装设备时，应系尾绳，并应考虑平台的承重；吊装绳索应牢固。

4) 使用叉车进行搬运时，器材应叉牢；离地面高度以方便行驶为宜，不宜过高。

5) 采用滚筒搬运物体时应遵守以下要求：

① 物体下面所垫滚筒(滚杠)应保持两根以上，如遇软土应垫木板或铁板。

② 撬拉点应选取在合理的受力部位，移动时应保持左右平衡。

③ 上下坡时，应用绳索拉住物体缓慢移动，并用三角枕木等随时支垫物体。

④ 作业人员不得站在滚筒(滚杠)移动的方向。

6) 用坡度坑进行装卸时，坑位应选择在坚实的土质处，必要时上下位置应设挡土板；坡度坑的坡度应小于30°。

7) 用跳板进行装卸时应遵守以下要求：

① 普通跳板应选用厚度大于6cm、没有木结的坚实木板，放置坡度高长比宜为1∶3。如需装卸较重物品，跳板厚度应大于15cm，并在中间位置加垫支撑。

② 跳板上端应用钩、绳固定。

③ 如遇雨、雪、冰或地滑时，应清除冰块等，并在木板上垫草垫。

8) 车辆运输工程器材时，长、宽、高不得违反相关规定。若需运载超限而不可解体的物品，应按照交通管理部门指定的时间、路线、速度行驶，并悬挂明显的警示标志。

9) 搬运易燃、易爆物及危险化学品时应按照国家相关标准规定执行。

(2) 杆材搬运

1) 用汽车装运电杆时，车上应设置专用支架，杆材重心应落在车厢中部，杆材不得超出车厢两侧；没有专用支架时，杆材应平放在车厢内，杆根向前，杆梢向后，杆材伸出车身尾部的长度应符合交通部门的规定；卸车时应用木枕或石块稳住前后车轮。

2）卸车时，应按顺序逐一进行松捆，不得全部松开；不得将电杆直接向地面抛掷。

3）沿铁路抬运杆材，不得将杆材放在轨道上或路基边道内，通过铁路桥时应取得驻守人员的同意。

4）电杆应按顺序从堆放点高层向低层搬运。撬移电杆时，下落方向不得站人。从高处向低处移杆时用力不宜过猛，防止失控。

5）人力肩扛电杆时，作业人员应用同侧肩膀。

6）使用“抱杆车”运杆，电杆重心应适中，不得向一头倾斜，推拉速度应均匀，转弯和下坡前应提前控制速度。

7）在往水田、山坡搬运电杆时应提前勘选路线，根据电杆重量和道路情况，备足搬运用具和充足人员，并有专人指挥。

8）在无路的山坡地段采用人工沿坡面牵引电杆时，绳索强度应足够牢靠，同时应避免牵引绳索在山石上摩擦，电杆后方不得站人。

（3）盘式包装器材搬运

1）装卸盘式包装器材宜采用吊车或叉车。

2）人工装卸盘式包装器材，应有专人指挥，可选用有足够承受力的绳索绕在缆盘上或中心孔的铁轴上，用绞车、滑车或足够的人力控制缆盘均匀从跳板上滚下，不得将缆盘直接从车上推下；装卸时施工人员应远离跳板前方和两侧。

3）盘式包装器材在地面上做短距离滚动时，应按光(电)缆、钢绞线或硅芯管的盘绕方向进行；若在软土上滚动，软土上应垫木板或铁板。

4）光(电)缆盘搬运宜使用专用光(电)缆拖车，不宜在地面上做长距离滚动。

5）用两轮光(电)缆拖车装卸光(电)缆时，无论用绞盘或人力控制，都需要用绳着力拉住拖车的拉端，缓慢拉下或撬上，不可猛然撬上或落下，不得站在拖车下面或后面。

6）用四轮光(电)缆拖车装运时，两侧的起重绞盘提拉速度应一致，保持缆盘平稳上升落入槽内。

7）使用光(电)缆拖车运输光(电)缆，应按规定设置标志。

（4）大型设备搬运

1）装卸大型设备宜采用吊车或叉车。运设备时应注意包装箱上的标志，不得倒置。

2）人工搬运时，应有专人指挥，多人合作，步调一致；每人负重男工不得超过40kg，女工不得超过20kg；不得让患有不适于搬运工作疾病者参与搬运工作。

3）人工搬运设备上下楼梯时，应按照身高、体力妥善安排位置，负重均匀；急拐弯处要慢行，前后的人应相互照应。

4）使用电梯搬运设备上下楼时，宜使用货梯，电梯的大小和承重应满足搬运要求。

5）手搬、肩扛没有包装的设备时，应搬、扛设备的牢固部位，不得抓碰布线、盒盖、零部件等不牢固、不能承重的部位。在搬运过程中不得直接将机柜在地面上以拖拉、推动。

（5）器材储存

1）不得使用易燃材料搭建仓库，仓库的搭建应安全、牢固、符合消防安全规定。

2）仓库及堆料场宜设在取水方便、消防车能驶到的地方。不得在高压输电线路下方搭设仓库或堆放物品。储量较大的易燃品仓库应有两个以上大门，并要和生活区、办公区保持规定距离。

3）器材分屯堆放点应设在不妨碍行人、行车的位置；如需存放在路旁，应派专人值守。

4）仓库及堆料场应制定防潮、防雨、防火、防盗措施，并指定专人负责。

5）仓库内及堆料场不得使用碘钨灯，照明灯及其缆线与堆放物间应按规定保持足够的安全间距；物品堆放位置应合理布局，应设置安全通道。

6）易燃、易爆的化学危险品和压缩可燃气体容器等必须按其性质分类放置并保持安全距离。易燃、易爆物必须远离火源和高温。严禁将危险品存放在职工宿舍或办公室内。废弃的易燃、易爆化学危险物料必须按照相关部门的有关规定及时清除。

7）安放盘式包装器材时，应选择在地势平坦的位置，并在盘的两侧安放木枕；不得平放。

8）堆放杆材应使杆梢、杆根各在一端排列整齐平顺。杆堆底部两侧应用短木或石块挡堵，堆放完毕应用铁线捆牢。木杆堆放不得超过六层，水泥杆堆放不得超过两层。

4. 通信线路工程

（1）一般规定

1）勘察、复测线路路由时，应对沿线地理、环境等情况进行综合调查，将线路路由上所遇到的河流、铁路、公路及其他线路等情况进行详细记录，熟悉沿线环境，辨识和分析危险源，制定相应的预防和控制措施，并在施工前向作业人员做详细交底。

2）在路由复测时，不得抛掷标杆；移动标旗或指挥旗时，遇到行驶中的火车和船只等，应将标旗或指挥旗平放或收起。

3）在河流、池塘、沟槽、深沟、陡坡、道路附近及转弯等地段布放吊线、光(电)缆、硅芯管、排流线时，应有专人指挥和专人控制，严防线缆张力兜拉人员、车辆或造成线缆损伤。

4）通信线路工程在挖杆洞、拉线坑、接头坑、人(手)孔坑、光(电)缆沟、管道沟等土方作业的安全要求应符合本规范相关的规定。

5）非开挖顶管、定向钻孔工作应符合本规范相关的规定。

6）爆破作业应符合《爆破安全规程》(GB 6722)的规定。

7）布放光(电)缆时应遵守以下要求：

① 合理调配作业人员的间距，统一指挥，步调一致，按规定的旗语和号令行动。

② 使用专用电缆拖车或千斤顶支撑缆盘。缆盘支撑高度以光(电)缆盘能自由旋转为宜。缆盘应保持水平，防止转动时向一端偏移。

③ 布放光(电)缆前，缆盘两侧内外壁上的钩钉应清除干净，从缆盘上拆下的护板、铁钉应妥善处置。

④ 控制缆盘转动的人员应站在缆盘的两侧，不得在缆盘的前转方向背向站立；缆盘的出缆速度应与布放速度一致，缆的张力不宜过大。缆盘不转动时，不得突然用力猛拉。牵引停止时应迅速控制缆盘转速，防止余缆折弯损伤。缆盘控制人员如发现缆盘前倾、侧倾等异常情况，应立即指挥放缆人员暂停，待妥善处理后再恢复布放。

⑤ 光(电)缆盘“8”字时，“8”字中间重叠点应分散，不得堆放过高，上层不得套住下层，操作人员不得站在“8”字缆圈内。

⑥ 缆线不得打背扣，不得将缆线在地面或树枝上摩擦、拖拉。

8）光缆接续、测试时，光纤激光不得正对眼睛。线路测试(抢修)时，应先断开外缆与设备的连接。

（2）供电线路附近架空作业

1）在供电线路附近架空作业时，作业人员必须戴安全帽、绝缘手套，穿绝缘鞋和使用绝缘工具。

2）在原有杆路上作业，应先用试电笔检查该电杆上附挂的线缆、吊线，确认没有带电后再作业。

3）在通信线路附近有其他线缆时，在没有辨明该线缆使用性质前，一律按电力线处理。

4）在电力线附近作业，特别是在与电力线合用的水泥杆上作业时，作业人员应注意与电力线等其他线路保持安全距离。

5）在高压线附近架空作业时，离开高压线最小距离必须保证：35kV 以下为 2.5m，35kV 以上为 4m。

6）光、电缆通过供电线路上方时，必须事先通知电力部门派人到现场停止送电，并经检查确实停电后，才能开始作业。通信施工作业人员严禁将供电线擅自剪断。停止送电时必须在开关处悬挂停电警示标志，有专人值守，严禁擅自送电。在结束作业并得到工地现场负责人正式通知后方可恢复送电。不能停电时，可采取搭设保护架等措施，但必须做好充分的安全准备，方可施工。

7）遇有电力线在线杆顶上交越的特殊情况时，作业人员的头部不得超过杆顶。所用的工具与材料不得接触电力线及其附属设备。

8）当通信线与电力线接触或电力线落在地面上时，必须立即停止一切有关作业活动，保护现场；立即报告施工项目负责人和指定专业人员排除事故。事故未排除前严禁行人步入危险地带，严禁擅自恢复作业。

9）在有金属顶棚的建筑物上作业前，应用试电笔检查确认无电方可作业。

10）在电力线上方或下方架设的线缆应及时按设计规定的保护方式进行保护。

（3）立杆

1）立杆前应认真观察地形及周围环境，根据所立电杆的材料、规格和重量合理配备作业人员，明确分工，专人指挥。

2）立杆用具应准备齐全，且牢固、可靠。作业人员应正确使用立杆用具。

3）杆洞应符合设计及相关规范要求，电杆立起后杆洞坑的回填土应夯实。

4）在民房附近进行立杆作业时，应按设计要求的施工，保持安全间距。电杆立起时，杆梢的上方应避开障碍物。

5）人工立杆应遵守以下要求：

① 立杆前，应在杆梢下方的适当位置系好定位绳索。若作业区周边有砖头、石块等杂物，应预先清理。

② 立杆时，应在杆根下落的坑洞内竖起挡杆板，使挡杆板挡住杆根，并由专人负责压拉杆根。

③ 作业人员竖杆时应步调一致，人力肩扛时应用同侧肩膀。

④ 杆立起至30°角时应使用杆叉（夹杠）、牵引绳等助力。拉动牵引绳的人员应面对电杆，用力均匀；杆叉操作者应用力均衡，配合发挥杆叉支撑、夹拉作用。

⑤ 电杆立起后应按要求校正杆根、杆梢位置，并及时回填土、夯实。夯实后方能撤除杆叉及牵引绳。

6）使用吊车立杆时，钢丝吊绳应牢固地拴在偏向杆梢的适当位置。

7）严禁在电力线路正下方（尤其是高压线路下）立杆作业。

（4）登（上）杆

1）登杆前应认真检查电杆完好情况，不得攀登有倒杆或折断危险的电杆。

2）利用上杆钉登杆时，应检查上杆钉安装是否牢固。如有断裂、脱出等情况，不得蹬踩。

3）使用脚扣登杆作业前必须检查脚扣是否完好，当出现橡胶套管（橡胶板）破损、离股、老化，螺栓脱落，弯钩或脚蹬板扭曲、变形，脚扣带腐蚀、开焊、裂痕等情况时，严禁使用；严禁用电话线或其他绳索替代脚扣带。

4）检查脚扣的安全性时，应把脚扣卡在离地面30cm的电杆上，一脚悬起，另一脚套在脚扣上用力踏踩，没有任何受损变形迹象，方可使用。

5）使用脚扣时不得以大代小或以小代大，不得使用木杆脚扣攀登水泥杆，不得使用圆形水泥杆脚扣攀登方型水泥杆。

6）登杆时应随时观察并避开杆顶周围的障碍物。不得穿硬底鞋、拖鞋登杆。不得两人以上（含两人）同时上下杆。

7）材料和工具应用工具袋传递，放置稳妥。不得上下抛扔工具和材料。不得携带笨重工具登杆。

8）杆上作业，应系好安全带，并扣好安全带保险环。安全带应兜挂在距杆梢50cm以下的位置。

9）电杆上有人作业时，杆下应有人监护，监护人不得靠近杆根。

（5）拉线安装

1）安装拉线应尽量避开有碍行人、行车的地方，并安装拉线警示护套。

2）安装拉线应在布放吊线之前进行。拉线坑的回填土应夯实。

3）更换拉线前，必须制作不低于原拉线规格程式的临时拉线。

4）终端拉线用的钢绞线应比吊线大一级，并保证拉距。地锚与地锚杆应与钢绞线配套。地锚埋深和地锚杆出土尺寸应符合规范要求。

（6）吊线架设

1）布放钢绞线前，应对沿途跨越的供电线路、公路、铁路、街道、河流、树木等情况进行调查统计，制定有效措施，安全通过。

2）在跨越铁路作业前，应调查该地点火车通过的时间及间隔，以确定安全作业时间。并请相关部门协助和配合。

3）通过供电线路、公路、铁路、街道时应计算并保证设计高度，确定钢绞线在杆上的固定位置。牵引钢绞线通过前应进行警示、警戒。

4）在有旧吊线的条件下架设吊线，应利用旧吊线挂吊线滑轮的办法升高跨越公路、铁路、街道的钢绞线，在吊线紧好后拆除吊线滑轮；在新建杆路上跨越铁路、公路、街道、电力线上方时，应采用单挡临时辅助吊线以挂高吊线，在吊线紧好后拆除临时辅助吊线。

5）在树枝间穿越时，不得使树枝挡压或撑托钢绞线。

6）如钢绞线在低压电力线之上，必须设专人用绝缘棒托住钢绞线，严禁在电力线上拖拉。

7）人工布放钢绞线，在牵引前端应使用干燥的麻绳（将麻绳与钢绞线连接牢固）牵引。

8）布放钢绞线时不得兜磨建筑物。

9）在牵引全程钢绞线余量时，用力应均匀，应采取措施防止钢绞线因张力反弹在杆间跳弹。

10）剪断钢绞线前，剪点两端应先人工固定，剪断后缓松，防止钢绞线反弹。

11）在收紧拉线或吊线时，扳动紧线器以两人为限，操作时作业人员应在紧线器的左后侧或右后侧。

12）使用手扳葫芦收紧电缆吊线时，应将手扳葫芦放置平稳、固定牢固，除操作者外，周围不得有人停留。用手扳葫芦拉紧全程吊线时，杆上不得有人。

（7）杆路拆换

1）拆除杆路的顺序应是首先拆除杆上线缆、吊线，再拆除拉线，最后拆除电杆。

2）拆除线缆时，应自下而上、左右对称均衡松脱，并用绳索系牢缓慢放下；如发现电杆或杆路出现异常时，应立即下杆，采取措施后再恢复作业。

3）拆除吊线前，必须将杆路上的吊线夹板松开。拆除时，如遇角杆，操作人员必须站在电杆转向角的背面。

4）拆除线缆时，不得一次将电杆一侧的线缆全部松脱或剪断；在拆除最后的线缆之前应注意中间杆、终端杆本身有无变化。

5）在跨越电力线、公路、铁路、街道、河流及路口等特殊地点拆除吊线时，应首先在本挡间采用绳索牵拉后才能剪断吊线，并设专人看守。

6）不得抛甩吊线，拆除后的线缆、钢绞线应及时收盘。

7）使用吊车拔杆时，应先试拔，如有问题，应挖开杆坑检查有无横木或卡盘障碍。如有，应挖掘露出后再拔。

8）更换拉线时应将新拉线安装完毕，并在新装拉线的拉力已将旧拉线张力松懈后再拆除旧拉线。

9）在旧杆位更换电杆时，应把新杆立好后，自新杆攀登上杆，并把新、旧杆捆扎在一起，然后才能在旧杆上进行拆除移线工作。

10）更换旧杆时，若利用旧杆挂设吊具吊立新杆，应首先检查旧杆的腐朽情况，必要时应设置临时拉线或支撑物。将旧杆放倒时，若旧杆较大，应在新杆上挂设滑车；若旧杆较小，可用绳索一端系牢旧杆，另一端环绕新杆一整圈后，缓慢放倒。

（8）架空光（电）缆布放

1）在电力线、公路、铁路、街道等特殊地段布放架空光（电）缆时应进行警示、警戒。在跨越铁路作业前，应调查该地点火车通过的时间及间隔，以确定安全作业时间，并请相关部门协助和配合。在树枝间穿越时，不得使树枝挡压或撑托光（电）缆。光（电）缆在低压电力线之上通过时，不得搁在电力线上拖拉。

2）光(电)缆在行进过程中不应兜磨建筑物，必要时应采取支撑垫物等措施。

3）在吊线上布放光(电)缆作业前，应检查吊线强度，确保在作业时，吊线不致断裂，电杆不致倾斜，吊线卡担不致松脱。

4）在跨越铁路、公路杆档安装光(电)缆挂钩和拆除吊线滑轮时严禁使用吊板。

5）光(电)缆在吊线挂钩前，一端应固定，另一端应将余量拽回，剪断缆线前应先固定。

6）使用吊板挂放光(电)缆应遵守以下要求：

① 坐板及坐板架应固定牢固，滑轮活动自如，坐板无劈裂、腐朽现象。如吊板上的挂钩已磨损四分之一时，不得再使用。

② 坐吊板时，应铺扎安全带，并将安全带挂在吊线上。

③ 不得有两人以上同时在一档内坐吊板工作。

④ 在2.0/7规格以下的吊线上作业时不得使用吊板。

⑤ 在电杆与墙壁之间或墙壁与墙壁之间的吊线上，不得使用吊板。

⑥ 坐吊板过吊线接头时，应使用梯子。经过电杆时，应使用脚扣或梯子，不得爬抱而过。

⑦ 坐吊板时，如人体上身超过原吊线高度或下垂时人体下身低于原吊线高度时，应与电力线尤其是高压线保持安全距离，防止碰触电力线或其他障碍物。在吊线周围70cm以内有电力线时，不得使用吊板作业。

⑧ 坐吊板作业时，地面应有专人进行滑动牵引或控制保护。

(9) 墙壁光(电)缆布放

1）墙壁线缆在跨越街巷、院内通道等处时，线缆的最低点距地面高度不得小于4.5m。

2）在墙壁上及室内钻孔时，如遇与近距离电力线平行或穿越，应先停电后作业。

3）墙壁线缆与电力线的平行间距不应小于15cm，交越的垂直间距不应小于5cm。对有接触摩擦危险隐患的地点，应对墙壁线缆加以保护。

4）在墙壁钻孔时应用力均匀。铁件对墙加固应牢固、可靠。

5）收紧墙壁光(电)缆吊线时，应有专人扶梯且轻收慢紧，不应突然用力而导致梯子侧滑摔落。

6）收紧后的吊线应及时固定，拧紧中间支架的吊线夹板和做吊线终端。

7）跨越街巷、居民区院内通道地段时，严禁使用吊线坐板方式在墙壁间的吊线上作业。

(10) 过河飞线架设

1）在通航河流上架设飞线时，应在施工前与航务管理部门进行联系，必要时在施工地段内封航，并请相关部门派专人至上下游配合施工。

2）架设过河飞线，宜选择在汛前水浅时施工。如在汛期内施工，应注意水位涨落和水流速度。

3）应使用汽艇(船只)或适当数量的木船组织作业人员在水上架设临时支撑架，支撑缆线。船上作业人员应穿救生衣，配备救生设备。

4）船上作业人员应站在线缆张力的反侧，避免线缆收紧时被兜入水中。

5）在冰封河流上通过时，应检验冰的厚度和强度，确保作业安全。

（11）桥梁侧体悬空作业

1）在桥梁侧体施工必须得到相关管理部门批准，并按指定的位置安装铁架、钢管、塑料管或光（电）缆。严禁擅自改变安装位置损伤桥体主钢筋。

2）在桥梁侧体施工时应圈定作业区，非作业人员及车辆不得进入桥梁作业区。

3）在桥梁侧体施工时，作业人员宜使用吊篮，并同时使用安全带。吊篮各部件应连接牢固。吊篮和安全带应安挂于牢靠处，吊篮内的作业人员应系好安全带。

4）工具及材料应装在工具袋内，用绳索吊上或放下，不得抛掷工具、材料。

5）从桥上给桥侧传递大件材料（钢管）时，应有专人指挥，钢管两端拴绳缓慢送下，待固定后再拆除绳索。

6）采用机械吊臂敷设线缆时，吊臂和作业人员使用的安全保护装置（吊挂椅、板、安全绳、安全带等）应安全可靠。作业人员在吊臂篮中应系安全带，并与现场指挥人员用对讲机保持联系。

7）在桥梁侧体施工时，作业人员应穿救生衣，桥上人员应穿交通警示服，作业车辆应设置施工停车警示标志。

（12）硅芯管敷设

1）合理调配作业人员的间距，做到统一指挥，步调一致，按规定的旗语和号令行动。

2）支撑硅芯管盘的支撑架应放置平稳、可靠，防止支架倾斜、翻倒。

3）硅芯管敷设前应检查硅芯管封堵是否严密，敷设时不得有水、土、泥及其他杂物进入硅芯管内。

4）遇到路由转弯，地形高低起伏较大或进入人（手）孔和端站导致硅芯管必须弯曲时，要保证硅芯管的弯曲半径符合要求。不得出现折弯。不得使用喷灯或其他方法加热硅芯管使之变软弯曲。

5）硅芯管入沟时不得抛甩，应组织人员从起始端逐段放落，防止腾空或积余。不得与地面摩擦，保持管道顺直，无扭曲、拧绞等现象。对穿过障碍点及低洼点的悬空管，应用泥沙袋缓慢压下，不得强行踩落。

（13）直埋光（电）缆敷设

1）光（电）缆入沟时不得抛甩，应组织人员从起始端逐段放落，防止腾空或积余。对穿过障碍点及低洼点的悬空缆，应用泥沙袋缓慢压下，不得强行踩落。

2）机械（电缆敷设机）敷设光（电）缆，应事先清除光（电）缆路由上的障碍物；主机和缆盘工作区周围应设活动（可拆卸）式安全保护架，并在牵引机之后和敷设主机之前设置不妨碍工作视线的花孔挡板。

3）对有碍行人、车辆的地段和农村机耕路应采用穿放预埋管，必要时应设临时便桥。

4）布放排流线应使用“放线车”，使排流线自然展开，防止端头脱落反弹伤人。挖、埋、制作排流线的地线时应注意保护和避开地下原有设施。

（14）管道光（电）缆敷设

1）地下室、地下通道、人孔内作业应遵守建设单位、维护部门地下室进出、人孔启闭的规定。启闭人孔盖应使用专用钥匙。

2）地下室、地下通道、人孔内有积水时，应先抽干后再作业。遇有长流水的地下室或人孔，应定时抽水。不得边抽水、边下地下室或人孔内作业。冬季抽水时，应防止路面结冰。在人孔抽水使用发电机时，排气管不得靠近人孔口，应放在人孔下风方。

3）雨、雪天作业时，在人孔口上方应设置防雨棚，人孔周围可用沙土或草包铺垫。

4）上下人孔时必须使用梯子。严禁把梯子搭在人孔内的线缆上。严禁踩踏线缆或线缆托架。

5）在地下室、地下通道、人孔内作业时，上面应有人监护，上下人孔的梯子不得撤走。作业人员若感觉呼吸困难或身体不适，应立即呼救，并迅速离开地下室或人孔，待查明原因并处理后方可恢复作业。

6）进入地下室、地下通道、管道人孔前，必须进行气体检测，确认无易燃、易爆、有毒、有害气体并通风后方可进入。作业期间，必须保证通风良好，必须使用专用气体检测仪器进行气体监测，进入人孔的人员必须系好安全绳。

7）在地下室、地下通道、人孔作业中发现易燃、易爆或有毒、有害气体或其他异常情况时，人员必须迅速撤离；井下人员无法自行撤离时，未查明原因严禁下井施救，可使用安全绳施救；严禁开关电器、动用明火。

8）严禁将易燃、易爆物品带入地下室或人孔，严禁在地下室吸烟、生火取暖、点燃喷灯，地下室、人孔照明必须采用防爆灯具。

9）清刷管孔时，应安排作业人员提前进入穿管器前进方向的人孔，进行必要的操作，使穿管器顺利进入设计规定占位的管眼；不得因无人操作而使穿管器在人孔内盘团伤及人孔内原有光(电)缆。

10）清刷管孔时，不得面对或背对正在清刷的管孔；不得用眼看、手伸进管孔内摸或耳听判断穿管器到来的距离。

11）机械牵引管道光(电)缆应遵守以下要求：

① 应使用专用牵引车或绞盘车，不得使用汽车或拖拉机直接牵引。

② 牵引前应检验井底预埋的U形拉环的抗拉强度。

③ 牵引电缆使用的油丝绳，应定期保养、定期更换。

④ 牵引绳与电缆端头之间应使用活动“转环”。

⑤ 井底滑轮的抗拉强度和拴套绳索应符合要求，安放位置应控制在牵引时滑轮水平切线与管眼在同一水平线的位置。

⑥ 井口滑轮及其安放框架强度应符合要求，纵向尺寸应与井口尺寸匹配。

⑦ 引入端作业人员的手臂应远离管孔，引出端作业人员应避开井口滑轮、井底滑轮以及牵引绳。

(15) 光缆气吹法敷设

1）不得将吹缆设备放在高低不平的地面上。操作人员应配戴防护镜、耳套(耳塞)等劳动防护用品，手臂应远离吹缆机的驱动部位。

2）吹缆液压设备在加压前应拧紧所有接头。空压机启动后，值机人员不得远离设备并随时检查空压机的压力表、温度表、减压阀。空气压力不得超过硅芯管所允许承受的压力范围。

3）在液压动力机附近，不得使用可燃性的液体、气体。

4）吹缆时，非设备操作人员应远离吹缆设备和人孔，作业人员不得站在光缆张力方向的区域。在出缆的末端，作业人员应站在气流方向的侧面，防止硅芯管内的高压气流和沙石溅伤。

5）当汽油等异味较浓时，应检查燃料是否溢出和泄漏，必要时应停机。检查机械部分的泄漏时，应使用卡纸板，不得用手直接触摸检查。

6）输气软管应连接牢固。当出现软管老化、破损等现象时应及时更换。

7）如遇有硅芯管道障碍需要修复时，应停止吹缆作业；待修复完毕后方可恢复吹缆作业；不得在没有指令的情况下擅自“试吹”。

8）不得在非气流敷设专用管内吹缆。

(16) 水底光(电)缆敷设

1）在通航河流敷设水底光(电)缆之前，应与航务管理部门洽商敷设时间、封航或部分封航办法，并取得相关单位的协助。

2）水底光(电)缆敷设，应根据不同的施工方法和光(电)缆的重量选用载重吨位、船体面积合适、牢固的船只。

3）扎绑船只所用绳索和木杆(钢管)应符合最大承受力要求，扎绑支垫应牢固可靠，工作面铺板应平坦，无铁钉露出，无杂物，船缘应设围栏。

4）作业船靠岸地点，应选择在便于停船的非港口繁忙区。

5）敷设水底光(电)缆前，应对水上用具、绳索、绞车、吊架、捯链、滑车、水龙带和所有机械设备进行严格的检查，确保安全可靠。

6）绞车或卷扬机应牢固地固定在作业船上，作业区域的钢丝绳、缆绳应摆放整齐，防止绞入船桨、船舵。

7）水底光(电)缆敷设工作船上必须按水上航行规定设立各种标志，船上作业人员必须穿救生衣。

8）水底光(电)缆正式敷设前应先进行试敷，确有把握后，才能进行快速放缆。掌握放缆车制动的操作人员应随时控制光(电)缆下水速度。船速应均匀，并且应配备一定数量的备用潜水人员，以便应急替换。

9）采用潜水冲槽布放水底光(电)缆作业应遵守以下要求：

① 未经培训合格的专业人员不得潜水作业。

② 潜水员下水前，应仔细检查潜水衣和附属设备是否齐全、完好(潜水衣导气管是否有破、漏现象，头盔是否严密)，符合要求后方可使用。

③ 潜水员的联络电话应试通可靠。

④ 潜水员应系牢安全绳。

⑤ 潜水冲槽船上应设专人指挥，并经常与水下人员保持联系。

⑥ 充气设备应保持良好，潜水员穿好潜水衣后应检查充气情况，方可顺梯下水。

⑦ 水流速大于1.2m/s、水深超过8m时，潜水员不得下水冲槽。

10）采用冲放器布放水底光(电)缆作业应遵守以下要求：

① 应选择能安全控制船体张力的铁锚。

② 各种钢丝绳应有足够的安全系数，有毛刺或锈蚀严重的钢丝绳不得使用。

③ 作业船的锚绳应能随时控制船体，不得挤压冲放器。

④ 作业前，应检查冲放器进出水孔道是否堵塞，光(电)缆入水滑槽是否疏通，各连接头是否密闭牢固。

⑤ 水泵、油机等应设专人操作，压力应在安全负荷以内，调压不得过快。

⑥ 动力机械附近不得堆放杂物。

⑦ 在靠近外海边的河道内布放水底光(电)缆作业时，应调查了解潮水涨落的规律和时间，以免涨、退潮时发生海水倒流，防控不及。

11）人工截流作业应遵守以下要求：

① 作业人员应分工明确并有备用替换人员，全过程应由专人指挥。

② 作业人员应穿防水靴或防水裤等防护用品。

③ 河底挖沟宽度应根据沟深而定，并操作方便，便于避险。沟内应设置一定数量的安全通道用具，以防紧急情况攀爬撤离。

④ 在河底挖掘时应及时抽干作业区的渗水。在开挖沟深至 0.5m 时，应开始采取防塌措施。

⑤ 人工截流宜采用不间断的施工方式，施工人员应换班交替作业，夜间施工时应有充足照明。

⑥ 有截堵冲垮、坍塌前兆时，应提前采取加固措施，必要时应组织挖沟作业人员撤至安全地带，排除危险后再恢复挖掘。

⑦ 在搬运水泥盖板时，搬运人员应步调一致。在拆除防塌挡板支撑时应小心操作，作业人员应位于安全位置。

12）水底光(电)缆敷设后河流两岸应按规定设置警示标志。

(17) 高速公路上施工作业

1）应将施工作业方案报高速公路管理部门，经批准后方可上路作业。

2）施工人员不得随意进入非作业区。

3）施工安全警示标志应按规定摆放，并根据施工作业点“滚动前移”。收工时，安全警示标志的回收顺序应与摆放顺序相反。安全警示标志的摆放、回收及看守应由专人负责。

4）作业起止时间应在规定的时间之内，不得拖延收工时间。

5）施工人员和其他相关人员进入高速公路施工现场时，应穿戴专用的交通警示服装。

6）所有的施工机具、材料应放置在施工作业区内。

(18) 线路终端设备安装

1）分线盒(分线箱)应安装牢固可靠，盒盖应及时盖好、扣牢，不得坠落。

2）安装架空式交接箱应符合以下要求：

① 安装前应首先检查“H 杆”是否牢固，如有损坏应换杆。

② 采用滑轮绳索牵引、吊装交接箱应拴牢，并用尾绳控制交接箱上升时不左右晃荡。不得直接用人扛、抬、举的方式移置交接箱至平台。

③ 上下交接箱平台时，宜使用上杆梯、上杆钉或登高梯。不得采用徒手攀登或翻越方式上、下交接箱。若采用脚扣上杆，应注意脚扣固定位置和杆上铁架。

3）安装光(电)缆成端设备应按照通信设备安装部分相关规定执行。

5. 通信管道工程

(1) 一般规定

1) 施工前，应对沿线地理、环境等情况进行综合调查，将管道路由走向所遇到的河流、铁路、公路、电力线及其他情况进行详细记录，熟悉环境，辨识和分析危险源，制定相应的预防和安全控制措施，并在施工前向作业人员做详细交底。

2) 在工地堆放机具、材料时，应选择在不妨碍交通、行人少、地面平整的地方堆放，堆积高度不宜超过 1.5m，不得随意堆放在沟边，必要时应采取保护措施。

3) 在沟坑内工作时，应随时注意沟坑的侧壁有无裂痕、护土板的横撑是否稳固，起立或抬头时应注意横撑碰头。

4) 在未得到施工负责人同意前，不得随意变动或拆除沟槽的支撑。

5) 上下沟槽时应使用梯子，不得攀登沟内外设备。

(2) 测量画线

1) 横过公路或在路口丈量时，使用皮尺、钢卷尺应注意行人和车辆安全。

2) 室外测量时，观测者不得离开测量仪器。因故需要离开测量仪器时，应指定专人看守。测量仪器不用时，应放置在专用箱包内，专人保管。

3) 沿管线路由的水平桩或中心桩不得高出路面 1cm 以上。

4) 电测法物探作业应遵守下列要求：

① 供电前，操作人员应先检查线路，严防短路，检查供电线路时应切断电源。

② 应在得到物探操作员的指令后，方可向测试点供电。供电时，操作人员应随时与布放电极人员联系。拆除线路时，应先拆除电源线。

③ 当供电电压高于安全电压时，所有布放电极人员应戴绝缘手套。非操作人员不得拨动仪器和供电装置。

④ 用断开电极的方法检查漏电时，布放电极人员应戴绝缘手套，不得直接用手断开或连接导线。操作人员应随时与布放电极人员联系，确认无误后再进行工作。

⑤ 电测导线接近或横穿架空输电线路下方时，应将导线固定在木桩上，并保证导线沿地表布设。联合剖面、充电等方法的远极导线不得沿输电线路布设。电测导线应与架空输电线保持足够的安全距离。

⑥ 物探测试仪器应放在干燥处。如在潮湿地区工作时，操作人员脚下和仪器下应铺设绝缘胶板。

⑦ 雷雨天不得进行电测法物探作业及收放导线。

5) 井下勘察作业应遵守下列要求：

① 打开井盖探视井下情况、下井调查或施放探头、电极、导线前，应进行有毒、有害及可燃气体的浓度测定，超标的人井应采取安全防护措施后才能进行作业。

② 井口应有人看守并设置安全警示围栏。

③ 不得在井内或通道内吸烟及使用明火。

④ 夜间作业时，应有足够的照明度。

⑤ 井下作业完毕或作业人员离开人井时应及时盖好井盖。

6) 对地下管线进行开挖验证时，严禁损坏管线。严禁使用金属杆直接钎插探测地下输电线和光缆。在地下输电线路的地面或在高压输电线下测量时，严禁使用金属标杆、塔尺。严禁雨天、雾天、雷电天气在高压输电线下作业。

（3）土方作业

1）施工前，应按照批准的设计位置到政府相关主管部门办理挖掘批准手续，做好施工沿线的安全宣传工作。

2）人工开挖土方或路面时，应在现场周围做好安全防护措施；相邻作业人员间必须保持 2m 以上间隔，作业人员不得在沟坑内或隧道中休息。

3）利用机械破碎路面时，应设专人统一指挥，非操作人员不得进入操作范围内。

4）挖掘土石方，应从上而下进行，不得采用掏挖的方法。每天开工前或雨后复工时，应检查沟壁是否有裂缝，撑木是否松动；发现土质有裂缝，应及时加强支撑后再进行作业。

5）在雨期施工时应做好防水、排水措施。雨后沟坑内淤泥应先清挖干净。

6）流砂、疏松土质的沟深超过 1m 或硬土质沟的侧壁与底面夹角小于 115°且沟深超过 1.5m 时，应安装挡土板。

7）在陡坎地段挖沟，应防止松散的石块、悬垂的土层及其他可能坍塌的物体滚下。

8）在房基土或是回填土地段开挖的沟坑，应安装挡土板。

9）在靠近建筑物挖沟、坑时，应视挖掘深度做好必要的安全措施。如采用支撑办法无法解决时，应拆除容易倒塌的建筑物，回填沟、坑后再修复建筑物。

10）在原有人孔处改建、新建人孔和管道时，不得踩踏托板上下人孔，不得损坏原有的光、电缆及接头盒。必要时，应加横杆悬吊或隔离保护。

11）开挖沟、槽、洞、坑前，应熟悉设计图纸上标注的地上、地下障碍物具体位置并做好标识，调查地下原有电力线缆、通信光(电)缆、燃气管、输水管、供热管、排污管等设施的分布和走向情况。

12）如遇有毒、易燃、易爆的气体管道泄漏，施工人员应立即撤出，并及时报有关单位修复。工地负责人应指派专人守护现场，设置围栏警示标志，待修复后，方可复工。

13）在原有地下设施交越点或近距离平行地段开挖时应做如下处理：

① 设置必要的警示标志；必要时，沿线设置围栏，非作业人员不得进入现场。

② 在施工图上标有高程的地下物，应使用人工轻挖，不得使用机械挖沟。

③ 没有明确位置高程的，但已知有地下物时，应指定有经验的工人开挖。

④ 挖出地下管线并悬空时，在进行适当的包托后应与沟坑顶面上能承重的横梁用铁线吊起。

⑤ 如遇有管道漏水时，应予以封堵，对难以修复的应报相关单位修复。

14）土方开挖时，如遇有地下不明物品或古墓、文物，应立即停止挖掘，不得损坏或哄抢，保护现场，并及时报告上级处理。

15）挖出的土、石，不得堆在消防栓井、邮筒、上下水井、雨水口及各种井盖上。沟坑深在 1.5m 以上者，应有人在地面清土，堆放在距离沟、坑边沿 60cm 以外，使土、石不致回落于沟内，同时组织清运交通道路上的土方、石方。

16）从沟底向地面掀土，应注意上边是否有人，作业人员不得在沟内向地面乱扔石头、土块和工具。

17）开挖隧道时应遵守以下要求：

① 施工人员不得将工具碰撞撑架及挡土板。

② 隧道内应有足够的照明设备和通风设备。照明设备和通风设备应使用低压电源和绝缘强度高的电缆。

③ 隧道内应保持通风，注意对有毒气体的检查。遇有可疑现象，应立即停止施工，并报告工地负责人处理。

18）回填土作业应遵守以下要求：

① 塑料管道在回填土时，应根据设计要求，在布放安全警示带后再逐层回填。

② 使用电动打夯机回土夯实时，手柄上应装按钮开关，并做绝缘处理。操作人员应戴绝缘手套、穿绝缘鞋。电源电缆应完好无损，不得夯击电源电缆。操作人员不得背向打夯机牵引操作。

③ 使用内燃打夯机，应防止喷出的气体及废油伤人。

④ 在隧道内回土，不得一次将所有的护土板和撑木架拆除，应逐步拆除护土板和支撑架，并逐步层层夯实，没有条件夯实的地方应用砖、石填实。

⑤ 不得将挖出的大堆硬土、石块、构件、碎石以及冻土块推入沟内。

（4）钢筋加工

1）钢筋冷拉作业应遵守以下要求：

① 应检查卷扬机的钢丝绳、地锚、钢筋夹具、电气设备等，确认安全可靠后方可作业。

② 冷拉钢筋时，应在拉筋场地两端地锚以外的边沿设置警戒区，装设防护挡板及警示标志。操作人员应位于安全地带，在钢筋两侧的3m以内及拉筋两端不得站人。不得跨越钢筋和钢丝绳。

③ 卷扬机运转时，人员不得靠近被拉钢筋或牵引钢筋的钢丝绳。运行中出现钢筋滑脱、绞断等情况时，应立即停机。

④ 拉筋速度宜慢不宜快，钢筋基本拉直时应暂停，再次检查夹具是否牢固可靠，并按照安全技术要求控制钢筋在拉直过程中的伸长值。

2）弯曲钢筋时，应将扳子口夹牢钢筋。

3）绑扎钢筋骨架应牢固，扎好的铁丝头应搁置在下方。

（5）模板、挡土板

1）制作模板和挡土板的木料不得断裂。支撑挡土板及撑木、模板应装钉牢固、平整，不得有钉子和铁丝头突出。

2）支撑人孔上覆模板作业时，不得站在不稳固的支撑架上或尚未固定的模板上作业。

3）模板与挡土板在安装前和拆除后应堆放整齐，不得妨碍交通和施工。拆除的模板、横梁、撑木和碎板有铁钉时应将铁钉起除。

4）拆除挡土板应遵守以下要求：

① 如有塌方危险，应先回填一部分土，经夯实后再拆除。必要时加装新支撑与垫板，再由下面往上拆除，逐步回填土，最后将全部木撑及挡土板拆除。

② 在流砂或潮湿地区，拆除比较困难或危险时，模板可留在回填土的坑内。

③ 若靠近沟坑旁的建筑物地基底部高于沟底，回土时挡土板不得拆除。

（6）混凝土

1）搬运水泥、筛选砂石及搅拌混凝土时应戴口罩，在沟内捣实时，拍浆人员应穿防护鞋。

2）混凝土盘应平稳放置于人孔旁或沟边，沟内人员应避让。

3）混凝土运送车应停靠在沟边土质坚硬的地方，放料时人与料斗应保持一定的角度和距离。应使用专用机(器)具将混凝土倒入沟槽内。

4）向沟内吊放混凝土构件时，应先检查构件是否有裂缝，吊放时应将构件系牢慢慢放下。

(7) 铺管、顶管及定向钻孔

1）人工铺管应遵守以下规定：

① 管材应堆放整齐，不得妨碍交通和施工，不得放在土质松软的沟边。

② 水泥管块堆放不宜高出 1m，管块应平放，不得斜放、立放。

③ 由沟面搬运水泥管块下沟时，应用安全系数较高、具有足够承载力的绳索吊放，绳索每隔 40cm 打一个结，待沟内人员接稳后，再松开绳索。必要时，可由沟面至沟底搭设木(铁)板，木板的厚度不得小于 4cm。用绳索将水泥管块沿木(铁)板下滑吊放。

2）采用顶管预埋钢管或定向钻孔时，在顶管或定向钻孔前应将顶管区域内其他地下设施的具体位置调查清楚，制定方案，保持安全距离，不得盲目顶管或定向钻孔施工。

3）非开挖顶管应遵守以下要求：

① 顶管施工区域应设置安全警示标志和围栏，指定专人维持交通，防止行人和车辆进入工作区内，在顶管坑内的工作人员，应服从统一指挥。

② 工作坑内钢管入口处的墙面应进行支护，防止夯击顶管时坍方。

③ 夯击顶管前应对设备、工器具的安装情况进行检查，确认无误后方可开始施工。液压顶卡口规格应符合顶管的直径要求。

④ 在管内进行电、气焊等作业时，应有通风设施，坑内、坑外应有专人监护。

⑤ 工作坑内有人作业时，不得在工作坑上方及周围进行吊装作业。

⑥ 专用吊装器具使用前应由专人检查。吊具应定期更换，不得超期使用。

⑦ 使用大锤或其他工具夯击钢圈或钢管时，非作业人员应离开夯击顶管工具的活动范围。

⑧ 夯击顶管过程中，工作坑内不得站人。

⑨ 雨期施工应制定和落实防水、防坑壁坍塌的措施。

4）非开挖定向钻孔铺管应遵守以下要求：

① 在启动设备前，应检查油路系统的管接头及各部位连接是否正确，检查供电电源及电源线连接是否正确，检查设备的液压系统、泥浆润滑系统和钻杆部件的状态；并预先设置紧急关机程序。

② 钻杆设备与电力线应保持 2.5m 以上的距离，在高压电力网附近施工时机具应接地可靠。电气设备应做到防雨、防潮、有可靠的接地保护。

③ 在系统压力升高之前，应确定所有管线的连接是否严密，线路、管道、水管有无损坏。在断开任何管路之前，应先释放压力。

④ 设备运转过程中，不得靠近设备的旋转和运动部位。在旋转部件周围不得穿宽松衣服。

⑤ 操作人员应仔细观察钻机的给进油压表、回转油压表以及泥浆压力表的读数，测试、核对和调整钻头在地下钻进的位置、方向。发现钻进出现异常等情况时，应立即停机检查。

⑥ 装卸塑料管时要有足够人员，听从统一指挥，不可抛掷。钻机拖带管前应将塑料管“一”字放开，依次理顺。摆放在不影响交通的地段。穿放的塑料管中间不得有接头。

⑦ 拆除时应待钻杆停止旋转后进行。使用管钳扭卸钻杆和钻具时，应避开管钳回落范围，手不准捏在管钳根部。

⑧ 更换钻机导向仪电池时应核准电池的极性，不得反装。传感器正常工作温度应低于40℃。接收器不得接近易燃、易爆物品。

(8) 砖砌体砌筑

1) 砌筑人孔及人孔内、外壁抹灰高度超过1.2m时，应搭设脚手架作业。

2) 脚手架使用前应检查脚手板是否有空隙、探头板，确认合格后方可使用。脚手架上堆砖高度不得超过3层侧砖。同一块脚手板上不得超过两人作业，不得用不稳固的工具或物体在脚手架上垫高作业。

3) 砌筑作业面下方不得有人，垂直交叉作业时应设置安全、可靠的防护隔离层，不得在新砌的人孔墙壁顶部行走。

4) 人孔内有人作业时，不得将材料、砂浆向基坑内抛掷或猛倒。

5) 在进行人孔底部抹灰作业时，人孔上方应有专人看护。

6) 起吊和安装人孔上覆时，人孔内不得有人。

7) 人孔口圈至少四人抬运，砌好人孔口圈后，应及时盖好内、外盖。

(9) 管道试通

1) 大孔管道试通，应使用试通管试通。小孔管道试通，可用穿管器带试通棒试通。穿管器支架应安置在不影响交通的地方，并有专人看守，不得影响行人、车辆的通行。必要时，应在准备试通的人孔周围设置安全警示标志。

2) 人孔内的试通作业人员应听从统一指挥，避免速度不均匀造成手臂受伤或试通线打背扣。

6. 通信设备工程

(1) 一般规定

1) 设备开箱时应注意包装箱上的标志，不得倒置。开箱时应使用专用工具，不得猛力敲打包装箱。雨雪、潮湿天气不得在室外开箱。

2) 在已有运行设备的机房内作业时，应划定施工作业区域；作业人员不得随意触碰已有运行设备，不得随意触碰消防设施。

3) 严禁擅自关断运行设备电源开关。

4) 不得将交流电源线挂在通信设备上。

5) 使用机房原有电源插座时应核实电源容量。

6) 不得脚踩铁架、机架、电缆走道、端子板及弹簧排。

7) 涉电作业应使用绝缘良好的工具，并由专业人员操作。在带电的设备、头柜、分支柜中操作时，作业人员应取下手表、戒指、项链等金属饰品，并采取有效措施防止螺栓、垫片、铜屑等金属材料掉落。

8）铁架、槽道、机架、人字梯上不得放置工具和器材。

9）在运行设备顶部操作时，应对运行设备采取防护措施，避免工具、螺栓等金属物品落入机柜内。

10）在通信设备的顶部或附近墙壁钻孔时，应采取遮盖措施，避免铁屑、灰尘落入设备内。对墙、顶棚钻孔则应避开梁柱钢筋和内部管线。

（2）铁件加工和安装

1）加工铁件应在指定的区域操作。不得在已安装设备的机房内切割铁件。

2）锯、锉铁件时，加工的铁件应在台虎钳或电锯平台上夹紧。在台虎钳上夹持固定槽钢、角钢、钢管时，应用木块在钳口处垫实、夹牢，不得松动，锯、锉点距钳口的距离不应过远，防止铁件振动损害机具。

3）锯铁件时，锯条或砂轮与铁件的夹角要小，不宜超过10°，锯条松紧适度。锯槽钢、角钢时，不宜从顶角开始，宜从边角开始。当铁件快要锯断时，要降低手锯或电锯的速度，并有人扶住铁件的另一端，防止卡锯或铁件余料飞出。

4）对铁件钻孔时，应用力均匀，铁件应夹紧，固定牢靠，不得左右摆动；如发生卡住钻头现象，应立即停机处理。

5）管件攻丝、套丝时，管件在台虎钳上应固定牢固。如两人操作时，动作应协调。攻、套丝时，应注意加注机油，及时清理铁屑，防止飞溅。

6）铁件作弯时，应在台虎钳或作弯工具上夹紧。用锤敲击时，应防止振伤手臂。管件需加热做弯时，喷灯烘烤管件间距适当，操作人员不得面对管口。

7）铁件去锈和喷刷漆时，作业人员应戴口罩、手套。喷刷后的余漆、废液应集中回收，统一处理，不得随意丢放。

8）铁件安装工作中，不得抛掷铁件及工具。传递较长的铁件时，应注意周围人员、设备的安全。手扶铁件固定时，应固定牢靠后才能松手。

9）走线架、吊挂、通风管道等应安装接地线，与机房接地排连接可靠。

（3）机架安装和线缆布放

1）设备在安装时(含自立式设备)，应用膨胀螺栓对地加固。在需要抗震加固的地区，应按设计要求，对设备采取抗震加固措施。

2）在已运行的设备旁安装机架时应防止碰撞原有设备。

3）布放线缆时，不应强拉硬拽。在楼顶布放线缆时，不得站在窗台上作业。如必须站在窗台上作业时，应使用安全带。

4）布放尾纤时，不得踩踏尾纤。在机房原有ODF架上布放尾纤时，不得将在用光纤拔出。

5）电源线布放应符合本规范相关的规定。

（4）设备加电测试

1）设备在加电前应进行检查，设备内不得有金属碎屑，电源正负极不得接反和短路，设备保护地线应引接良好，各级电源熔断器和空气开关规格应符合设计和设备的技术要求。

2）设备加电时，应自上而下逐级加电，逐级测量。

3）插拔机盘、模块时应佩戴接地良好的防静电手环。

4）测试仪表应接地，测量时仪表不得过载。

5）插拔电源熔断器应使用专用工具，不得用其他工具代替。

7. 通信铁塔建设工程

（1）铁塔基础制作

1）铁塔基础坑开挖作业应符合本规范相关的规定。

2）铁塔基础坑宜采用机械开挖或钻孔的方式进行。如采用人工开挖基础坑，应支设挡土板。地下水位较高时，应抽干水后再开挖。

3）需要爆破时，爆破作业应符合《爆破安全规程》（GB 6722）的规定。

4）铁塔基础的钢筋加工作业应符合本规范相关的规定。

5）浇灌基础和连梁的模板及其支架应具有足够的承载能力、刚度和稳定性。在浇筑时应对模板及其支架进行观察和维护，发生异常情况时，应及时进行处理。

6）铁塔地线系统的接地电阻应符合设计要求。

7）基础和地锚处于侵蚀性环境时，应按设计及相关规范的要求采取防护措施。

（2）铁塔安装

1）铁塔安装作业为登高作业，所有塔上作业人员应持有登高证。施工单位应根据场地条件、设备条件、施工人员、施工季节编制高处施工安全技术措施和施工现场临时用电方案，经审核后应认真执行。

2）铁塔安装作业的每道工序应指定施工负责人，在施工前应由施工负责人向施工人员进行技术和安全交底，明确分工。

3）在塔上有作业人员工作期间，指挥人员不得离开现场。应密切观察塔上作业人员的作业，发现违章行为，应及时制止。

4）未经现场指挥人员同意，严禁非施工人员进入施工区。在起吊和塔上有人作业时，塔下严禁有人。

5）施工现场应无障碍物。如有沟渠、建筑物、悬崖、陡坎等应采取有效的安全措施后方可施工。

6）施工区内有输电线路通过时，作业前应先联系停电，并配有专人在停电现场监督，直到恢复供电后方可离开。

7）施工机具在使用前应进行检查，应根据其负荷大小、结构重量、安装方法等选择不同的安全系数。常见机具的安全系数应符合表 5.5-2 的规定。

常见机具的安全系数规定 **表 5.5-2**

机具名称	手摇绞车	电动卷扬机	扒杆、吊杆	滑轮	钢丝绳
安全系数	≥3	≥5	≥3	≥3	≥10

8）遇到下列气候环境条件时不得上塔施工作业：

① 气温超过 40℃或低于－10℃时。

② 六级风及以上。

③ 沙尘、浓雾或能见度低。

④ 雨、雪天气。

⑤ 杆塔上有冰冻、霜雪尚未融化前。

⑥ 附近地区有雷雨。

9）经医生检查身体有病不适宜上塔的人员，严禁上塔作业。酒后严禁上塔作业。

10）各工序的工作人员应使用相应的劳动防护用品，不得穿拖鞋、硬底鞋或赤脚上塔作业。

11）塔上作业时，必须将安全带固定在铁塔的主体结构上。

12）塔上作业人员不得在同一垂直面同时作业。

13）塔上作业人员踩踏塔体部件时，应确认安全后方可通过。

14）塔上作业应背有工具袋，暂时不用的工具及小型材料应放在工具袋内；所用工具应系有绳环，使用时套在手上。塔上的大小件工具、铁件都应用工具袋吊送，焊接工具应在无电源或气源的情况下吊送。

15）在塔体上电焊时，除有关人员外，其他人都应下塔并远离塔处。凡焊渣飘到的地方，人员不得通过。电焊前应将作业点周边的易燃、易爆物品清除干净。电焊完毕后，应清理现场的焊渣等火种。

16）在地面起吊物体时，必须在物体稍离地面时对钢丝绳、吊钩、吊装固定方式等再做一次详细的安全检查。

17）电动卷扬机、手摇绞车的稳装位置应设在施工区外。卷扬机等各种升降设备不得上下载人。卷扬机司机听到异常或没有听清楚口令不得开车。

18）通信塔应有防雷与接地设施，塔体连接点应保持良好的电气连通。

19）通信塔应按航空部门的有关规定涂刷标志油漆、设置航空障碍灯。

20）铁塔工程所用材料的规格、型号应符合设计要求，不经相关部门审批不得随意替换。铁塔主要受力构件之间的连接螺栓，应使用双螺母或采取其他能防止螺母松动的有效措施，地脚锚栓应采用双螺母防松动；建于野外的无人值守基站的铁塔的连接螺栓宜采取防拆卸措施。

21）安装钢塔架时，若采用扩大拼装，对容易变形的构件应做强度和稳定性验算，必要时应采取加固措施；若采用综合安装方法，每一单元的全部构件安装完毕后，均应具有足够的空间刚度和可靠的稳定性；若采用整体起板安装方法，应经设计复算同意，对辅助设施及设备应有完整的计算；需要利用已安装好的结构吊装其他构件和设备时，应征得设计单位同意，并对相关构件作强度和稳定性验算，采取可靠措施，防止损坏钢结构或发生安全事故。

22）安装钢塔架的主要构件时，应吊装在设计位置上，在松开吊钩前应初步校正并固牢。每吊完一层构件后，应按规定进行校正后方可安装上一层。当落地塔段安装并校正后，应将全部地脚螺母安装并拧紧。整个塔体安装完毕后应进行螺栓紧固检查。

23）安装塔桅落地段时，应及时把已装结构和地网可靠连接；安装全塔至设计高度时应立即按设计要求安装避雷针和避雷带(引线)并与地网可靠焊接。避雷带应固定牢靠。

24）未经设计单位同意，不得在塔桅钢结构的主要受力杆件上焊接悬挂物和卡具，不得在已经施加预应力的杆件上和与其有受力关系的构件上施焊或加热。

25）安装单管塔时，下面一段塔体吊装就位后，应紧固螺栓并进行校正，然后才能吊装上面一段塔体；整个塔体安装完毕后应进行螺栓紧固检查。

26）架设拉线塔时，拉线没有卡好之前，施工人员不得上塔作业。

8. 卫星地球站、微波、移动通信天馈线工程

(1) 一般规定

1) 在塔上安装天馈线工作中，应先认真检查塔的固定方式及其牢固程度，确认牢固可靠后方可上塔作业。

2) 上塔作业应符合本规范第 9.2.1 条～9.2.17 条的规定。

3) 上、下塔时应按规定路由攀登，人与人之间距离不得小于 3m，行动速度宜慢不宜快；不得在防护栏杆、平台和孔洞边沿停靠、坐卧休息。

(2) 卫星地球站的天馈线安装

1) 天线搬运安装现场应设置围栏。

2) 天线基础的混凝土浇筑应达到养护期和强度要求后方可进行天线安装。

3) 起吊天线和天线座安装就位时，应有专人负责指挥。

4) 安装天线时应安装避雷针，应有可靠的防雷接地系统。

5) 天线波导进入机房前应使用波导接地装置。接地系统应可靠，接地电阻应符合设计要求。

6) 卫星设备射频线缆及中频线缆应安装避雷器。避雷器接地铜线应与机房接地排可靠接通，接地线的规格应符合设计要求。

(3) 微波、移动通信的天馈线安装

1) 吊装天馈线等物件时，应系好尾绳，严格控制物件上升的轨迹，应使天馈线与铁塔或楼房保持安全距离；拉尾绳的作业人员应密切注意指挥人员的口令，松绳、放绳时应平稳，不得大幅度摆动；向建筑物的楼顶吊装时，起吊的钢丝绳不得摩擦楼体。

2) 天线安装应遵守以下要求：

① 天线挂架强度、水平支撑杆的安装角度应符合设计要求。固定用的抱箍应安装双螺母，加固螺栓应由上往下穿。如需另加镀锌角钢固定时，不得在天线塔角钢上钻孔或电焊。

② 辐射器安装应注意极化方向，顶端固定拉绳调整的长度应一致，确保拉力均匀。

③ 安装防辐射围圈前，应在主反射面锅沿边先粘防泄漏垫，再装防尘布；防尘布周围的固定弹簧拉钩调整长度应一致。

④ 微波、移动通信天线应在铁塔避雷针的 45°保护范围内。

3) 馈线安装应遵守以下要求：

① 吊装椭圆软波导前应将一端接头安装平整、牢固，并用塑料布包扎严密再进行吊装。

② 吊装椭圆软波导应使用专用钢丝网套兜住馈线的一端并绑扎到主绳上，不得使软波导扭折或碰撞塔体。

③ 馈线与天线馈源、馈线与设备连接处应自然吻合、自然伸直，不得受外力的扭曲影响。

④ 馈线和馈线卡应安装牢固可靠。馈线应避免接触尖锐物体。

⑤ 馈线弯曲应圆滑，其曲率半径应符合设计要求。馈线进入机房内时应保持室内略高于室外或做滴水弯。馈线进洞口处应密封并做好防水处理。

⑥ 馈线的上部、下部和经走线架进入机房前，屏蔽层应就近接地。当铁塔高度大于

或等于60m时，馈线屏蔽层还应在铁塔中间部位增加一处接地。馈线进入机房后应安装避雷器。

（4）网络规划优化

1）测试电脑应安装查杀病毒软件并及时更新病毒库，定期查杀病毒。个人电脑不得连接到移动通信的维护网络上去，应防止电脑上的病毒攻击移动通信网络。

2）天馈线测试和调整应遵守以下要求：

① 调整天馈线时，如遇到铁架生锈松动、天线抱杆不牢固等现象，应报相关单位处理后再调整，不得要求或强制天馈线操作人员冒险登高作业。

② 作业人员在上塔调整天馈线前，网优工程师应向上塔人员进行技术交底，确认所调整的平台、天线和调整的内容。

3）不得调整本次工程或本专业范围以外的网元参数。

4）数据修改前，应检查在维护过程中由于操作失误而造成的重大数据隐患；检查历次数据修改记录及修改效果记录，对以前的数据应有充分的了解；检查基站控制器(BSC)、基站收发信系统(BTS)版本，了解版本中应该注意的安全事项。

5）数据修改前，应制定详细的基站数据修改方案和数据修改失败后返回的应急预案，报建设单位审核、批准；应对设备和系统的原有数据进行备份，并注明日期。

6）数据修改后的检测应遵照以下规定：

① 修改完成后应通过基站维护台检测各基站载频、信道的工作状态是否正常。同时宜采用拨打测试进行检查，保证数据修改后的通信业务正常。

② 5个基站以上的大范围数据修改后，应及时组织路测，确保网络运行正常。

③ 仔细观察话务统计，检查修改后是否有异常情况发生，特别是拥塞率、掉话率等技术指标。当发现异常情况时应及时处理，恢复设备正常运行。

7）在优化过程中发现存在涉及网络安全的重大问题，应在规定时间内上报相关单位。

9. 通信电源设备工程

（1）电源线布放

1）在地槽内布放电源线时，应注意防潮。地槽内应无积水、渗水现象，并用防水胶垫垫底。

2）截面在10mm^2(含)以上的电源线终端应加装线鼻子，尺寸应与导线线径相吻合。封闭式线鼻子应用专用压接工具压接，开口式线鼻子应用烙铁焊接，压接或焊接应牢固可靠。

3）交流线、直流线、信号线应分开布放，不得绑扎在一起，如走在同一路由时，间距应符合工程验收规范要求。

4）非同一级电力电缆不得穿放在同一管孔内。

5）布放电源线时，电源线端头应做绝缘处理。连接电源线端头时应使用绝缘工具，操作时应防止工具打滑、脱落。

6）电源线中间严禁有接头。

（2）汇流排加工和安装

1）汇流排(母线)接头处钻孔的孔径、螺栓、垫片应符合要求，汇流排(母线)接头处应镀锡。

2）汇流排(母线)制作完毕，应喷(刷)绝缘漆。正极喷红色，负极喷蓝色。在汇流排(母线)接头处，不得喷(刷)绝缘漆。

3）多片汇流排(母线)在同一路由安装时，接头点应错开 50mm 以上，不得安装在同一处。

4）汇流排(母线)在过墙体或楼层孔洞时，应采用“软母线”连接，“软母线”的两端接头应伸出墙体或楼板洞孔外，并在墙体外的两侧用支撑绝缘子固定。

（3）发电机组安装

1）油机室、油库应设置在与通信设备相对独立的位置，防火间距应符合设计或相关规范的要求。

2）油机室和油库内必须有完善的消防设施，严禁烟火。

3）发电机组的基础混凝土浇筑养护期和强度应达到要求后方可进行安装。

4）机组搬运前，应对所有搬运工具进行全面检查，各搬运工具的安全系数应符合要求。

5）机组在施工现场采用“滚筒法”做短距离移动时，指挥人员应在倒换的钢管就位、倒换人员手臂离开钢管壁后，方可指挥人员推动机组前进。

6）需在地下室的储油罐引出管路时，应用抽风机更换地下室及储油罐的空气后方可进入工作；若油罐已使用过，应经有关部门检测许可后，方可进入油罐内作业。

7）油机管路安装应符合以下要求：

① 安装的油机管件应无破损、裂缝。

② 油机的排烟管路安装时，管路离地面的高度不应低于 2.5m；吊装固定牢靠，排烟管在屋内侧应高于伸出墙外侧。排烟管口水平伸出室外时应加装防护网，如垂直伸出室外，则应加装防雨帽。

③ 油泵与输油管连接处应采用软管连接。

8）发电机组的试机应符合以下要求：

① 试机前，应清理机组周围障碍物。机组上、下、左、右不应有遗留的安装工具、金属、材料等物品。

② 机组试机时，操作人员应注意观察机组运转情况。发现运转声响、转速、水温、水压、油温、油压、排气等异常时，应立即停机检查。

③ 当室温接近或低于0℃时，试机后应将管路的冷却水放尽，并应加挂“已放水”的警示标志。

（4）交、直流供电系统安装

1）电力室交、直流供电设备和走线架等铁件安装应参照本规范 8.1、8.2、8.3 部分相关规定执行。

2）设备的防雷和保护接地线应安装牢固，接地电阻值应符合要求。

3）设备的三相电源接线端子应连接正确，接线端应必须牢固。设备安装完毕后，应进行清洁，彻底清除在安装时落入机内的碎金属丝片。

4）交流配电屏的中性线应与机架绝缘。不得采用中性线做交流保护地线。

5）供电前，交、直流配电屏和其他供电设备前后的地面应铺放绝缘橡胶垫。

6）在交流配电室，如需向设备供电时，应首先检查有无人员在工作，确认安全后，方可供电，并挂上警示标志。

7）电源熔断器及空气开关容量应符合设计要求，插拔电源熔断器应使用专用工具，不得用其他工具代替。

8）设备加电时，操作人员应穿绝缘鞋，戴绝缘手套，并应有二人互相配合，采取逐级加电的方法进行。如发现异常，应立即切断电源开关，检查原因。

9）设备测试时，应注意仪表的档位，不得用电流档位测量电压。测量整流设备输出杂音时，应在杂音计输入端串接一个隔直流电流的 2μf 电容，同时杂音计应接地良好。

（5）蓄电池和太阳能电池安装

1）在单独设置的电池室内，交流电源线应暗敷。室内不得安装电源开关、插座以及可能引起电火花的设备装置。室内应单独设置通风设备。照明系统应采用密封的灯具。

2）人工搬运单体蓄电池，应有两人以上互相配合，轻搬轻放，防止砸伤手脚和损坏电池。

3）蓄电池距离暖气片应大于 1m。电池体不得倒置。蓄电池极性不得接反。

4）开箱检查太阳能电池时，应用专用工具，不得用铁锤猛力敲打，避免损坏箱内太阳电池配件及太阳电池玻璃罩面。

5）太阳能电池支撑架应与基础固定牢靠，应安装防雷接地线。太阳能电池应设置在避雷带(网)的保护范围内。太阳能电池方阵在屋面上安装时，现场周围应有永久性的围栏设施。

（6）接地装置安装和防雷

1）接地装置的安装应遵守以下要求：

① 人工用铁锤夯埋接地体时，手扶接地体者不得站在持锤者的正面。

② 夯埋钢管接地体时，应在钢管的上端加装保护圈帽。

③ 接地体的连接应采取焊接或放热熔接，连接部位应做防腐处理。

④ 地下接地装置的引出(入)线不得布放在暖气地沟、污水沟内等处。如由于条件限制需裸露在地面时，应喷涂防锈漆及黄、绿相间的色漆，并采取防护措施。

2）电力线宜埋地引入局(站)，宜选用具有金属护套的电力电缆，无金属护套的电力线应穿钢管引入。埋入地下的电缆长度应符合设计要求，金属护套或钢管在入局处应就近接地，芯线应按规定安装避雷器。

3）通信光(电)缆的出、入局(站)应符合以下要求：

① 应采取埋地方式引入或引出，其埋入地下的长度应符合设计要求。

② 光(电)缆的金属护套应在进线室做保护接地。

③ 由楼顶引入机房的光(电)缆应选用具有金属护套的光(电)缆，按要求采取相应的避雷措施后方可进入机房，同时应接入相应等级的避雷器件。

4）严禁在接地线、交流中性线中加装开关或熔断器。

5）严禁在接闪器、引下线及其支持件上悬挂各种信号线及电力线。

6）机房内走线架、吊挂铁件、机架、金属通风管、馈线窗等不带电的金属构件均应接地。

7）配线架与机房通信机架间不应通过走线架(槽)形成电气连通。

8）局内设备的接地线应采用铜质绝缘导线，不得使用裸导线。

（7）电源设备割接和更换

1）操作人员应使用绝缘工具或进行过绝缘处理的工具。

2）割接前，应对新设备电气性能进行详细测试和检查。应在临时通电后，加上假负载，经试运行可靠后，方可进行就位替换。

3）新设备安装前应把新设备开关放置“关”的位置，再就位安装。

4）重新布放电源线或利用已有的电源线时，应注意电源的极性和直流电源线的颜色，设备电源的正负极性不得接反。

5）新布放或待拆除的电源线端子在未连接到设备上时应用绝缘胶带包好。

6）设备电源线有主、备用端子(双路供电)时，应先将新电源线正、负极分别割接到备用端子，并开通设备备用开关，用钳型电流表检测是否有电流(主、备电流基本均等)。用同样方法再割接主用电源线。

7）设备单路供电又没有备用端子时，应复接临时电源线，用钳型电流表检测是否有电流，确认后，再割接设备旧电源线。检查确认新布电源线有电流后，才能拆除临时电源线。

8）拆除旧设备时应首先切断设备的电源开关，再在配电柜上切断电源开关或熔断器，然后拆除设备电源线，并用绝缘胶带对电源线头进行包缠处理。

10. 综合布线工程

（1）槽道(桥架)安装和线缆布放

1）槽道(桥架)和穿线管安装应遵守以下规定：

① 配合建筑工程施工单位预埋穿线管(槽)和预留孔洞时，应由建筑工程施工单位技术人员带领进入工地。夜间或光照亮度不足时，不得进入工地。

② 安装走线槽(桥架)时，如遇楼层较高，需吊装走线槽(桥架)的零部件时，应把吊装工具安装牢固，吊装用绳索应可靠，在部件稍离开地面之际，应检查、确认吊装的部件安全时再起吊。

③ 高处作业时，应使用升降梯或搭建工作平台，其支撑架四角应包扎防滑的绝缘橡胶垫。

④ 在安装走线槽(桥架)的工作现场，应清理地面的障碍物。对建筑物的预留孔洞、楼梯口，应覆盖牢固或加装围栏。

⑤ 需要开凿墙洞(孔)或钻孔时，不得损害建筑物的主钢筋和承重墙结构。

⑥ 槽道或走线桥架的节与节之间应电气连通，并就近接地。

⑦ 在室内顶棚上作业，应使用工作灯，并注意顶棚是否牢固可靠。

2）安装在地面下的信息插座，其盖板应与地面平齐且能够防水、防尘、抗压。所有信息插座安装时外壳应接地，并应有明显的标志。

3）缆线应布放在弱电井中，不得布放在电梯或供水、供气、供暖管道的竖井中，不得与强电电缆布放在同一竖井里。明敷主干缆线距地面高度不得低于2.5m。

4）缆线外护套应完整无损，绝缘性能符合要求，两端应制作永久性的标志。缆线的屏蔽层在两端头处应接地。

5）缆线成端时，应使用专用工具，按缆线色谱顺序进行焊(压、卡)接。焊(压、卡)

接完毕后，应清除多余的线头，保证焊(压、卡)接牢固、可靠。

(2) 光缆中继站、微波中继站和移动通信基站的消防、防盗系统线缆布放

1) 消防、防盗系统线缆应符合应符合《邮电建筑防火设计标准》(YD 5002—2005)第4.4.2条的规定。

2) 消防、防盗传输线缆应采取独立的金属管穿放保护，不得明敷或不加保护的布线方式，金属管应做等电位连接。

3) 穿放消防线缆、防盗线缆的金属管应暗敷在建筑结构内，其混凝土保护厚度不应小于3cm。如果条件限制，金属管必须明敷时，应选择在隐蔽安全、不易接近的地方，在其周围采取阻燃措施，不得安装在潮湿的场所。穿放消防线、防盗线后的金属布线管管口应密封。

4) 消防、防盗传输线缆应尽量减少与其他管路交越的次数。

5) 建筑物内不同系统、不同电压等级和不同防火分区的线路不得在同一管孔内或线槽内布放。

6) 自动灭火报警装置、疏散标志、应急照明、摄像、防盗(门禁)报警装置等设施应安装在设计规定的位置，安装牢固、可靠，显示正常。所有引出线应穿金属管保护。

5.6 通信工程个人资格管理有关规定

根据住房和城乡建设部及工业和信息化部的有关规定，从事通信建设工程相关工作的个人应取得下列资格证书：通信建设工程施工企业主要负责人应取得企业负责人《通信工程施工企业管理人员安全生产考核合格证书》，通信建设工程施工企业项目负责人应取得《中华人民共和国建造师注册证书》(通信与广电专业)和项目负责人《通信工程施工企业管理人员安全生产考核合格证书》，通信建设工程施工企业专职安全生产管理人员应取得专职安全生产管理人员《通信工程施工企业管理人员安全生产考核合格证书》，通信建设监理工程师应取得《通信建设监理工程师资格证书》，通信建设工程概、预算人员应取得《通信建设工程概、预算人员资格证书》，从事通信工程电工作业、金属焊接作业及登高架设作业的人员应取得各专业的《中华人民共和国特种作业操作证》。

5.6.1 注册建造师

为了加强对注册建造师的管理，规范注册建造师的执业行为，提高工程项目管理水平，保证工程质量和安全，原建设部于2006年颁布了《注册建造师管理规定》。注册建造师实行注册执业管理制度，注册建造师分为一级注册建造师和二级注册建造师(通信与广电专业目前只设一级注册建造师)。未取得注册证书和执业印章的，不得担任大中型建设工程项目的施工单位项目负责人。

1. 注册条件

(1) 初始注册者，可自资格证书签发之日起3年内提出申请。逾期未申请者，须符合本专业继续教育的要求后方可申请初始注册。初始注册后，注册证书有效期为3年。申请初始注册需要提交下列材料：

注册建造师初始注册申请表；

资格证书、学历证书和身份证明复印件；

申请人与聘用单位签订的聘用劳动合同复印件或其他有效证明文件；

逾期申请初始注册的，应当提供达到继续教育要求的证明材料。

(2) 注册有效期满需继续执业的，应当在注册有效期届满30日前，按照规定申请延续注册。延续注册后，注册证书有效期为3年。申请延续注册的，应当提交下列材料：

注册建造师延续注册申请表；

原注册证书；

申请人与聘用单位签订的聘用劳动合同复印件或其他有效证明文件；

申请人注册有效期内达到继续教育要求的证明材料。

2. 注册程序

(1) 取得一级建造师资格证书并受聘于一个建设工程勘察、设计、施工、监理、招标代理、造价咨询等单位的人员，应当通过聘用单位向单位工商注册所在地的省、自治区、直辖市人民政府建设主管部门提出注册申请。

省、自治区、直辖市人民政府建设主管部门受理后提出初审意见，并将初审意见和全部申报材料报国务院建设主管部门审批；涉及铁路、公路、港口与航道、水利水电、通信与广电、民航专业的，国务院建设主管部门应当将全部申报材料送同级有关部门审核。符合条件的，由国务院建设主管部门核发《中华人民共和国一级建造师注册证书》，并核定执业印章编号。

(2) 对申请初始注册的，省、自治区、直辖市人民政府建设主管部门应当自受理申请之日起，20日内审查完毕，并将申请材料和初审意见报国务院建设主管部门。国务院建设主管部门应当自收到省、自治区、直辖市人民政府建设主管部门上报材料之日起，20日内审批完毕并作出书面决定。有关部门应当在收到国务院建设主管部门移送的申请材料之日起，10日内审核完毕，并将审核意见送国务院建设主管部门。

对申请变更注册、延续注册的，省、自治区、直辖市人民政府建设主管部门应当自受理申请之日起5日内审查完毕。国务院建设主管部门应当自收到省、自治区、直辖市人民政府建设主管部门上报材料之日起，10日内审批完毕并作出书面决定。有关部门在收到国务院建设主管部门移送的申请材料后，应当在5日内审核完毕，并将审核意见送国务院建设主管部门。

3. 监督管理

(1) 国务院建设主管部门对全国注册建造师的注册、执业活动实施统一监督管理；县级以上地方人民政府建设主管部门对本行政区域内的注册建造师的注册、执业活动实施监督管理。

(2) 有下列情形之一的，注册机关依据职权或者根据利害关系人的请求，可以撤销注册建造师的注册：

注册机关工作人员滥用职权、玩忽职守作出准予注册许可的；

超越法定职权作出准予注册许可的；

违反法定程序作出准予注册许可的；

对不符合法定条件的申请人颁发注册证书和执业印章的；

依法可以撤销注册的其他情形。

申请人以欺骗、贿赂等不正当手段获准注册的，应当予以撤销。

5.6.2 通信建设工程施工企业安全生产相关人员

为提高通信建设工程施工企业、通信信息网络系统集成企业以及通信用户管线建设企业主要负责人、项目负责人和专职安全生产管理人员的安全生产知识水平和管理能力，保证通信建设工程安全生产，根据《安全生产法》、《建设工程安全生产管理条例》、《安全生产许可证条例》等法律法规，结合通信工程的特点，原信息产业部于2005年制定了《通信建设工程企业主要负责人、项目负责人和专职安全生产管理人员安全生产考核管理暂行规定》，对在中华人民共和国境内从事通信建设工程活动的建设企业管理人员以及实施对通信建设工程企业管理人员安全生产考核管理工作作出了具体规定。

1. 考核人员的范围

在中华人民共和国境内从事通信建设工程活动的建设企业管理人员。包括：建设企业主要负责人、建设企业项目负责人以及建设企业专职安全生产管理人员。

(1) 建设企业主要负责人，是指对本企业日常生产经营活动和安全生产工作全面负责、有生产经营决策权的人员，包括企业法定代表人、经理、企业分管安全生产工作副经理等。

(2) 建设企业项目负责人，是指由企业法定代表人授权，负责通信工程项目施工管理的负责人。

(3) 建设企业专职安全生产管理人员，是指在企业专职从事安全生产管理工作的人员，包括企业安全生产管理机构的负责人及其工作人员和施工现场的专职安全员。

2. 通信建设工程企业管理人员的考核管理

(1) 工业和信息化部负责全国通信建设工程企业管理人员的安全生产考核工作的统一管理，并负责组织中央管理的通信建设工程企业的管理人员通信建设工程安全生产知识和能力考核，对考核合格的人员颁发《安全生产考核合格证书》，证书加盖“工业和信息化部通信建设工程企业管理人员安全生产考核合格证书专用章”。

(2) 各省、自治区、直辖市通信管理局负责组织本行政区域内通信建设工程企业管理人员通信建设工程安全生产知识和能力考核，对考核合格的人员颁发《安全生产考核合格证书》，考核合格证书加盖“省通信建设工程企业管理人员安全生产考核合格证书专用章”。

(3) 考核合格证书采用建设部规定式样并统一印制的证书。

(4) 通信建设工程企业管理人员必须经通信行业主管部门安全生产考核，且考核合格取得《安全生产考核合格证书》后，方可担任相应职务。

3. 施工企业安全生产相关人员安全生产考核的考核内容及要求

通信建设工程企业管理人员安全生产考核内容包括安全生产知识和安全生产管理能力两方面，知识考试和能力考核均合格后，安全生产考核方为合格。

(1) 通信建设工程企业主要负责人考核要点

1) 安全生产管理能力考核要点

① 能够认真贯彻执行国家有关安全生产的方针政策、法律法规、部门规章、技术标准和规范性文件；

② 能够有效组织和督促本单位安全生产工作，建立健全本单位安全生产责任制；

③ 能够组织制定本单位安全生产规章制度和操作规程；

④ 能够采取有效措施保证本单位安全生产条件所需资金的投入；

⑤ 能够有效开展安全生产检查，及时消除事故隐患；

⑥ 能够组织制定自然灾害发生时通信工程安全生产措施；

⑦ 能够组织制定本单位安全生产事故应急救援预案，正确组织、指挥本单位事故救援；

⑧ 能够及时、如实报告通信工程生产安全事故；

⑨ 通信工程安全生产业绩。

2）安全生产知识考核要点

① 国家有关安全生产的方针政策、法律法规、部门规章；

② 通信工程安全生产管理的基本知识和相关专业知识；

③ 通信工程重、特大事故防范、应急救援措施、报告制度及调查处理方法；

④ 企业安全生产责任制和安全生产规章制度的内容和制定方法；

⑤ 国内外通信工程安全生产管理经验；

⑥ 通信工程典型生产安全事故案例分析。

（2）通信建设工程企业项目负责人考核要点

1）安全生产管理能力考核要点

① 能够认真贯彻执行国家有关安全生产的方针政策、法律法规、部门规章、技术标准和规范性文件；

② 能够有效组织和督促通信工程项目安全生产工作，并落实安全生产责任制；

③ 能够保证安全生产费用的有效使用；

④ 能够根据工程的特点组织制定通信工程安全施工措施；

⑤ 能够有效开展安全检查，及时消除通信工程生产安全事故隐患；

⑥ 能够及时、如实报告通信工程生产安全事故；

⑦ 通信工程安全生产业绩。

2）安全生产知识考核要点

① 国家有关安全生产的方针政策、法律法规、部门规章；

② 通信工程安全生产管理的基本知识和相关专业知识；

③ 通信工程重大事故防范、应急救援措施、报告制度及调查处理方法；

④ 企业和项目安全生产责任制和安全生产规章制度的内容和制定方法；

⑤ 通信工程施工现场安全生产监督检查的内容和方法；

⑥ 国内外通信工程安全生产管理经验；

⑦ 通信工程典型生产安全事故案例分析。

（3）通信建设工程企业专职安全生产管理人员

1）安全生产管理能力考核要点

① 能够认真贯彻执行国家安全生产方针政策、法律法规、部门规章、技术标准和规范性文件；

② 能够有效对安全生产进行现场监督检查；

③ 能够发现生产安全事故隐患，并及时向项目负责人和安全生产管理机构报告；

④ 能够及时制止现场违章指挥、违章操作行为；

⑤ 能够有效对自然灾害发生时通信工程安全生产措施落实情况进行现场监督检查；

⑥ 能够及时、如实报告通信工程生产安全事故；

⑦ 通信工程安全生产业绩。

2）安全生产知识考核要点

① 国家有关安全生产的方针政策、法律法规、部门规章；

② 通信工程重大事故防范、应急救援措施、报告制度、调查处理方法及防护救护措施；

③ 企业和项目安全生产责任制和安全生产规章制度内容；

④ 通信工程施工现场安全监督检查的内容和方法；

⑤ 通信工程典型生产安全事故案例分析。

4. 通信建设企业管理人员安全生产能力考核标准

（1）通信工程施工总承包一级资质、专业承包一级资质施工企业及通信信息网络系统集成资质甲级企业管理人员标准为：

1）具有工程、经济、安全工程类专业大专（含大专）以上学历；

2）具有中级（含中级）以上职称或者同等专业技术水平；

3）具有通信工程建设业绩及安全生产工作经历或从事安全生产管理业绩等。

（2）通信工程施工总承包二级（含二级）以下资质以及专业承包二级（含二级）以下资质施工企业、通信信息网络系统集成企业乙级（含乙级）以下资质企业以及通信用户管线建设企业管理人员标准为：

1）具有工程、经济、安全工程类专业中专（含中专）以上学历；

2）具有初级（含初级）以上职称或者同等专业技术水平；

3）具有通信工程建设业绩及安全生产工作经历或从事安全生产管理业绩等。

5. 申请程序

（1）申请《安全生产考核合格证书》需报送的材料如下：

1）申请人填写的《通信工程建设企业管理人员安全生产考核表》；

2）申请人专业技术职称证书及学历证书、身份证复印件；

3）《通信建设工程安全生产教育考试合格证书》复印件；

4）申请人近期免冠1寸照片1张。

（2）申请人经单位签署意见后，按照规定报送工业和信息化部或省、自治区、直辖市通信管理局进行考核。经考核合格者，颁发《安全生产考核合格证书》。

6. 监督管理

（1）通信行业主管部门负责建立通信建设工程企业管理人员安全生产考核档案管理制度，并定期向社会公布通信建设工程企业管理人员取得安全生产考核合格证书的情况。

（2）通信行业主管部门对通信建设工程企业管理人员进行安全生产考核，不得收取考核费用，不得组织强制培训。

（3）通信建设工程企业管理人员取得《安全生产考核合格证书》后，应当认真履行安全生产管理职责，接受通信行业主管部门的监督检查。

（4）通信行业主管部门应当加强对通信建设工程企业管理人员履行安全生产职责情况的监督检查，发现其违反安全生产法律法规、未履行安全生产职责、不按规定接受企业年度安全生产教育培训、发生死亡事故，情节严重的，应当收回其《安全生产考核合格证书》，限期改正，重新考核。

(5)《安全生产考核合格证书》有效期为3年。有效期满需要延期的，应当于期满前3个月内向原发证机关申请办理延期手续。

(6)《安全生产考核合格证书》有效期内，严格遵守安全生产法律法规，认真履行安全生产职责，按规定接受企业年度通信工程安全生产教育培训，所管辖职责范围内未发生死亡事故的，其安全生产考核合格证书有效期届满时，经原考核发证机关同意，不再考核，安全生产考核合格证书有效期延期3年。

(7) 通信建设工程企业管理人员在安全生产考核合格证书有效期内，未按规定接受企业年度通信工程安全生产教育培训，或所管辖职责范围内发生死亡事故的，将不予续办《安全生产考核合格证书》。

(8) 取得《安全生产考核合格证书》的通信建设工程企业管理人员所在单位名称变更、调动单位等，应在一个月内到原安全生产考核合格证书发证机关办理变更手续。

(9) 通信建设工程企业管理人员遗失《安全生产考核合格证书》的，应在公共媒体上声明作废，并在一个月内到原安全生产考核合格证书发证机关办理补证手续。

(10) 任何单位和个人不得伪造、转让、冒用通信建设工程企业管理人员安全生产考核合格证书。

(11) 通信行业主管部门工作人员在通信建设工程企业管理人员的安全生产考核、发证、管理和监督检查工作中，不得索取或者接受企业和个人的财物，不得谋取其他利益。

(12) 任何单位或者个人对违反本规定的行为，有权向通信行业主管部门或者监察机关等有关部门举报。

5.6.3 通信建设监理工程师

为加强通信建设工程监理的管理工作，规范通信建设工程监理活动，促进建设监理工作的健康有序发展，工业和信息化部依据《工业和信息化部行政许可实施办法》和原信息产业部《通信建设工程监理管理规定》对通信建设监理工程师实行资格认证管理。以通信建设监理工程师名义从事通信建设工程监理业务，应当依法取得《通信建设监理工程师资格证书》。通信建设监理工程师资格按专业设置，分为电信工程专业和通信铁塔专业。

1. 申请条件

(1) 遵守国家各项法律规定。

(2) 从事通信建设工程监理工作，在通信建设监理单位任职。

(3) 身体健康，能胜任现场监理工作，年龄不超过65周岁。

(4) 申请电信工程专业监理工程师资格的，应当具有通信及相关专业或者经济及相关专业中级以上(含中级)职称或者同等专业水平，并有3年以上从事通信建设工程工作经历；申请通信铁塔专业监理工程师资格的，应当具有工民建及相关专业中级以上(含中级)技术职称或者同等专业水平，并有3年以上从事相关工作经历。

(5) 近3年内承担过2项以上(含2项)通信建设工程项目。

(6) 取得《通信建设监理工程师考试合格证书》。

2. 申请程序

(1) 申请通信建设监理工程师资格的，应当提交下列材料：

1) 通信建设监理工程师资格申请表。

2）申请人的职称证书、学历证明、身份证原件扫描件。

3）《通信建设监理工程师考试合格证书》原件扫描件。

4）申请人的社会保险证明文件原件扫描件。

受理单位有权对以上证书原件进行验证。

（2）为方便申请人，申请人可以向所在地的省、自治区、直辖市通信管理局提出申请，由省、自治区、直辖市通信管理局初审后将初步审查意见和申请人的全部申请材料报送工业和信息化部审批。

3. 监督管理

（1）《通信建设监理工程师资格证书》的有效期为5年。有效期届满后需要延续的，持证人员应当在《通信建设监理工程师资格证书》的有效期届满3个月前，向发证机关提出延续申请，并提交下列材料：

1）通信建设监理工程师资格延续申请表。

2）申请人的社会保险证明文件。

3）继续教育证明。

4）原资格证书复印件。

（2）通信建设监理工程师不得同时在两个以上的监理企业任职，不得以个人名义承接监理业务，不得泄露建设单位和被监理单位的商业秘密和技术秘密。

（3）通信建设监理工程师应当按照工程监理规范的要求，采取旁站、巡视和平行检验形式，对通信建设工程实施监理。

5.6.4　通信建设工程概、预算人员

为了加强通信建设工程投资造价管理，确保通信建设工程概、预算及其他造价文件的编制和审核质量，维护通信建设市场秩序，工业和信息化部依据《工业和信息化部行政许可实施办法》和原信息产业部《通信建设工程概、预算人员资格管理办法》对通信建设工程概、预算人员实行资格管理。

1. 申请条件

（1）遵纪守法，身体健康。

（2）具有初级以上（含初级）职称或者同等专业水平，有2年以上从事通信工程建设的工作经历。

（3）从事通信建设工程建设或者概、预算文件的编制、审核工作。

（4）近2年内承担过2项以上（含2项）通信建设工程项目。

（5）取得《通信建设工程概预算人员考试合格证书》。

2. 申请程序

（1）申请通信建设工程概预算人员资格的，应当提供下列材料：

1）通信建设工程概预算人员资格申请表。

2）申请人的职称证书、学历证书和身份证原件扫描件。

3）《通信建设工程概预算人员考试合格证书》原件扫描件。

4）申请人的社会保险证明文件原件扫描件。

受理单位有权对以上证书原件进行验证。

（2）为方便申请人，申请人可以向所在地的省、自治区、直辖市通信管理局提出申

请，由省、自治区、直辖市通信管理局初审后将初步审查意见和申请人的全部申请材料报工业和信息化部审批。

3. 监督管理

(1) 持有《通信建设工程概、预算人员资格证书》的人员在工作过程中应遵循职业道德，努力钻研业务，跟踪定额及工程造价标准，参加继续教育，不断提高工作能力和业务水平。《通信建设工程概预算人员资格证书》有效期为5年。期限届满后需要延续的，持证人员应当在《通信建设工程概预算人员资格证书》有效期届满前3个月，向发证机关提出续办申请，并提供下列材料：

1) 申请通信建设工程概预算人员资格证书应当提交的全部资料；

2) 继续教育证明；

3) 申请人的《通信建设工程概预算资格证书》。

(2) 在通信建设工程概、预算及其他造价工作中出现下列情况之一者，将根据具体情节分别给予通报批评、警告、取消通信建设工程概、预算资格并收缴证书以及5年内不得再申请通信建设工程概、预算资格的处罚，并送工业和信息化部备案。

1) 不能自觉遵守通信建设工程概、预算人员基本职责，利用工作之便贪污、受贿、玩忽职守，缺乏概、预算工作责任心，造成不良影响者。

2) 在通信建设工程概、预算及其他造价工作中严重失职，造成重大损失者。

3) 在证书上污损和涂改者。

4) 以虚假或不正当手段获得《通信建设工程概、预算人员资格证书》者。

5) 将证书转借、出让给他人的，主管部门将其证书收回，今后不得从事通信工程概、预算工作。

5.6.5 特种作业人员

国家安全生产监督管理总局于2010年5月发布了第30号令《特种作业人员安全技术培训考核管理规定》，规定了特种作业操作证的使用范围、申请条件、申请程序及监管要求。其中与通信工程有关的特种作业有电工作业、焊接与热切割作业和高处作业，从事相关工作的人员应按照文件要求办理相关操作证件，取得相关操作证件后，才可以从事相关专业的施工。

网上增值服务说明

为了给注册建造师继续教育人员提供更优质、持续的服务，应广大读者要求，我社提供网上免费增值服务。

增值服务主要包括三方面内容：①答疑解惑；②我社相关专业案例方面图书的摘要；③相关专业的最新法律法规等。

使用方法如下：

1. 请读者登录我社网站(www.cabp.com.cn)“图书网上增值服务”板块，或直接登录(http://www.cabp.com.cn/zzfw.jsp)，点击进入“建造师继续教育网上增值服务平台”。

2. 刮开封底的防伪码，根据防伪码上的ID及SN号，上网通过验证后下载相关内容。

3. 如果输入ID及SN号后无法通过验证，请及时与我社联系：

E-mail：jzs_bjb@163.com

联系电话：4008-188-688；010-58934837(周一至周五)

防盗版举报电话：010-58337026

网上增值服务如有不完善之处，敬请广大读者谅解并欢迎提出宝贵意见和建议，谢谢！